高等院校电子信息
应用型新形态教材

单片机原理及应用

（第2版）

肖伸平 主 编

谭兮 刘剑 王炜 周玉 副主编

U0387558

清華大学出版社

北京

内 容 简 介

基于单片机进行智能化电气电子部件(产品)的工程应用系统设计是电气工程及其自动化、自动化、电子信息工程等专业学生应具有的基本能力。本书以培养学生该基本能力为出发点,以 80C51 内核单片机为核心,选用目前广泛应用的 AT89S51 和 STM32F103 为范例开展教学。全书共 9 章,内容包括概述、单片机体系结构、80C51 单片机指令系统及程序设计、80C51 单片机中断系统、定时器/计数器及串行通信应用、并行接口技术 、串行总线接口技术、单片机应用系统设计和 STM32 单片机原理及简单应用等。

本书可作为大中专院校电气工程及其自动化 、自动化 、电子信息工程 、电子科学与技术 、计算机等专业的教材,也可为相关领域工程技术人员提供参考。

图书在版编目(CIP)数据

单片机原理及应用 / 肖伸平主编. -- 2 版. -- 北京:清华大学出版社,2025.2. -- ISBN 978-7-302-68258-5

Ⅰ. TP368.1

中国国家版本馆 CIP 数据核字第 2025SW5620 号

责任编辑:王剑乔
封面设计:刘　键
责任校对:李　梅
责任印制:宋　林

出版发行:清华大学出版社
网　　　址:https://www.tup.com.cn,https://www.wqxuetang.com
地　　　址:北京清华大学学研大厦 A 座　　邮　　编:100084
社 总 机:010-83470000　　邮　　购:010-62786544
投稿与读者服务:010-62776969,c-service@tup.tsinghua.edu.cn
质量反馈:010-62772015,zhiliang@tup.tsinghua.edu.cn
课件下载:https://www.tup.com.cn,010-83470410

印 装 者:三河市春园印刷有限公司
经　　销:全国新华书店
开　　本:185mm×260mm　　印　张:18.25　　字　数:419 千字
版　　次:2016 年 9 月第 1 版　2025 年 2 月第 2 版　　印　次:2025 年 2 月第 1 次印刷
定　　价:59.00 元

产品编号:106984-01

第2版 前言

　　"单片机原理及应用"是一门专业基础课，是电气工程及其自动化、自动化、电子信息工程等本科专业的一门主干课程，是培养从事智能化电子产品设计技术人员的一门基础课程，为相关人员深入学习嵌入式系统奠定基础。基于此，本书从应用角度出发，围绕当前单片机应用系统最典型的应用产品，进行深入浅出的分析和介绍，达到课程教学的目标。

　　本书是国家精品资源共享课"单片机原理及应用"的配套教材。作者基于"任务驱动"教学改革模式，提出"典型项目分合"的教学改革思路，即用一个典型单片机应用系统实例作为课程导引，让学生建立完整的单片机典型应用系统的概念，然后将此典型应用系统实例分解成相关功能任务模块，再将每个任务模块分散到相应的章节中介绍，最后将这些任务模块有机地整合成为一个完整的应用系统设计实例。这样做的目的是帮助学生掌握完整的单片机应用系统工作原理和设计要点，充分体现应用型本科新工科人才培养和工程教育专业认证的教学理念。在此基础上，作者与广州粤嵌通信科技股份有限公司合作开发了适合本课程教学的便携式实验教学装置，供同学们在课后进行实践训练。

　　本书第2版根据党的二十大对教育、科技、人才、创新等指明的方向，对第1版教材进行了审慎的修订，主要是顺应技术的更新和发展修订了过时的软件应用平台，强化了 C 语言编程及案例，重写了第 9 章内容，其主要特色如下。

　　（1）结构紧凑，条理性强，覆盖面广。将传统、经典的教学内容与新知识、新技术相结合，相得益彰，既保证基础知识与技能学习的需要，也为学习嵌入式应用系统等奠定了基础。

　　（2）注重知识拓展。考虑教材内容不可能包罗万象，为保证内容的系统性，故在部分章结尾提供了阅读材料，其内容是与本章具有高度相关性的知识延伸，如 Keil 5 应用、Proteus 应用简介等，确保既能满足学习单片机入门知识的需要，又能较好地发挥读者的学习潜能。

　　（3）将基于 Cortex-M3 内核的 STM32F103 系列单片机引入本书，较好地处理了单片机和嵌入式系统的内在联系，使后续学习嵌入式应用系统能够无缝衔接。

　　本书内容安排如下。

第 1 章为"概述"，主要讲述单片机的概念及其发展、单片机的特点及分类、单片机中常用的计数方法等。本章介绍了一个典型单片机应用系统实例——单片机水温控制系统（组成及其简要工作原理与过程），以此说明学习单片机后将来能解决的应用问题。

第 2 章为"单片机体系结构"，主要讲述单片机的结构与引脚、存储器、特殊功能寄存器 SFR、并行输入/输出端口、单片机的工作原理与时序、工作方式等。本章选用"Proteus 应用简介"作为阅读材料。

第 3 章为"80C51 单片机指令系统及程序设计"，主要讲述 80C51 单片机指令的概念及寻址方式、指令分类、汇编语言程序设计、C51 语言程序设计基础。本章选用"Keil 5 应用简介"作为阅读材料，同时包括"任务模块 1：水温控制系统显示数码拆分程序设计"。

第 4 章为"80C51 单片机中断系统"，主要讲述 80C51 单片机中断系统基本知识、中断的处理过程、中断系统的应用及 C51 编程实例等。

第 5 章为"定时器/计数器及串行通信应用"，主要讲述定时器/计数器的基础知识、AT89S52 的定时器/计数器 T2、串行通信口 UART、定时器/计数器和串行通信功能的 C51 编程等。本章选用"红外遥控解码器设计"作为阅读材料，同时包括"任务模块 2：水温控制系统定时中断程序设计"。

第 6 章为"并行接口技术"，主要讲述显示器接口、键盘接口、MD 和 D/A 转换及其与单片机的接口、开关量 I/O 接口电路。本章选用"字符型 LCD 显示器应用"作为阅读材料，同时包括 3 个任务模块，即"任务模块 3：水温控制系统温度显示子系统设计""任务模块 4：水温控制系统键盘子系统设计"和"任务模块 5：水温控制系统加热控制子系统设计"。

第 7 章为"串行总线接口技术"，主要讲述 SPI 总线接口及应用、I^2C 总线及应用、单总线 1-Wire 及应用、RS-232C 与 RS-485 总线及应用。本章选用"CAN 总线与 USB 总线简介"作为阅读材料，同时包括"任务模块 6：水温控制系统温度采样程序设计"。

第 8 章为"单片机应用系统设计"，主要讲述单片机应用系统的设计过程，典型实例——水温控制系统设计，以及水温控制系统的 C51 程序设计。

第 9 章为"STM32 单片机原理及简单应用"，主要讲述 STM32 的基本特性、系统构成、STM32 集成开发环境、STM32CubeMX 图形配置工具及基本应用实例。

本书建议课时为 56~72 学时，教师可根据培养方案自行调整或取舍内容。

本书第 1 版由肖伸平、凌云、何小宁、曾红兵等编写。第 1、2、9 章由肖伸平编写并担任主编，负责对全书统稿；第 5~7 章由凌云编写，并负责全书的程序设计与验证工作；第 3、4 章由何小宁编写，并负责全书的习题统编工作；第 8 章由曾红兵编写。第 2 版进行了相应调整和修订，其中第 1、2 章由肖伸平负责，第 3、4 章由周玉负责，第 5、6 章由王炜负责，第 7、8 章由刘剑负责，第 9 章由谭兮负责，肖伸平负责全书统稿工作。本书在编写过程中还得到了周金峰、范绍成、殷理杰、段文杰、刘政轩等实验室人员的协助，特别是殷理杰、刘政轩为第 9 章的编写收集了大量资料，并完成了程序设计验证工作，在此表示衷心的感谢！

编　者

2024 年 7 月

目 录

ASCII 码表和 80C51 指令速查表

第 1 章

概　　述

本章主要介绍单片机的概念和发展、特点和分类,以及目前市场上广泛使用的主流机型、单片机典型应用实例,最后介绍了单片机应用中常用数制的基本知识。这些都是学习单片机必不可少的基础。

1.1　单片机概念及其主要发展阶段

随着计算机技术的发展和日渐成熟,为适应各领域智能化控制的需要,单片微型计算机(简称单片机)作为计算机的一个分支快速成长。从 20 世纪 70 年代至今,单片机历经探索、发展、完善等几个阶段,目前广泛应用于工业控制、农业自动化、医疗器械、航空航天、通信以及家用电器等各个领域。

1.1.1　单片机的概念

单片机源于单片微型计算机,由英文 single chip microcomputer 翻译而来,简称 SCM。即在一块半导体基片上集成中央处理器、存储器、中断系统、定时器/计数器、输入/输出接口和串行通信接口电路等计算机基本功能部件,连接合适的外设后,与软件结合,便能构成一个完整的计算机系统。

由于单片机主要应用于控制领域,近年来国内外逐渐采用微控制器(micro controller unit),即 MCU 代替 SCM。但在国内,产业界或是教学及培训中仍沿用"单片机"这一称谓。

1.1.2　单片机的发展历程

20 世纪 70 年代,美国 Intel 公司推出 MCS-48,宣布世界上第一台单片机诞生。我国从 70 年代末开始引进和开发应用单片机技术,至今保持与国际基本同步发展。回顾单片机的发展历程,大致分为以下几个主要阶段。

1. 单片机雏形阶段

20 世纪 70 年代中期以前,技术人员探索如何把计算机的主要部件集成在单芯片上。1971 年 Intel 公司推出的 MCS-48 实现了集成度为 2000 只晶体管/片的 4 位微处理器

Intel 4004，并配有随机存储器 RAM、只读存储器 ROM 和移位寄存器等芯片；随后，又研制出 8 位微处理器 Intel 8008。这虽不是真正意义上的单片机，但是单片微型计算机的雏形由此诞生。这一阶段的单片机主要用在家用电器、计算器、玩具等功能比较简单的产品中。

2. 单片机发展和完善阶段

20 世纪 70 年代末至 80 年代初，Intel 公司在 MCS-48 基础上推出了以 8051 为内核的 MCS-51 系列，使单片机性能趋于完善，其典型特征是通用总线型单片机体系结构，如下所述。

（1）设置了 8 位单片机的并行三总线结构，包括 8 位数据总线、16 位地址总线以及多功能的异步串行通信接口。

（2）外围功能单元采取由 CPU 集中管理的模式。

（3）扩展了操作灵活的布尔处理器，提供了具有控制特性的位地址空间、位操作方式。

（4）指令系统趋于丰富和完善，如增加了乘除法和比较指令，并且增加了许多突出控制功能的指令。

在这一时期，8 位单片机大量涌现，以 Intel 公司的 MCS-51 系列、Motorola 公司的 M6800 系列、Atmel 公司的 AT89 系列等为典型代表，主要用于一般的工业控制和智能仪器仪表。

3. 单片机高性能发展阶段

为满足测控系统要求的各种外围电路与接口电路，突出其智能化控制能力，Philips 等著名半导体厂商在 8051 基本结构的基础上，加强了外围电路的功能，突出了单片机的控制功能，将一些用于测控对象的模/数转换器、数/模转换器、程序运行监视器、脉宽调制器等与单片机集成在一起，体现了单片机的微控制器特征。

为了进一步缩小单片机体积，出现了为满足串行外围扩展要求的串行总线及接口，如 I^2C、SPI、Microwire 等。带有这些接口的各种外围芯片也应运而生，例如存储器、A/D、时钟等，出现了有较高性能的 16 位单片机，代表产品有 Intel 公司的 MCS-96 系列、TI 公司的 TMS9900 系列等。在此阶段，单片机的应用范围更加广泛，几乎渗透到工业、农业、医疗、军工、通信、家电等各个领域，甚至在智能终端、局部网络接口及个人计算机中得到应用。

4. 单片机全面发展和升级阶段

16 位单片机面世不久之后，很多大型半导体和电气厂商开始加入单片机的研制和生产队伍。几大主流公司先后推出了代表当前最高性能和技术水平的 32 位单片机系列。该系列产品集成度高，CPU 可与其他微控制器兼容；指令系统进一步优化，内部采用精简指令系统计算机（RISC）结构，兼有高级语言编译器；运算速度快，并可动态改变，主频可达 33MHz 以上。代表产品有 Intel 公司的 MCS-80960 系列、Motorola 公司的 M68300 系列、TI 公司的 MSP430 系列、STC（国产宏晶）系列等。

同时，为了适应各种应用场合的需要，推出了具有高速度、大存储容量、强运算能力的 8 位、16 位通用型单片机和小型、廉价的专用型单片机。

1.1.3 单片机的发展趋势

单片机以单片器件的形式进入电子技术领域,实现电子系统的智能化。由于单片机的集成度更高、功能更强、体积更小,性价比也越来越高,使之更加符合嵌入式系统的要求。为此,单片机技术将进一步完善和优化。具体表现在以下几个方面。

(1) CMOS化:近年来,CHMOS技术的进步促进了单片机CMOS化,使得CHMOS电路已达到LSTTL的速度,传输延迟时间小于2ns,其综合优势超过TTL电路。因此在单片机领域,CMOS电路已基本取代TTL电路。

(2) 低功耗管理:如今大部分单片机都有待机、掉电等低功耗运行方式。CMOS芯片除了低功耗特性外,还具有功耗的可控性,使单片机可以工作在功耗精细管理状态。此外,有些单片机采用双时钟技术,即高速和低速两个时钟,在不需要高速运行时,转入低速工作,以减少功耗;有些单片机采用高速时钟下的分频和低速时钟下的倍频控制运行速度,以降低功耗。低功耗不仅仅提高了效率,而且提高了产品的可靠性和抗干扰能力。

(3) 大容量化:以往单片机内的ROM一般为1~4KB,RAM为64~128B,在很多场合存储容量不够,不得不外接扩充。为了简化系统结构,需要加大存储器容量。目前,有些单片机的内部ROM高达64KB,片内RAM高达2KB,专用的存储器芯片容量可达4GB。

(4) 高性能化:主要是指进一步改进CPU的性能,加快指令运算的速度,提高系统控制的可靠性。有些单片机采用精简指令集(RISC)结构和流水线技术,大幅度提高了运行速度。目前,指令速度最高者已达100MIPS(即兆指令/秒),并加强了位处理功能,以及中断和定时控制功能。

(5) 外围电路内装化:这是单片机内部资源增加的发展方向。随着集成度不断提高,有可能把各种外围功能器件集成在片内。例如,片内可集成的部件有模/数转换器、数/模转换器、脉宽调制器PWM、监视定时器WDT、液晶显示驱动电路等。

(6) 串行扩展技术:在很长一段时间内,通用型单片机通过并行三总线结构扩展外围器件成为单片机应用的主流结构。随着I^2C、SPI等串行总线及接口的引入,推动了单片机"单片"应用结构的发展,使单片机的引脚可以设计得更节省,使单片机的系统结构更简化,并且更加规范化。

(7) 小容积、低价格:根据控制对象的不同,有时希望单片机的体积更小,价格更便宜,这可以通过减少其内部资源来实现。例如,减少内存,减少外部引脚等。为了缩小体积,甚至把时钟、复位电路外围器件等全部放在片内,使其成为只需要加电即可工作的单片机。有的单片机系列具有8~28脚封装的产品。

(8) ISP和基于ISP的开发环境:快擦写存储器(flash memory,闪存)的出现和发展,推动了ISP(in system programmable,在线系统编程)技术的发展。它的作用是把在计算机上编好的程序通过定义的ISP接口进行在线下载,即直接传输并且烧录到单片机的内存中。这种方法比使用一般的编程器廉价、方便。这些型号的单片机可利用ISP的开发环境进行仿真调试。

嵌入式系统起源于微型计算机时代,然而,微型计算机的体积、价位、可靠性都无法满足广大用户系统的嵌入式应用要求。因而,嵌入式系统的单芯片化应运而生,逐步过渡到嵌入式系统独立发展的单片机时代。

应用以单片机为主的嵌入式系统,迅速地使传统的电子系统发展到智能化的现代电子系统时代。现在,从需要高、精、尖技术的火箭、飞船,到日常生活中的手机、汽车电子器件、智能玩具、家用电器等,无处不见单片机的身影。单片机已经成为人类社会进入全面智能化时代的有力工具。

1.2 单片机的特点及分类

1.2.1 单片机的特点

经过多年的发展和完善,单片机具备了以下特点。

(1)控制功能强。为了满足工业控制的要求,单片机的指令系统中均有极丰富的转移指令、I/O 口的逻辑操作以及位处理功能。

(2)集成度高,体积小,有很高的可靠性。单片机把各功能部件集成在一块芯片上,内部采用总线结构,减少了芯片内部之间的连线,大大提高了单片机的可靠性与抗干扰能力。另外,由于其体积小,对于强磁场环境易于采取屏蔽措施,因此适合在恶劣环境下工作。

(3)具有优异的性能价格比。

(4)低电压、低功耗,便于生产便携式产品。

(5)增加了 I^2C 串行总线方式、SPI 串行接口等,进一步缩小了体积,简化了结构。

(6)单片机的系统扩展、系统配置较典型、规范,容易构成各种规模的应用系统。

1.2.2 单片机的分类

按照不同的分类标准,将单片机做以下区分,供用户选择时参考。

1. 按出产地域划分

例如,以 Intel 公司、Motorola(摩托罗拉)公司为代表的美国系列的单片机及其兼容产品,其产量和市场份额最多;以 Toshiba(东芝)、Hitachi(日立)公司为代表的日本系列,以及荷兰 Philips(飞利浦)公司、德国 Siemens(西门子)公司的产品系列等都是单片机市场的主流。

2. 按照 CPU 处理能力划分

按照 CPU 一次能够处理的二进制位数,分为 4 位、8 位、16 位、32 位单片机。其中,8 位、32 位单片机的使用率和市场占有率最高。

3. 按使用目的划分

根据用户的使用目的,分为通用单片机和专用单片机。

此外,可以按照单片机的制造工艺或产品级别等分类。

1.2.3 常用单片机系列介绍

目前,全世界生产和研制单片机的厂商有上百家。下面简要介绍常用的单片机系列产品。

1. 80C51 系列单片机

MCS-51 系列单片机是 Intel 公司在 MCS-48 的基础上,于 1980 年推出的 8 位单片机。作为单片机的经典系列,MCS-51 至今仍为业界广泛生产和使用。其中的 80C51 子系列单片机更是性能优越,兼容能力极强,产品型号非常齐全。

80C51 系列单片机的主要特点如下。

(1) 8 位 CPU(8 位数据,16 位地址),寻址能力达到 64KB。

(2) 片内有 4KB 程序存储器 ROM 和 128B 用户数据存储器 RAM。

(3) 4 个 8 位的 I/O 接口。

(4) 2 个或 2 个以上的定时器/计数器。

(5) 5 个或 5 个以上的中断源及 2 个中断优先级。

(6) 1 个全双工的异步串行通信接口。

80C51 系列单片机内部资源配置如表 1-1 所示。

表 1-1　80C51 系列单片机内部资源配置

芯片型号	片内 ROM	片内 RAM	并行 I/O 口	中断源	定时器/计数器	串行口
80C31	0	128B	4×8	5	2×16	1
80C51	4KB	128B	4×8	5	2×16	1
87C51	4KB	128B	4×8	5	2×16	1
80C32	0	256B	4×8	6	3×16	1
80C52	4KB	256B	4×8	6	3×16	1

2. 与 80C51 系列兼容的单片机

20 世纪 80 年代中期以后,Intel 公司以专利转让的形式把 8051 内核给了许多半导体厂家,如 Atmel、Philips、Ananog Devices、Dallas 等,生产与 Intel 公司 MCS-51 指令系统兼容的单片机。这些单片机采用 CMOS 工艺,因而人们常用 80C51 系列来称呼所有具有 8051 指令系统的单片机。其他厂商的 80C51 系列兼容产品对 8051 都做了扩充,在片内集成了如 Flash ROM、ADC、DAC、串行外围接口 SPI、Watchdog 定时器、各种总线等,使其更有特点,功能更强。部分厂家的 80C51 系列兼容机型特性如表 1-2 所示。

表 1-2　部分厂家的 80C51 系列兼容机型特性对照

厂家	型号	片内 ROM	片内 RAM	定时器/计数器	并行 I/O 口	中断源	串行口
宏晶科技	STC12C5A60S2	60KB　Flash ROM	1280B	4×16	36/40/44	10	2
NXP	P89LPC931	8KB　Flash ROM	256B	2×16	23	13	1
Atmel	AT89S51/52	4/8KB　Flash ROM	128/256B	2/3×16	32	5/6	2
TI	MSC1210Y2	4KB　Flash ROM	1280B	3×16	32	21	2
SST	SST89E554	32+8KB　Flash ROM	1KB	3×16	32	8	2

3. 主流单片机产品系列

1) AT89 系列

1998 年以后,由美国 Atmel 公司率先推出的 AT89 系列单片机成为 80C51 系列一个新的分支。其突出的优点是把快擦写存储器应用于单片机中。这使得单片机在开发过程中修改程序十分容易,大大缩短了产品开发周期。同时,AT89 系列单片机的引脚和80C51 是兼容的,所以,用 AT89 系列单片机取代 80C51 时,可以直接替换。由于 AT89 系列单片机的上述明显优点,使其迅速占领单片机主流市场。

2) STC 系列

STC 系列单片机是宏晶科技公司的产品,有 STC89、STC90、STC10、STC11、STC12、STC15 等几个系列,每个系列都有自己的特点。STC89 系列与 Atmel 公司的 AT89 系列完全兼容。STC90 是基于 STC89 系列的改进型产品。STC10 和 STC11 系列为低价格的单周期工作单片机,STC12 系列是增强型功能的单周期工作单片机。目前 STC15W 系列是 STC 单片机的主流产品。

3) LPC 系列

LPC 系列单片机为 NXP(恩智浦半导体)公司生产的基于 80C51 内核的单片机,有LPC700、LPC900 等系列。LPC900 系列采用双周期工作技术,具有体积小、功耗低、高性能和低成本的特点,其内部集成了大量的外设功能,在产品设计中可以节省外围器件,在简化系统设计、降低系统成本的同时进一步提高了系统的可靠性,广泛应用于各类智能型电子产品中。

4) MC68 系列

MC68 系列单片机是 Motorola 公司的主流产品,其中的子系列 MC6805、MC68HC05 和 MC68HC11 以其灵活的 CPU 结构、大量面向控制的外围接口和更加复杂的 I/O 功能,以及高频噪声低、抗干扰能力强等优势,特别适合工业控制领域和恶劣的工作环境,成为国际上应用最广的 8 位单片机之一。

5) PIC 系列

PIC 系列单片机是美国 Microchip 公司推出的高性能 8 位系列单片机。它率先采用RISC 技术,以高速、低耗、体积小、价格低、程序保密性强、品种多和开发方便等优点得到市场广泛认可。

PIC 系列单片机采用精简指令集,分为低、中和高档 3 个级别的产品,指令分别为33 条、35 条和 58 条,极大地简化了指令系统。PIC 配备有多种形式的芯片,特别是其OTP(one-time programmable)型芯片的价格很低。PIC 中的 PIC12C51×× 是世界上第一个 8 脚封装的低价 8 位单片机。用户可根据需要选择不同档次和不同功能的芯片,通常无须外扩程序存储器、数据存储器和 A/D 转换器等外部芯片。

6) MSP430 系列

MSP430 系列单片机由 TI 公司(美国德州仪器)生产,其主要特点是低电压和超低功耗。MSP430 系列单片机一般在 1.8～3.6V、1MHz 的条件下运行,耗电电流因不同的工作模式而不同,可长时间用电池工作;指令更加精简,核心指令只有 27 条;CPU 中的16 个寄存器和常数发生器使 MSP430 系列单片机能达到最高的代码效率,体现出超强的处理能力;MSP430 系列单片机具有 16 个中断源,可以任意嵌套,用中断请求将 CPU 唤醒只需 6μs;提供了较丰富的片内外设模块的不同组合,如看门狗、定时器 A、定时器 B、串口 0～1、液晶驱动器、10/12/14 位 ADC、端口 0～6(P0～P6)、基本定时器等。MSP430

有 16 位 CPU,属于 16 位单片机,也是目前国内用量最大的 16 位单片机。

此外,还有 Intel、LG、Siemens、NEC、Winbond 等公司的单片机系列产品,都占有一定的市场份额。

1.2.4 单片机应用系统实例: 单片机水温控制系统

单片机应用系统由硬件和软件组成。硬件是应用系统的基础,软件是在硬件的基础上对其资源合理调配,完成应用系统要求的任务,是功能的体现者。硬件和软件相互依赖,缺一不可。

在实际应用中,要让单片机完成相应的工作,需要将单片机和被控对象进行电气连接,外加各种扩展接口电路、外部设备、被控对象的硬件和软件,构成单片机应用系统。单片机硬件系统的典型组成框图如图 1-1 所示,由单片机、输入控制、输出显示、通信接口、外围功能器件以及晶振、复位电路等组成。

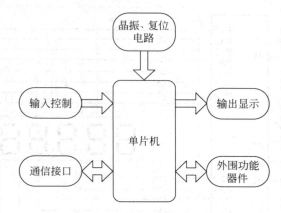

图 1-1 单片机硬件系统的典型组成框图

本书采用"典型实例分合"的方式,以典型实例为项目导引,将其分解得到相应的知识模块,将分解出来的知识模块放到后面相应章节介绍,最后将单片机水温控制系统所有模块进行综合,得到一个相对完整的单片机应用系统。

1. 水温控制系统设计任务要求

设计并制作一个水温控制系统,控制对象为 20 升(L)的不锈钢水箱。具体要求如下所示。

1) 控制对象

(1) 水箱容积:20L。

(2) 额定功率:1kW。

(3) 额定工作电压:AC 220V/50Hz。

2) 主要功能

(1) 温度控制范围与精度:控制范围 20~70℃,控制精度±2℃。

(2) 温度显示:数码管显示设定水温和实际水温,水温测量分辨率 0.1℃。

(3) 温度设定:通过按键调节设定温度,水温设定步进 1℃。

2. 水温控制系统单片机型号选择

温度控制系统惯性大,控制周期长,运算工作量不大,选择普通的 8 位单片机即可满足要求。本书以 AT89S51/S52 单片机为主介绍单片机控制系统的硬件设计与软件设计,因此,水温控制系统的控制核心选用 AT89S51 单片机。

3. 水温控制系统硬件原理图

单片机水温控制系统的硬件原理如图 1-2 所示。与图 1-1 相对比,水温控制系统主要由单片机、输入控制、输出显示、外围功能器件以及晶振、复位电路等几个部分组成。其中,外围功能器件用于采样测量水温。该应用实例没有考虑通信问题,故硬件电路没有通信接口部分的内容。在后续各章节中,水温控制系统的软件、硬件被分解成若干任务子项,每个任务子项都与相应章节内容结合完成设计。最后一章完成水温控制系统的总体设计。

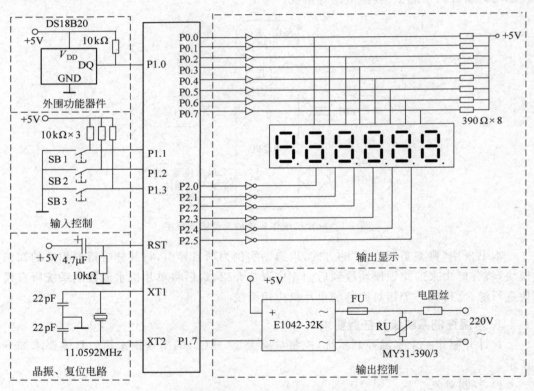

图 1-2　单片机水温控制系统硬件原理图

1.3　单片机中常用的计数方法

单片机应用是一门典型的硬件与软件相结合的技术。利用电子技术、集成电路技术等作为单片机的物理载体;相关的数学知识、数据结构算法、控制理论及指令系统等是单片机应用的软件基础。下面主要介绍单片机中常用的计数方法。

1.3.1　常用数制

1. 数制

数制是人们利用符号计数的科学方法。数制有很多种,在计算机中常用的是十进制、二进制和十六进制。

数制有两个要素,即基数和权。某种数制所使用的数码符号个数称为基数。如用二进制计数时,需要 0 和 1 两个符号,则基数为 2,遵循"逢 2 进 1,借 1 当 2"的原则。数制中某一位所具有的单位数大小称为权。它是以该数制的基数为底,以数码所处的位置号为幂的一个指数,如十进制各位的权是以 10 为底的幂。

1)十进制

十进制是日常生活和一般的数学计算中最常见的数制,十进制的基数是"10",即它所使用的数码为 0~9 共 10 个数字,符合"逢 10 进 1,借 1 当 10"的规律。每个数所处的位置不同,其值不同。从右开始,左边的权是右边的 10 倍,每个十进制数的数值是按权展开再相加的结果。例如:

$$1234 = 1 \times 10^3 + 2 \times 10^2 + 3 \times 10^1 + 4 \times 10^0$$

2)二进制

在数字电子电路中,一般用"1"和"0"分别表示电路的状态,如开关的"通"和"断",电平的"高"和"低";反之,用电路很容易表示"1"和"0"。而十进制所用的数字较多,用电路很难实现。采用二进制,可以方便地利用电路完成计数工作。所以,计算机中常用的进位制是二进制。

二进制的基数为"2",使用的数码为 0 和 1,共 2 个数。二进制各位的权是以 2 为底的幂。例如,二进制数 111B 按权的展开式为:

$$111B = 1 \times 2^2 + 1 \times 2^1 + 1 \times 2^0 = 4 + 2 + 1 = 7$$

上式中的后缀 B 表示该数为二进制数。无后缀者,默认为十进制数。

3)十六进制

由于二进制的位数太长,不易记忆,不易书写,在计算机中常常用十六进制书写指令中的数。十六进制的基数为"16","逢 16 进 1,借 1 当 16",其数码共有 16 个,即 0、1、2、3、4、5、6、7、8、9、A、B、C、D、E、F。其中,A~F 相当于十进制数的 10~15。十六进制的权是以 16 为底的幂。例如,数 7F5H 的按权展开式为:

$$7F5H = 7 \times 16^2 + 15 \times 16^1 + 5 \times 16^0 = 1792 + 240 + 5 = 2037$$

上式中的后缀 H 表示该数为十六进制数。由于十六进制数易于书写和记忆,而且与二进制之间的转化十分方便,因而人们在书写计算机的语言时多采用十六进制。

2. 数制间的转换

1)任意进制数转换成十进制数

按权展开后相加。例如:

$$111B = 1 \times 2^2 + 1 \times 2^1 + 1 \times 2^0 = 4 + 2 + 1 = 7$$
$$A5H = 10 \times 16^1 + 5 \times 16^0 = 160 + 5 = 165$$

2)十进制数转换为其他进制数

一个十进制数转换成二进制数时,通常采用"除2取余"法,即用2连续除十进制数,直到商为0,逆序排列余数即可得到。例如,将14转换成二进制数:

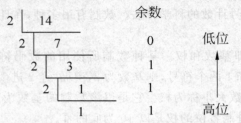

结果:14=1110B。

同理,将十进制数"除16取余",即可得到十六进制数。

3)二、十六进制之间的转换

因为十六进制的权是16的倍数,而4位二进制数的最大值是16。也就是说,4位二进制数的每一个编码都对应十六进制的相应数码。所以,1位十六进制数可以转化为4位二进制数,反之亦然。十六进制数转换成二进制数时,将每位十六进制数对应转换为4位二进制数;二进制数转换成十六进制数时,从右向左,将每位4位二进制数对应转换为1位十六进制数。例如:

$$6F9DH=0110111110011101B$$

1.3.2　计算机中数的表示及运算

一个数的实际数值为真值,可以用有符号或无符号的多种数制形式表示。计算机中的数是以二进制表示的,通常称为机器数。机器数又有原码、反码和补码3种形式。

1. 无符号数的表示方法

无符号数因为不需要专门的符号位,所以 N 位二进制数的 $D_{N-1} \sim D_0$ 均为数值位,它的表示范围为 $0 \sim 2^N - 1$,且均视为正数。

2. 有符号数的表示方法

数学上分别用"+"和"−"来表示正数和负数。在计算机中,由于采用二进制,只有"1"和"0"两个数字,一般规定最高位为符号位。符号位为"0"表示正数,为"1"表示负数。计算机中的有符号数有3种表示法,即原码、反码和补码。

1)原码

对于一个8位二进制数,正数的符号位用"0"表示,负数的符号位用"1"表示,其余的7位表示有效数据。这种表示法称为原码。因为符号位占据了最高位,所以8位二进制数实际可表示的数据位为D0~D6。

例如:设 X、Y 两数的真值分别为 $X=+1010111$,$Y=-1010111$,则

$$[X]_原 = 01010111, \quad [Y]_原 = 11010111$$

在原码表示的数中,最高位分别用"0""1"代替了"+""−"。

2)反码

反码是在原码的基础上求得的。如果是正数,则反码与原码相同;如果是负数,则其反码为原码的符号位不变,其余各位按位取反。

例如：设 $X=+1010101,Y=-1010110$，则

$$[X]_反=01010101，\quad [Y]_反=10101001$$

3）补码

补码是在反码的基础上求得的。如果是正数，则补码和反码相同，也与原码相同；如果是负数，则其补码为反码加 1。

例如：设 $X=+1010101,Y=-1010110$，则

$$[X]_补=01010101，\quad [Y]_补=10101010$$

3. 有符号数的运算

原码表示的数简单、直观，容易识别。但在计算机中采用原码进行加减运算时，符号位和数值位需要分别处理，所需要的电路比较复杂；如果采用补码做加减运算，符号位与数值位同时参与运算，把减法变成加法，无须单独处理符号位，可以简化硬件电路。

在 8 位机中执行加减运算时，最高位产生的进位位已超出计算机字长的范围，将自动丢失。在不考虑最高位产生进位的情况下，减法运算与补码相加的结果完全相同。因此，在计算机中普遍用补码表示带符号的数。

在计算机中的同一个二进制数，它所表达的实际数值是不同的，要看是有符号数还是无符号数。在单片机中，通常是人为确定的。

4. 计算机中二进制数的几个概念

1）位

二进制中的 1 位表示"0"或"1"，指令中用"bit"表示，也叫比特。

2）字节

在计算机中，将 8 位二进制数看成 1 字节（byte），常说的 8 位单片机，就是指 CPU 一次能够处理 8 位二进制数。字节也用千、兆、吉来表示数量级，但与数学中的表示略有不同。关系如下所述：

$$1KB=2^{10}B=1024B$$
$$1MB=2^{10}KB=2^{20}B$$
$$1GB=2^{10}MB=2^{30}B$$

3）字

字（word）是计算机一次能够处理的数据长度，通常由 1 个或多个字节组成。在 8 位、16 位处理器中，1 个字通常为 2 字节。

1.3.3 常用代码

1. 二进制代码

用"1"和"0"的组合表示一个数的大小或者特定的信息，该组合就是二进制代码。二进制代码是在计算机中使用最普遍的一种代码形式。对于用二进制代码表示的字母或符号等特定信息，事先要规定，即编码，使之有一一对应的关系。要想理解二进制代码表示的真实含义，要进行译码。

2. BCD 代码

BCD 代码又称二—十进制代码，就是用二进制的符号形式表示十进制数。从 0 到 9，

每个数码用 4 位二进制符号表示,每 4 位二进制符号之间遵循十进制的进位关系。因为 4 位二进制数能够组合成 0000~1111 等 16 个编码状态,而十进制中只有 0~9 共 10 个符号需要表示,所以将有 6 种组合是多余的。一般采用 0000~1001 前 10 种组合分别表示 0~9,这种 BCD 码与相应的 4 位二进制数从高位到低位,各位的权分别是 8、4、2、1,故称之为 8421BCD 码。

3. ASCII 码

ASCII 码是美国标准信息交换码的简称,它用 8 位二进制数表示 1 个字符,其中的最高位为校验位,实际的有效位是后面的 7 位二进制数,因此 ASCII 码共有 $2^7 = 128$ 个字符。这 128 个字符包括 96 个可显示和打印的图形字符,以及 32 个不能显示和打印的控制符号。键盘上的字母、数字键以及换行、回车等功能键就是常用的 ASCII 码。

习题 1

1.1　什么是单片机?单片机与一般微型计算机相比,具有哪些特点?

1.2　单片机主要应用在哪些领域?单片机应用系统由哪些部分组成?

1.3　微型计算机为什么要采用二进制数?什么情况下要用到十六进制数?

1.4　将下列二进制数转化为十进制数。

(1) 1101B　　　　(2) 10101B　　　　(3) 1010110B　　　　(4) 1000111001B

1.5　将下列二进制数转化为十六进制数。

(1) 10100B　　　　(2) 101101B　　　　(3) 10100110B　　　　(4) 100111001B

1.6　将下列各数转换为二进制数。

(1) 56　　　　(2) 8FH　　　　(3) 125　　　　(4) 1A3H

1.7　什么是原码、反码和补码?

1.8　已知二进制数的原码如下所示,写出其补码和反码(最高位为符号位)。

(1) 01011001B　　(2) 00111110B　　(3) 11011011B　　(4) 11111110B

1.9　求下列十进制数的机器码、原码、反码和补码。

(1) −89　　　　(2) 105　　　　(3) −0　　　　(4) +0

1.10　查找资料,写出下列十进制数的 8421BCD 码和 5421BCD 码。

(1) 89　　　　(2) 105

第 **2** 章

单片机体系结构

本章的主要内容是单片机的硬件结构与基础电路,这是本书的重点和难点。本章将以 80C51 系列的 AT89S51/S52 为例,详细介绍单片机的内部结构、引脚功能、存储器结构、时序及复位电路、并行 I/O 端口等内容。掌握了这些内容,读者在学习和了解其他单片机时可以举一反三、触类旁通。对于本章最后的阅读材料,读者可以通过自学掌握。

2.1 单片机的结构与引脚

本节以 Atmel 公司的 AT89S51/S52 单片机为例,介绍单片机的基本组成、内部结构和引脚功能。

AT89S51/S52 是目前应用最广泛的单片机之一,它与 Intel 公司的 80C51 单片机在芯片结构和功能上基本相同,外部引脚完全相同,主要不同点是 AT89S51/S52 中的程序存储器全部采用快擦写存储器。此外,AT89S51/S52 单片机与在 2003 年停产的 AT89C51/C52 单片机相比,主要的不同点是增加了 ISP 串行接口(可实现串行下载功能)和看门狗定时器等。

2.1.1 单片机的基本组成与内部结构

AT89S51/S52 单片机基本组成功能框图如图 2-1 所示。单片机内部集成了一台微型计算机的各个主要部件,包括 CPU、存储器、可编程 I/O 口、定时器/计数器、中断控制、串行口等,各部分通过内部总线相连。图中的 P0、P1、P2、P3 为 4 个可编程的输入/输出端口,TXD、RXD 为串行口的输入、输出端。

AT89S51 与 AT89S52 的主要差别是 AT89S51 有 4KB 程序存储器,AT89S52 有 8KB 程序存储器,AT89S52 还增加了一个定时器 2。此外,它们的 RAM 容量也不同。AT89S51 片内供用户使用的 RAM 为 128 字节,AT89S52 片内供用户使用的 RAM 为 256 字节。

AT89S51/S52 的内部结构图如图 2-2 所示。在单片机内部,除了有 CPU、RAM、ROM 和定时器、串行口等主要功能部件之外,还有驱动器、锁存器、指令寄存器、地址寄存器等辅助电路部分。由图 2-2 还可以看出各功能模块在单片机中的位置和相互关系。图 2-2 中各部分的详细内容将在以后的章节中陆续介绍,下面介绍几个主要部件。

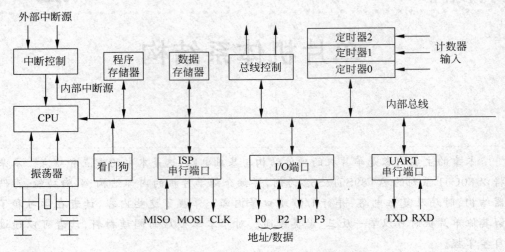

图 2-1 AT89S51/S52 单片机基本组成功能框图

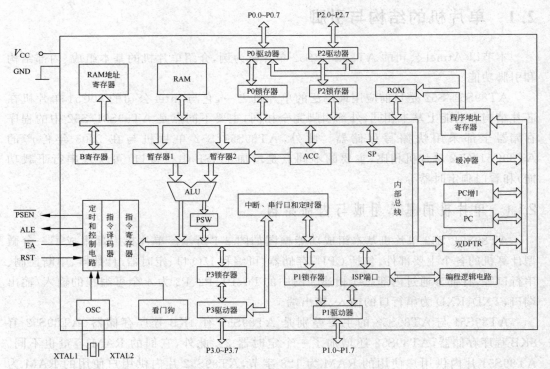

图 2-2 AT89S51/S52 单片机内部结构图

1. 中央处理器(CPU)

中央处理器是单片机最核心的部分,主要完成运算和控制功能,这一点与通用微处理器基本相同,只是它的控制功能更强。80C51 系列的 CPU 是一个字长为 8 位的中央处理单元,它对数据的处理是以字节为单位进行的。CPU 的结构与工作原理在 2.5 节中介绍。

2. 数据存储器(内部 RAM)

数据存储器用于存放变化的数据。在 80C51 单片机中,通常把控制与管理寄存器(特殊功能寄存器)在逻辑上划分在内部 RAM 中,因为其地址与 RAM 是连续的。在 AT89S51 中,数据存储器的地址空间为 256 个 RAM 单元,但其中能作为数据存储器供用户使用的仅有前面 128 个,后 128 个被专用寄存器占用。AT89S52 供用户使用的数据存储器比 AT89S51 多 128 个,共 256 个。

3. 程序存储器(内部 ROM)

程序存储器用于存放程序和固定的常数等,通常采用只读存储器。只读存储器有多种类型,在 AT89 系列单片机中全部采用闪存。AT89S51 内部配置了 4KB 闪存,AT89S52 配置了 8KB 闪存。

4. 定时器/计数器

定时器/计数器用于实现定时和计数功能。AT89S51 共有 2 个 16 位定时器/计数器,AT89S52 共有 3 个 16 位定时器/计数器。

5. 并行 I/O 口

并行 I/O 口主要用于实现外部设备中数据的并行输入/输出,有些 I/O 口还有其他多种功能。AT89S51/S52 共有 4 个 8 位的 I/O 口(P0、P1、P2、P3)。

6. 串行口

AT89S51/S52 有 1 个 UART 全双工异步串行口,用于实现和其他具有相应接口的设备之间的异步串行数据传送。AT89S51/S52 还有一个 ISP 全双工同步串行口,用于实现串行在线下载程序。

7. 时钟电路

时钟电路的作用是产生单片机工作所需要的时钟脉冲序列。AT89S51/S52 单片机内部有时钟电路,但晶振和微调电容需要外接。

8. 中断系统

中断系统的主要作用是对外部或内部的中断请求进行管理与处理。AT89S51/S52 的中断系统可以满足一般控制应用的需要。AT89S51 共有 5 个中断源,其中有 2 个是外部中断源,$\overline{INT0}$ 和 $\overline{INT1}$;有 3 个内部中断源,即 2 个定时/计数中断和 1 个串行口中断。此外,AT89S52 增加了一个定时器 2 的中断源。

综上所述,虽然 AT89S51/S52 仅是一块芯片,但它包括构成计算机的基本部件,因此可以说它是一台简单的计算机,但它主要用于控制,所以也称为微控制器。

2.1.2 单片机的引脚功能

AT89S51/S52 单片机实际有效的引脚为 40 个。为了尽可能减少引脚数,AT89S51/

S52 单片机的部分引脚具有第二功能，也称为复用功能。AT89S51/S52 引脚如图 2-3 所示。下面说明这些引脚的名称和功能。

PDIP

引脚	编号		编号	引脚
(T2)P1.0	1		40	V_{CC}
(T2EX)P1.1	2		39	P0.0(AD0)
P1.2	3		38	P0.1(AD1)
P1.3	4		37	P0.2(AD2)
P1.4	5		36	P0.3(AD3)
(MOSI)P1.5	6		35	P0.4(AD4)
(MISO)P1.6	7		34	P0.5(AD5)
(SCK)P1.7	8		33	P0.6(AD6)
RST	9		32	P0.7(AD7)
(RXD)P3.0	10		31	$\overline{EA}/V_{PP}$
(TXD)P3.1	11		30	ALE/$\overline{PROG}$
($\overline{INT0}$)P3.2	12		29	$\overline{PSEN}$
($\overline{INT1}$)P3.3	13		28	P2.7(A15)
(T0)P3.4	14		27	P2.6(A14)
(T1)P3.5	15		26	P2.5(A13)
($\overline{WR}$)P3.6	16		25	P2.4(A12)
($\overline{RD}$)P3.7	17		24	P2.3(A11)
XTAL2	18		23	P2.2(A10)
XTAL1	19		22	P2.1(A9)
GND	20		21	P2.0(A8)

图 2-3   AT89S51/S52 引脚图

1. 主电源引脚 GND 和 V_{CC}

（1）GND：接地。

（2）V_{CC}：电源输入，接 +5V 电源。

2. 时钟电路引脚 XTAL1 和 XTAL2

（1）XTAL1：接外部晶体的一端。它是片内振荡器反向放大器的输入端。在采用外部时钟时，外部时钟振荡信号直接送入此引脚，作为驱动端。

（2）XTAL2：接外部晶体的另一端。它是片内振荡器反向放大器的输出端，振荡电路的频率是晶体振荡频率。若采用外部时钟电路，此引脚悬空不用。

3. 控制信号引脚 RST、ALE/$\overline{PROG}$、$\overline{PSEN}$、$\overline{EA}$/V_{PP}

（1）RST：复位输入端。在该脚输入 2 个机器周期以上的高电平，将使单片机复位。

（2）ALE/$\overline{PROG}$：地址锁存允许输出/编程脉冲输入端。这个引脚具有 2 种功能。在访问片外存储器时，ALE 作为锁存扩展地址低位字节的输出控制信号（称允许锁存地址），平时不访问片外存储器时，该端也以 1/6 的时钟振荡频率固定输出正脉冲，供定时器或其他器件设备使用。ALE 端的负载驱动能力为 8 个 LSTTL(低功耗高速 TTL)。对片内存储器编程(固化)时,该引脚用于输入编程脉冲,此时为低电平有效。

(3) $\overline{PSEN}$:片外程序存储器选通控制信号端。在访问片外程序存储器时,此端输出负脉冲作为程序存储器读选通信号。CPU 在向片外程序存储器取指令期间,$\overline{PSEN}$ 信号在 12 个时钟周期中 2 次生效。不过,在访问片外数据存储器时,这 2 次有效的 $\overline{PSEN}$ 信号不出现。$\overline{PSEN}$ 端同样可驱动 8 个 LSTTL 负载。

(4) $\overline{EA}/V_{PP}$:为内、外程序存储器选择/编程电源输入端。这个引脚具有 2 种功能。当 $\overline{EA}$ 端接高电平时,CPU 从片内程序存储器地址 0000H 单元开始执行程序。当地址超出 4KB(对于 AT89S52 为 8KB)时,将自动执行片外程序存储器的程序;当 $\overline{EA}$ 端接低电平时,CPU 仅访问片外程序存储器,即 CPU 直接从片外程序存储器地址 0000H 单元开始执行程序。在对闪存编程时,该引脚用于施加编程电压 V_{PP}。80C51 系列不同型号单片机的编程电压不同,有 5V、12V、15V 等多种。

4. 输入/输出引脚(P0、P1、P2 和 P3 口)

P0~P3 是 AT89S51/S52 单片机与外界联系的 4 个 8 位双向并行 I/O 端口。

(1) P0.0~P0.7:P0 口的 8 位 I/O 端口。在访问片外存储器时,它分时提供低 8 位地址和 8 位数据,故这些 I/O 线有地址/数据总线之称,简写为 AD0~AD7。当不作为总线时,也可以作为普通 I/O 口使用。

(2) P1.0~P1.7:P1 口的 8 位 I/O 端口。AT89S51/S52 单片机的 P1 口除了可以作为一般的 I/O 口外,其中 5 位还有第二功能。P1 口各位的第二功能如表 2-1 所示。

表 2-1　P1 口各位的第二功能

P1 口的各位	第二功能的名称及作用
P1.0	T2(定时器/计数器 2 的外部计数输入/时钟输出)
P1.1	T2EX(定时器/计数器 2 的捕获触发和双向控制)
P1.5	MOSI(主机输出线,用于在系统编程)
P1.6	MISO(主机输入线,用于在系统编程)
P1.7	SCK(串行时钟线,用于在系统编程)

由表 2-1 可见,P1.0 和 P1.1 用于定时器 2(AT89S51 除外);P1.5、P1.6 和 P1.7 用于 ISP。它的作用是把在计算机上编好的程序通过定义的这 3 根 ISP 接口线进行在线下载,即直接传输并且烧录到 AT89S51/S52 单片机的闪存中。这种方法比使用一般的编程器廉价、方便。各厂商一般都配有在线下载接口板和相应的软件。

(3) P2.0~P2.7:P2 口的 8 位准双向 I/O 端口。在访问片外存储器时,它输出高8 位地址,即 A8~A15。当不作为总线时,可以作为普通 I/O 口使用。

(4) P3.0~P3.7:P3 口的 8 位准双向 I/O 端口。这 8 个引脚都具有专门的第二功能。P3 口各位的第二功能如表 2-2 所示。

表 2-2　P3 口各位的第二功能

P3 口的各位	第二功能的名称及作用
P3.0	RXD(串行口输入)
P3.1	TXD(串行口输出)
P3.2	INT0(外部中断 0 输入)
P3.3	INT1(外部中断 1 输入)
P3.4	T0(定时器/计数器 0 的外部输入)
P3.5	T1(定时器/计数器 1 的外部输入)
P3.6	WR(片外数据存储器写选通控制输出)
P3.7	RD(片外数据存储器读选通控制输出)

对于以上各引脚的功能与作用,读者在后面章节的学习中能够逐渐加深理解并学会应用。

2.2　存储器

存储器是单片机的主要组成部分,其用途是存放程序和数据,使单片机具有记忆功能。这些程序和数据在存储器中以二进制代码表示。根据单片机的命令,按照指定地址,可以把代码取出来或存入新代码。要理解单片机的工作原理,首先应了解存储器。

2.2.1　存储器的分类

因为与计算机有关的存储器种类很多,所以存储器的分类方法也较多。在单片机中,主要采用半导体存储器,因而这里仅介绍半导体存储器的分类。

人们通常习惯于按存储信息的功能分类。下面将按照半导体存储器的不同功能特点进行分类。

1. 只读存储器 ROM(read only memory)

只读存储器在使用时只能读出而不能写入,一般用来存放程序和固定的常数等。断电后,ROM 中的信息不会丢失。ROM 按存储信息的方法又分为以下 3 种。

(1) 掩膜 ROM。掩膜 ROM 也称固定 ROM,它是由厂家编写好程序写入 ROM 供用户使用(称为固化),用户不能更改。掩膜 ROM 的价格最便宜。

(2) 可一次性编程的只读存储器。它的内容可由用户根据所编程序一次性写入,且一旦写入,只能读出,不能再更改。一般来说,对于批量生产的定型产品,采用这种存储器存放程序。

(3) 可电改写的只读存储器 EEPROM(electrically erasable programmable read only memory)。EEPROM 也称为 E^2PROM,它可以用电的方法写入和清除其内容,其编程电压和清除电压均与计算机 CPU 的 5V 工作电压相同,不需另加电压。这种存储器既有 RAM 读写操作简便,又有数据不会因掉电而丢失的优点。除此之外,EEPROM 保存的数据至少可达 10 年,每块芯片可擦写 1000 次以上。

2. 随机存储器 RAM(random access memory)

RAM 又叫读写存储器,它不仅能读取存放在存储单元中的数据,还能随时写入新的数据。写入后,原来的数据就丢失了;断电后,RAM 中的信息全部丢失。因此,RAM 常用于存放经常要改变的程序或中间计算结果等。

RAM 按照存储信息的方式,又分为静态和动态两种。

(1) 静态 SRAM(static RAM):其特点是只要有电源加于存储器,数据就能长期保留。

(2) 动态 DRAM(dynamic RAM):写入的信息只能短时间保持,因此每隔一定的时间就必须重新写入一次,以保持原来的信息不变。这种重写的操作又称刷新,故动态 RAM 的控制电路较复杂,但动态 RAM 的价格比静态 RAM 便宜些。

现在 FRAM(ferroelectric RAM,铁电存储器)、MRAM(磁阻存储器)、PRAM(相变存储器)等非易失性 RAM 发展很快,随着其性能价格比进一步提高,将逐渐取代 DRAM 或 SRAM。因为它们的写入速度在几十到几百纳秒之间,与 DRAM 或 SRAM 相当,而且具有非易失性,保存数据的时间通常可达 10 年,擦写次数是一般 EEPROM 和闪存的100 倍以上,存储容量为 1~512MB。

3. 可改写的非易失存储器

EEPROM 的最大缺点是改写信息的速度比较慢。随着新的半导体存储技术的发展,各种新的可现场改写信息的非易失存储器面市,且发展速度很快,主要有快擦写存储器(flash memory)和铁电存储器 FRAM。这类存储器从原理上看,属于 ROM 型存储器;但是从功能上看,可以随时改写信息,因而作用相当于 RAM。随着存储器技术的发展,过去传统意义上的易失性存储器、非易失性存储器的概念发生了变化,所以 ROM、RAM 的定义和划分已不是很严格。但由于这种存储器读写的速度比一般的 RAM 慢,所以在单片机中主要用做程序存储器;当需要重新编程,或者某些数据修改后需要保存时,采用这种存储器十分方便。

下面以目前应用最广泛的快擦写存储器为例予以介绍。

快擦写存储器是在 EEPROM 的基础上制造的一种非易失性存储器,但它的读写速度比一般的 EEPROM 快得多。Ateml 公司称它为 Flash ROM,有些半导体手册把它直译为"闪速"或"闪烁"存储器。这种译法不太贴切,最好意译为快擦写存储器,或直接称其为 Flash 存储器,简称闪存,这是现在比较流行的称呼。快擦写存储器的容量为 16~64MB,可重新编程的次数一般是 10 万次以上,最高达到 100 万次,读取时间 20ns。目前单片机产品的程序存储器一般都配置了闪存。

2.2.2 存储单元与存储单元地址

本节介绍的半导体存储器(以下简称存储器)仅限于在单片机内使用的情况,暂不涉及一片独立的存储器芯片的情况。

存储器是由大量缓冲寄存器组成的,其中的每一个寄存器称为一个存储单元。1 个代码由若干位(bit)组成,代码的位数称为位长,习惯上也称为字长。基本字长一般是指参加一次运算的操作数的位数。基本字长可反映寄存器、运算部件和数据总线的位数。

在计算机中,每个存储单元存放的二进制数的位数,一般情况下和它的算术运算单元的位数是相同的。例如,计算机的算术运算单元是 8 位,则其字长就是 8 位。把 1 个 8 位的二进制代码称为 1 字节(byte),通常简写为 B。单片机中的指令、地址、数据均以字节为单位。

在计算机的存储器中往往有成千上万个存储单元。为了使存入和取出时不发生混淆,必须给每个存储单元唯一的编号,称之为存储单元的地址。因为存储单元数量很大,为了减少存储器向外引出的地址线,在存储器内部都带有译码器。根据二进制编译码原理,除地线公用之外,n 根导线可译成 2^n 个地址号。例如,当地址线为 3 根时,可译成 $2^3 = 8$ 个地址号;地址线为 8 根时,可以译成 $2^8 = 256$ 个地址号,以此类推。在 80C51 单片机中,地址线为 16 根,则可译成 $2^{16} = 65\,536$(64K)个地址号,也称为 16 根地址线的最大寻址范围。存储器一般由地址译码器、存储矩阵和读写控制电路等组成,通过译码电路找到指定地址的存储单元,再通过读写控制电路对其中的内容进行操作。

由此可见,存储单元地址和该存储单元中的内容是完全不同的概念。存储单元,就如同一家旅馆中的每个房间;存储单元地址,相当于每个房间的房号;存储单元的内容(二进制代码),相当于这个房间中的客人。

2.2.3 存储器结构与地址空间

80C51 系列单片机的存储器结构与一般的通用计算机不同。通用计算机通常只有一个逻辑空间,即其程序存储器和数据存储器是统一编址的。访问存储器时,同一地址对应唯一的存储空间,可以是 ROM,也可以是 RAM,并用同类指令访问。这种存储器结构称为冯·诺依曼结构。而 80C51 系列单片机的程序存储器和数据存储器在物理结构上是分开的,这种结构称为哈佛结构。80C51 系列单片机的存储器在物理结构上分为 4 个存储空间:片内程序存储器、片外程序存储器、片内数据存储器和片外数据存储器。

AT89S51 存储器的空间分布如图 2-4 所示。AT89S51 的片内程序存储器为 4KB,地址空间为 0000～0FFFH,与片外程序存储器的低地址空间是相同的,由单片机的 $\overline{EA}$ 引脚接不同的电平来区分。$\overline{EA}$ 接高电平时,访问片内程序存储器的 0000～0FFFH 地址空间;$\overline{EA}$ 接低电平时,访问片外程序存储器的 0000～0FFFH 地址空间。

片内数据存储器的地址空间为 00～FFH,共 256B,它与片外数据存储器的低地址空间是相同的,通过不同的指令来区分。例如单片机的数据传送指令中,MOV 用来访问片内数据存储器,MOVX 用来访问片外数据存储器,MOVC 用来访问程序存储器。因此,在逻辑上,从用户使用的角度来看,80C51 系列可分为 3 个存储空间:片内、片外统一编址的 64KB 程序存储器空间(用 16 位地址);片内数据存储器地址空间,寻址范围为 00～FFH;64KB 的片外数据存储器地址空间。通过采用不同形式的指令,产生不同存储空间的选通信号,可以访问 3 个不同的逻辑空间。

随着单片机片上存储器容量不断加大,在很多情况下,只需要采用片内的 2 个存储器空间(如图 2-4 所示的虚线框内),片外的存储器空间不必使用。

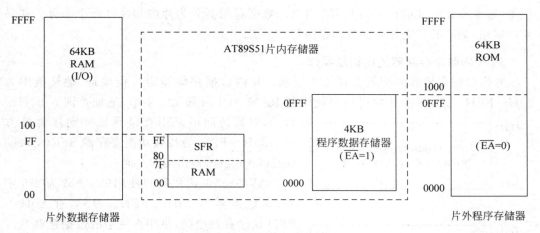

图 2-4 AT89S51 存储空间分布

2.2.4 程序存储器

程序存储器用于存放编写好的程序和数据表格。

1. 程序存储器的结构和地址分配

AT89S51 片内有 4KB(AT89S52 为 8KB)闪存,通过片外 16 位地址线最多可扩展到 64KB,两者是统一编址的。如果 $\overline{EA}$ 端保持高电平,AT89S51 的程序计数器 PC 在 0000H~ 0FFFH 范围内(即前 4KB 地址),执行片内 ROM 的程序;当寻址范围在 1000H~ FFFFH 时,从片外存储器读取指令。当 $\overline{EA}$ 端保持低电平时,AT89S51 的所有读取指令 操作均在片外程序存储器中进行,这时片外存储器可以从 0000H 开始编程。AT89S52 的片内程序存储器地址为 0000H~1FFFH(即前 8KB 地址)。

2. 程序存储器的入口地址

在程序存储器中,以下 7 个单元具有特殊用途。

(1) 0000H:单片机上电复位后,PC=0000H,程序将自动从 0000H 开始执行指令。

(2) 0003H:外部中断 0 的入口地址。

(3) 000BH:定时器 0 溢出中断的入口地址。

(4) 0013H:外部中断 1 的入口地址。

(5) 001BH:定时器 1 溢出中断的入口地址。

(6) 0023H:串行口中断的入口地址。

(7) 002BH:定时器 2 溢出中断的入口地址(只有 AT89S52 有)。

在上述地址中,0000H 是单片机复位后的起始地址,通常在 0000H~0002H 存放一 条无条件跳转指令,跳转到用户设计的主程序入口地址。0003H,000BH,…,002BH 等 6 个单元是外部中断 0 等 6 个中断源的中断程序入口地址,通常在这些入口处存放一条 绝对跳转指令,使程序跳转到用户安排的中断程序起始地址。

2.2.5 数据存储器

单片机中的数据存储器主要用于存放经常要改变的中间运算结果、数据暂存或标志位等,通常都是由随机存储器 RAM 组成。数据存储器分为片内和片外两个部分。如果片内够用,则不必扩充片外的数据存储器。

1. 片内数据存储器的结构及操作

片内数据存储器的配置如图 2-5 所示。片内数据存储器为 8 位地址,地址范围为 00H～FFH。A89S51 片内供用户使用的 RAM 为片内低 128 字节,地址范围为 00H～7FH,对其访问可采用直接寻址和间接寻址方式。80H～FFH 为特殊功能寄存器 SFR(special function register)占用的空间。

AT89S52 片内供用户使用的 RAM 为 256 字节,地址范围为 00H～FFH。显然,在 80H～FFH 这个存储空间,供用户使用的数据存储器区域与特殊功能寄存器 SFR 的地址是重叠的,通过不同的寻址方式来区分。对于 AT89S52 内部 80H～FFH RAM 区的访问,只能采用间接寻址方式。

特殊功能寄存器虽然在地址空间上被划分在数据存储器,但并不作为数据存储器使用,其作用将在 2.3 节介绍。

2. 低 128 字节 RAM

在低 128 字节的 RAM 区,根据存储器的用途不同,分为 3 个部分,如图 2-5 所示。其中,00H～1FH 的地址空间为通用工作寄存器区,20H～2FH 的地址空间为位寻址区,30FH～7FH 的地址空间为用户 RAM 区。

1) 通用工作寄存器区

80C51 系列单片机的工作寄存器共分为 4 组,每组由 8 个工作寄存器(R0～R7)组成,共占 32 个单元。工作寄存器的地址如表 2-3 所示。每组寄存器均可选做 CPU 当前的工作寄存器组,通过设置程序状态字 PSW(见 2.3 节)中的 RS1、RS0 来决定 CPU 当前使用哪一组工作寄存器组。

图 2-5　片内数据存储器配置

表 2-3　工作寄存器的地址

组	RS1	RS0	R0	R1	R2	R3	R4	R5	R6	R7
0	0	0	00H	01H	02H	03H	04H	05H	06H	07H
1	0	1	08H	09H	0AH	0BH	0CH	0DH	0EH	0FH
2	1	0	10H	11H	12H	13H	14H	15H	16H	17H
3	1	1	18H	19H	1AH	1BH	1CH	1DH	1EH	1FH

若程序中不需要使用 4 组工作寄存器,剩余的可作为一般的数据存储器使用。在 CPU 复位后,选中第 0 组工作寄存器。

2) 位寻址区

工作寄存器区后的 16 字节(即 20H～2FH)为位寻址区,可以用位寻址方式访问这些单元的每一位。这 128 位的位地址(位地址指的是某个二进制位的地址)为 00H～7FH,字节地址与位地址的关系如表 2-4 所示,它们可用做软件标志位或用于位(布尔)的处理。这种寻址能力体现了单片机主要用于控制的重要特点。

表 2-4 RAM 位寻址区位地址

字节地址	位地址(MSB→LSB)							
2FH	7F	7E	7D	7C	7B	7A	79	78
2EH	77	76	75	74	73	72	71	70
2DH	6F	6E	6D	6C	6B	6A	69	68
2CH	67	66	65	64	63	62	61	60
2BH	5F	5E	5D	5C	5B	5A	59	58
2AH	57	56	55	54	53	52	51	50
29H	4F	4E	4D	4C	4B	4A	49	48
28H	47	46	45	44	43	42	41	40
27H	3F	3E	3D	3C	3B	3A	39	38
26H	37	36	35	34	33	32	31	30
25H	2F	2E	2D	2C	2B	2A	29	28
24H	27	26	25	24	23	22	21	20
23H	1F	1E	1D	1C	1B	1A	19	18
22H	17	16	15	14	13	12	11	10
21H	0F	0E	0D	0C	0B	0A	09	08
20H	07	06	05	04	03	02	01	00

需要说明的一点是,通用工作寄存器区和位寻址区在不用做工作寄存器或位寻址时,都可作为一般的用户数据单元使用。

3. 片外数据存储器的结构及操作

片外数据存储器最多可扩充到 64KB。如图 2-4 所示,片内 RAM 和片外 RAM 的低地址部分(00H～FFH)的地址码是相同的,但它们是两个地址空间。区分这两部分地址空间的方法是采用不同的寻址指令,访问片内 RAM 用 MOV 指令,访问片外 RAM 用 MOVX 指令。

对片外数据存储器采用间接寻址方式时,R0、R1 和 DPTR 都可以作为间址寄存器。前两个是 8 位地址指针,寻址范围仅为 256 字节;而 DPTR 是 16 位地址指针,寻址范围可达 64KB。这个地址空间除了可安排数据存储器外,其他需要和单片机接口的外部设备地址也安排在这个地址空间。

2.3　特殊功能寄存器（SFR）

特殊功能寄存器（SFR）主要用于管理片内和片外的功能部件（指定时器、中断系统及外部扩展的存储器、外围芯片等）。用户通过对 SFR 进行编程操作，可方便地管理与单片机有关的所有功能部件，并可方便地完成各种操作和运算。通过了解 SFR，可逐渐理解单片机的工作原理，并学会使用它。

2.3.1　80C51 系列单片机的 SFR

80C51 系列单片机的 SFR 在数量与功能上大同小异，在此以 AT89 系列为例来说明。AT89S51 有 23 个（AT89S52 有 29 个）SFR，它们离散地分布在片内数据存储器的高 128 字节地址 80H～FFH 中，但不能作为数据存储器使用。所以，对这些 SFR 不能随意写入数据，特别是功能部件中的控制寄存器，不同的数据使它们具有不同的工作方式。

特殊功能寄存器并未占满 80H～FFH 的整个地址空间，对空闲地址的操作是无意义的。若访问至空闲地址，则读出的是随机数。

AT89S51/S52 的特殊功能寄存器包括以下内容：

ACC	累加器 A
B	B 寄存器
PSW	程序状态字
SP	堆栈指针
DPTR0	数据指针 0（由 DP0H 和 DP0L 组成）
DPTR1	数据指针 1（由 DP1H 和 DP1L 组成）
P0～P3	I/O 端口 0～3
IP	中断优先级
IE	中断允许
TMOD	定时器/计数器工作方式
TCON	定时器/计数器控制
TH0	定时器/计数器 0（高字节）
TL0	定时器/计数器 0（低字节）
TH1	定时器/计数器 1（高字节）
TL1	定时器/计数器 1（低字节）
TH2*	定时器/计数器 2（高字节）
TL2*	定时器/计数器 2（低字节）
T2CON*	定时器/计数器 2 控制
T2 MOD*	定时器/计数器 2 工作方式
RCAP2H*	定时器/计数器 2 捕获寄存器（高字节）
RCAP2L*	定时器/计数器 2 捕获寄存器（低字节）

SCON	串行控制
SBUF	串行数据缓冲器
PCON	电源控制
WDTRST	看门狗复位寄存器
AUXR	辅助寄存器
AUXR1	辅助寄存器1

注意:"*"表示仅 AT89S52 有。

AT89S51/S52 特殊功能寄存器地址分布如表 2-5 所示。访问这些专用寄存器,仅允许使用直接寻址方式。对于 AT89S52 单片机,其片内 RAM 的 80H~FFH 地址上有 2 个物理空间(如图 2-5 所示),一个是 SFR 的物理空间,另一个是扩展的高 128 字节的数据存储器物理空间,二者所用的单元地址相同,通过不同的寻址方式来区分。

表 2-5 AT89S51/S52 特殊功能寄存器地址

SFR		位地址/位定义							
名称	字节地址	7	6	5	4	3	2	1	0
ACC	E0H	E7	E6	E5	E4	E3	E2	E1	E0
		ACC. 7	ACC. 6	ACC. 5	ACC. 4	ACC. 3	ACC. 2	ACC. 1	ACC. 0
B	F0H	F7	F6	F5	F4	F3	F2	F1	F0
		B. 7	B. 6	B. 5	B. 4	B. 3	B. 2	B. 1	B. 0
PSW	D0H	D7	D6	D5	D4	D3	D2	D1	D0
		CY	AC	F0	RS1	RS0	OV	—	P
IP	B8H	BF	BE	BD	BC	BB	BA	B9	B8
		—	—	—	PS	PT1	PX1	PT0	PX0
P3	B0H	B7	B6	B5	B4	B3	B2	B1	B0
		P3. 7	P3. 6	P3. 5	P3. 4	P3. 3	P3. 2	P3. 1	P3. 0
IE	A8H	AF	AE	AD	AC	AB	AA	A9	A8
		EA	—	—	ES	ET1	EX1	ET0	EX0
P2	A0H	A7	A6	A5	A4	A3	A2	A1	A0
		P2. 7	P2. 6	P2. 5	P2. 4	P2. 3	P2. 2	P2. 1	P2. 0
SBUF	(99H)								
SCON	98H	9F	9E	9D	9C	9B	9A	99	98
		SM0	SM1	SM2	REN	TB8	RB8	TI	RI
P1	90H	97	96	95	94	93	92	91	90
		P1. 7	P1. 6	P1. 5	P1. 4	P1. 3	P1. 2	P1. 1	P1. 0
WDTRST+	(A6H)								
TH2*	(CDH)								
TL2*	(CCH)								
RCAP2H*	(CBH)								
RCAP2L*	(CAH)								
T2CON*	C8H	TF2	EXF2	RCLK	TCLK	EXEN2	TR2	C/T2	CP/RL2
T2MOD*	(C9H)							DCEN	T2OE

续表

SFR		位地址/位定义							
名称	字节地址	7	6	5	4	3	2	1	0
AUXR[+]	(8EH)				WDIDL	DISET			DISAL
AUXR1[+]	(A2H)								DPS
TH1	(8DH)								
TH0	(8CH)								
TL1	(8BH)								
TL0	(8AH)								
TMOD	89H	GATE	C/T	M1	M0	GATE	C/T	M1	M0
TCON	88H	8F	8E	8D	8C	8B	8A	89	88
		TF1	TR1	TF0	TR0	IE1	IT1	IE0	IT0
PCON	(87H)	SMOD	—	—	—	GF1	GF0	PD	IDL
DP1H[+]	(85H)								
DP1L[+]	(84H)								
DP0H	(83H)								
DP0L	(82H)								
SP	(81H)								
P0	80H	87	86	85	84	83	82	81	80
		P0.7	P0.6	P0.5	P0.4	P0.3	P0.2	P0.1	P0.0

注:"+"表示89C51/C52单片机没有,"＊"表示仅 AT89S52 有。

这 23/29 个专用寄存器都可以用字节寻址,其中 12/14 个专用寄存器还具有位寻址能力,其字节地址正好能被 8 整除。

2.3.2　SFR 的功能与作用

SFR 是单片机的核心,单片机的工作由 SFR 统一控制和管理。理解和学会应用 SFR,就基本掌握了单片机的应用。本节将介绍部分通用特殊功能寄存器的功能与作用,其余与单片机有关的特殊功能寄存器将在后面的有关章节中陆续介绍。

1. 程序状态字寄存器 PSW

PSW 是用于反映程序运行状态的 8 位寄存器。当 CPU 进行各种逻辑操作或算术运算时,为反映操作或运算结果的状态,把相应的标志位置"1"或清"0"。这些标志位的状态可由专门的指令测试,也可通过指令读出。程序状态字寄存器 PSW 为计算机确定程序的下一步运行方向提供依据,其格式如图 2-6 所示。

PSW位地址	D7H	D6H	D5H	D4H	D3H	D2H	D1H	D0H
字节地址D0H	CY	AC	F0	RS1	RS0	OV	—	P

图 2-6　程序状态字寄存器格式

下面说明各标志位的作用。

(1) P：奇偶标志。该位表示累加器 A 内容的奇偶性。在 80C51 的指令系统中，凡是改变累加器 A 中内容的指令均影响奇偶标志位 P。

当 P=1 时，表示累加器 A 中有奇数个"1"；当 P=0 时，表示有偶数个"1"。

(2) D1H：由用户置位或复位。在汇编语言中没有给该位定义位名称。

(3) OV：溢出标志。该位表示在进行算术运算时，是否发生了溢出。

在有符号数进行加、减运算时，若 OV=1，表示运算结果发生了溢出；若 OV=0，表示运算结果没有溢出。

把 1 字节看作有符号数时，如果用最高位表示正、负号，则只有 7 位有效位，能表示 $-128\sim+127$ 之间的数；如果运算结果超出了这个数值范围，就会发生溢出，此时 OV=1，否则 OV=0。例如，两个正数(116、97)相加超过 $+127$，使其符号由正变负，由于溢出而得负数，结果是错误的，这时 OV=1；两个负数$(-66、-105)$相加，和小于 -128，由于溢出而得正数，这时 OV=1。

例如，

```
         01110100   (+116)              10111110   (-66)
    +)   01100001   (+97)          +)   10010111   (-105)
CY = 0   11010101   (-85)   结果错误   CY = 1   01010101   (+85)   结果错误
```

在执行乘法指令后，OV=0 表示乘积没有超过 255，乘积就在 A 中；OV=1 表示乘积超过 255，此时积的高 8 位在 B 中，低 8 位在 A 中。

在执行除法指令后，OV=0 表示除数不为 0；OV=1 表示除数为 0。

(4) RS0、RS1：工作寄存器组选择位。这两位用来选择当前所用的工作寄存器组。用户用软件改变 RS0 和 RS1 的组合，就可以选择当前选用的工作寄存器组，其组合关系如表 2-6 所示。

表 2-6　RS0、RS1 对工作寄存器组的选择

RS0	RS1	寄存器组	片内 RAM 地址
0	0	第 0 组	00H～07H
1	0	第 1 组	08H～0FH
0	1	第 2 组	10H～17H
1	1	第 3 组	18H～1FH

单片机在复位后，RS0=RS1=0，CPU 自然选中第 0 组作为当前工作寄存器组。根据需要，用户可利用传送指令或位操作指令来改变其状态。这样的设置便于在程序中快速保护现场。

(5) F0：用户标志位，由用户置位或复位。

(6) AC：半进位标志。该位表示当进行加法或减法运算时，低半字节向高半字节是否有进位或借位。

当 AC=1 时，表示低半字节向高半字节有进位或借位；当 AC=0 时，表示低半字节向高半字节没有进位或借位。

（7）CY：进位标志。该位（在指令中用 C 表示）表示当进行加法或减法运算时，操作结果最高位是否有进位或有借位。

当 CY＝1 时，表示操作结果最高位有进位或借位；当 CY＝0 时，表示操作结果最高位没有进位或借位。

在进行位操作时，CY 又作为位操作累加器 C。

2. 累加器 ACC

ACC 是 8 位寄存器，通过暂存器与 ALU 相连，它是 CPU 中工作最繁忙的寄存器。因为在进行算术、逻辑类操作时，运算器的一个输入多为 ACC 的输出；而运算器的输出，即运算结果大多送回到 ACC 中。在指令系统中，累加器的助记符为 A，以下简称 ACC 为 A。

3. 双数据指针寄存器 DPTR0/1

为方便 16 位地址的片内、片外存储器和外部扩展 I/O 器件的访问，在 AT89S51/S52 中有 2 个 16 位数据指针寄存器 DPTR0 和 DPTR1。它们主要用于存放外接的数据存储器和 I/O 接口电路的 16 位地址，作为间址寄存器使用；也可拆成高字节 DPH 和低字节 DPL 两个独立的 8 位寄存器，占据地址分别为 82H～85H。

在 80C51 的指令系统中，数据指针只有 DPTR 一种表示方法。通过辅助寄存器 1（AUXR1）的 DPS 位选择 DPTR0 或 DPTR1。

当 DPS＝0 时，选择 DPTR0 指针；当 DPS＝1 时，选择 DPTR1 指针。用户在访问各自的数据指针寄存器之前，应该将 DSP 位初始化为适当的值，其默认的数据指针寄存器是 DPTR0。

辅助寄存器 1（AUXR1）的地址是 A2H，复位值为××××××0B。辅助寄存器 1 的格式如图 2-7 所示。

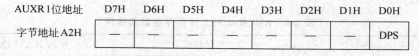

AUXR1位地址	D7H	D6H	D5H	D4H	D3H	D2H	D1H	D0H
字节地址A2H	—	—	—	—	—	—	—	DPS

图 2-7 辅助寄存器 1 的格式

辅助寄存器 1（AUXR1）的 DPS 位的作用如下所述：当 DPS＝0 时，选择 DPTR 寄存器的高、低字节为 DP0H、DP0L；当 DPS＝1 时，选择 DPTR 寄存器的高、低字节为 DP1H、DP1L。

4. B 寄存器

B 寄存器可以作为一般的寄存器使用，在乘、除法运算中用来暂存其中的一个数据。乘法指令的两个操作数分别取自 A 和 B，结果的高字节存于 B 中，低字节存于 A 中。除法指令中，被除数取自 A，除数取自 B，结果商存于 A 中，余数存放在 B 中。

在其他指令中，B 寄存器可作为 RAM 中的一个单元来使用。B 寄存器的地址为 B0H。

5. 堆栈指针 SP(stack pointer)

堆栈指针 SP 是一个 8 位的特殊功能寄存器，其始终存放堆栈栈顶的地址。每存入或取出 1 字节数据,SP 就自动加 1 或减 1。SP 始终指向新的栈顶。

堆栈是个特殊的存储区,主要功能是暂时存放数据和地址,通常用来保护断点和现场,其特点是按照"先进后出"的原则存取数据。这里的"进"与"出"是指进栈与出栈操作,也称为压入和弹出。如图 2-8 所示(图中均为十六进制数),第一个进栈的数据所在的存储单元称为栈底,然后逐次进栈,最后进栈的数据所在的存储单元称为栈顶。随着存放数据的增减,栈顶是变化的。从栈中取数,总是先取栈顶的数据,即最后进栈的数据最先取出。在图 2-8(a)中,堆栈的栈底为 60H,堆栈指针 SP 的内容为 6BH,即栈顶为 6BH,栈顶中的内容为 98H。在图 2-8(b)中,向堆栈中压入 1 个数 D0H 后,SP 的内容为 6CH。在图 2-8(c)中,从堆栈中连续取 2 个数,即连续取出 D0H 和 98H 后,SP 的内容为 6AH。此时,栈顶的数为 40H,而最先进栈的数据最后取出,即在图 2-8 中,60H 中的 57H 最后取出。

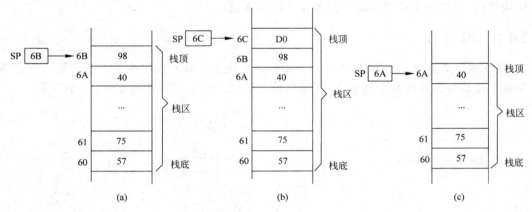

图 2-8 堆栈和堆栈指针示意图

堆栈的操作有两种方式:一种是指令方式,即使用堆栈操作指令进行进/出栈操作,用户可根据需要,使用堆栈操作指令保护和恢复现场;另一种是自动方式,即在调用子程序或产生中断时,返回地址(断点)自动进栈。程序返回时,断点地址自动弹回到 PC。这种堆栈操作不需要用户干预,是通过硬件自动实现的。

在 80C51 单片机中,通常指定内部数据存储 08H~7FH(AT89C52/S52 可到 FFH)中的一部分作为堆栈。

在使用堆栈前,一般要先给堆栈指针 SP 赋值,规定堆栈的起始位置,即栈底。系统复位后,SP 初始化为 07H,使得堆栈事实上由 08H 开始。因为 08H~1FH 单元为工作寄存器区 1~3,20H~2FH 为位寻址区,在程序设计中很可能要使用到这些区域,所以用户在编程时最好把 SP 初值设为 2FH 或更大值,当然,要兼顾其允许的深度。在使用堆栈时要注意,由于堆栈的占用,会减少内部 RAM 的可利用单元,如果设置不当,可能引起内部 RAM 单元冲突,特别是在使用中断功能时,更要注意正确地设置 SP 值。

6. 端口 P0~P3

特殊功能寄存器 P0~P3 分别是 I/O 端口 P0~P3 的锁存器。在 AT89S51/S52 单片机中,把 I/O 端口当作一般的专用寄存器来使用。当 I/O 端口的某一位用于输入信号时,对应的锁存器必须先置"1"。

单片机进入复位状态后,除 SP 为 07H,P0~P3 为 FFH 外,其余均为"0"。

2.4　并行输入/输出端口

AT89S51/S52 单片机共有 4 个并行输入/输出端口,简称 I/O 端口。这 4 个端口的名称为 P0~P3。I/O 端口是单片机与外界联系的重要通道。由于在数据的传输过程中,CPU 需要对接口电路中输入/输出数据的寄存器进行读写操作,所以在单片机中对这些寄存器像对存储单元一样进行编址。通常把接口电路中这些已编址并能进行读、写操作的寄存器称为端口(port),简称口。

通过对 I/O 端口结构的学习,可以深入理解 I/O 端口的工作原理,学会正确、合理地使用端口,为单片机外围逻辑电路的设计提供帮助。

2.4.1　P0 端口

P0 端口某位 P0.n 的结构如图 2-9 所示。它由 1 个输出锁存器、2 个三态输入缓冲器和输出驱动电路及控制电路组成,其输出级在结构上的主要特点是无内部上拉电阻。

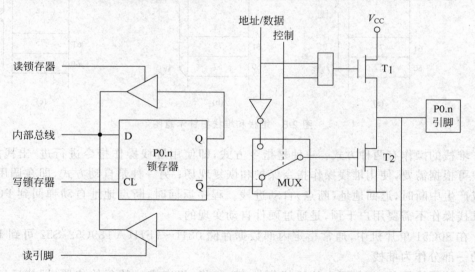

图 2-9　P0 端口某位结构

P0 口既可以作为通用 I/O 口使用,也可以作为地址/数据线使用,所以在 P0 口的电路中有一个多路转换开关 MUX。在内部控制信号的作用下,多路开关 MUX 可以分别接通锁存器输出和地址/数据线。

1. P0 作为一般 I/O

当 P0 作为一般 I/O 口使用时,CPU 内部发出控制电平"0"封锁与门,使输出上拉场效应管 FET(T1)截止,同时使多路开关 MUX 把锁存器 $\overline{Q}$ 端与输出驱动场效应管 FET(T2)的栅极接通。

当 P0 作为输出口时,显然内部总线与 P0 端口同相位。写脉冲加在 D 触发器 CL 上,内部总线就会向端口引脚输出数据。由于输出驱动级是漏极开路电路(称开漏电路),若驱动 NMOS 或其他拉电流负载,需要外接上拉电阻(阻值一般为 5～10kΩ)。

当 P0 作为输入口时,具有读引脚和读端口两种情况,因而端口中设有两个三态输入缓冲器用于读操作。下面一个缓冲器用于直接读端口引脚处数据,当执行一条由端口输入的指令时,读脉冲打开三态缓冲器,端口引脚上的数据经过缓冲器读入内部总线。这类操作由直接传送指令实现。在端口由输出口转为输入口时,必须先向对应的锁存器写入"1",使 T2 截止。如果 T2 导通,会把该端口拉为低电平,而引起输入信号误读。P1～P3 口在进行读操作时,也需要先向对应的锁存器写入"1"。

读端口是指通过上面的缓冲器读锁存器 Q 端的状态。这样设计是为了适应对端口执行"读-改-写"指令(详见第 3 章)的需要。这个操作过程由 CPU 自动完成,用户不必关心。其他 3 个端口都有类似的硬件设计电路。

在 80C51 指令系统中有不少对端口执行"读-改-写"操作的指令,所以 AT89S51/S52 的 4 个端口 P0～P3 都采用了 2 套输入缓冲器这种电路结构。

2. P0 口作为地址/数据总线

在扩展外部存储器的系统中,P0 口可作为低 8 位地址线(A0～A7)或 8 位数据线(D0～D7)来使用。这时分为以下两种情况。

① 以 P0 引脚输出地址/数据信息,这时 CPU 内部发出控制电平"1",打开与门,同时多路开关 MUX 使 CPU 内部地址/数据线与驱动场效应管 T2 栅极反相接通。从图 2-9 可以看到,上、下两个 FET 反相,构成推拉式的输出电路,使其负载能力大大增加,因而 P0 口的输出驱动能力比 P1～P3 口大。

② 由 P0 输入数据,此时对应的控制电平为"0",封锁与门,使 T1 截止,同时多路开关使锁存器与 T2 相接。由于 P0 口在地址/数据复用方式时,CPU 自动向 P0 口输出 FFH,使 T2 截止,从而保证了引脚的高阻抗状态,这时输入信号从引脚通过输入缓冲器进入内部总线。

2.4.2　P1 端口

P1 端口某位 P1.n 的电路结构如图 2-10 所示,其主要部分与 P0 口相同,但输出驱动部分与 P0 口不同,其内部有与电源相连的上拉负载电阻。实质上,该电阻也是一个 FET,称为负载场效应管(下面的一个 FET 称为工作场效应管)。

P1 口通常作为通用 I/O 口使用。当 P1 口输出高电平时,能向外提供拉电流负载,所以可不外接上拉电阻;作为输入时,也需要向对应的锁存器写入"1",使 FET 截止。由于片内负载电阻较大,为 20～40kΩ,所以不会对输入的数据产生影响。

对于 AT89S51/S52 单片机,P1 口除了作为一般的 I/O 口外,其中 5 位还具有第二功能,如表 2-1 所示。由表 2-1 可知,P1.0、P1.1 用于定时器 2(AT89S52);P1.5、P1.6 和 P1.7 用于在系统编程(ISP),功能是把在 PC 中编好的程序通过定义的这 3 根 ISP 线进行在线下载,即写入单片机的闪存中。单片机生产厂家通常配有在线下载接口板和相应的软件,读者只需要学会使用即可。

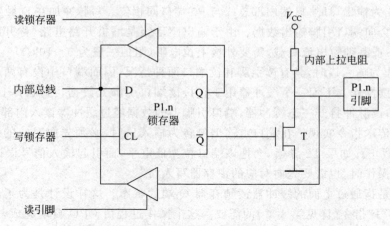

图 2-10 P1 端口某位结构

2.4.3 P2 端 口

P2 端口某位 P2.n 的电路结构如图 2-11 所示。P2 口的结构比 P1 口多了一个转换控制部分,其余部分相同。当 P2 口作为通用 I/O 口时,多路开关 MUX 倒向锁存器输出 Q 端,构成输出驱动电路,此时的用法与 P1 口相同。

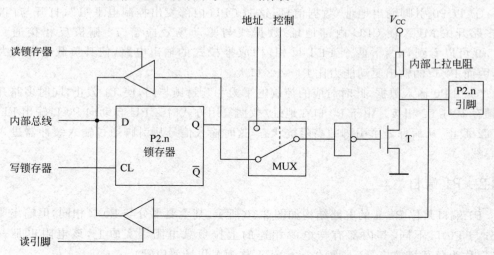

图 2-11 P2 端口某位结构

在系统扩展片外存储器时,由 P2 口输出高 8 位地址(A8~A15)。此时,MUX 在 CPU 的控制下转向内部地址线的一端。因为访问片外存储器的操作往往接连不断,P2 口需要不断送出高 8 位地址,这时 P2 口无法再作为通用 I/O 口来使用。

在不需外接程序存储器而只需扩展较小容量的片外数据存储器的系统中,使用"MOVX @Ri"类指令访问片外 RAM 时,寻址范围为 256B,则只需要低 8 位地址线即可。P2 口不受该指令影响,仍可作为通用 I/O 口使用。

如果寻址范围大于 256B 而小于 64KB,可以用软件方法设定 P1~P3 口中的某几根口线送出高位地址,保留 P2 中的部分或全部口线作为通用 I/O 口。

若扩展的数据存储器或外部器件容量超过 256B,则要使用"MOVX @DPTR"类指令,寻址范围扩展到 64KB,此时高 8 位地址总线由 P2 口输出。在读/写周期内,P2 口锁存器仍保持原来端口的数据,在访问片外 RAM 周期结束后,多路开关自动切换到锁存器 Q 端。由于 CPU 对 RAM 的访问不是经常的,在这种情况下,P2 口在一定的限度内仍可作为通用 I/O 口使用,但不提倡这样做。

2.4.4 P3 端口

P3 端口某位 P3.n 的电路结构如图 2-12 所示。P3 口也是多功能端口,与 P1 口结构相比多了一个与非门和缓冲器。与非门的作用相当于一个开关。

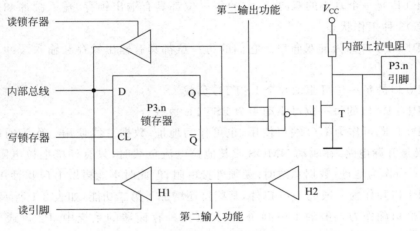

图 2-12 P3 端口某位结构

如果 P3 口作为通用 I/O 口,当执行对 P3 口的操作命令时,第二输出功能端保持"1"电平,则与非门打开,锁存器输出可通过与非门送至 FET 输出到引脚端。这是作为通用 I/O 口输出使用的情况。输入时,也需要向对应的锁存器写入"1"。当 CPU 发出读命令时,使 H1 缓冲器上的读引脚有效,H2 的缓冲器是常开的,于是引脚信号读入内部总线。

当执行与第二功能有关的输出操作时,锁存器输出 Q 为"1",打开与非门,端口用于第二功能情况下的输出。第二输出功能端的内容通过与非门和 FET 送至端口引脚,从而实现第二功能信号的输出。当执行与第二功能有关的输入操作时,端口引脚的第二功能信号通过 H2 缓冲器送到第二输入功能端。

P3 口的第二功能如表 2-2 所示。

2.4.5 4 个 I/O 端口的异同点

从上述内容可以看出,AT89S51/S52 单片机的这 4 个 I/O 端口在结构和特性上是基本相同的,但有一定差别,因此它们的负载能力和接口要求有相同之处,但各具特点,在使用上也有一定差别。掌握它们的主要异同点,便于学习和记忆。

1. 主要相同点

4 个 I/O 端口都是 8 位双向口,在无片外扩展存储器的系统中,这 4 个端口的每一位都可以作为双向通用 I/O 端口使用。

(1) 每个端口都包括锁存器(即专用寄存器 P0~P3)、输出驱动器和输入缓冲器。

(2) 当作为一般的输入时,都必须先向锁存器写入"1",使驱动管 FET 截止。

(3) 系统复位时,4 个端口锁存器全为"1"。如果程序执行后没有改变过 I/O 口的状态,则作为输入时不必再写"1"。

(4) 4 个端口均可以按字访问,也可以按位访问。

2. 主要不同点

(1) P0 口是一个真正的双向口,它的每一位都具有输出锁存、输入缓冲和悬浮状态(即高阻态)3 种工作状态。

(2) P1~P3 口称为准双向口。它们的每一位都具有输出锁存和输入缓冲 2 种工作状态。

(3) P0 口的每一位可驱动 8 个 LSTTL 负载。

(4) P1~P3 口的每一位可驱动 4 个 LSTTL 负载。

(5) P0 口既可作为 I/O 端口使用,也可作为地址/数据总线使用。作为通用口输出时,输出级是开漏电路,在驱动 NMOS 或其他拉电流负载时,只有外接上拉电阻,才有高电平输出;当作为地址/数据总线时,无须外接电阻,但此时不能再做 I/O 口使用。

(6) P1 口除作为一般的 I/O 口外,某些位还增加了第二功能,如表 2-1 所示。

(7) P2 口除作为一般的 I/O 口外,在扩展片外存储器的系统中,P2 口通常作为高 8 位地址线,P0 口分时作为低 8 位地址线和双向数据总线。

(8) P3 口除作为一般的 I/O 口外,其各位均增加了第二功能,如表 2-2 所示。

2.5 单片机的工作原理与时序

对于大多数计算机用户来说,不需要十分详细地了解单片机内部结构中的具体线路。但为了便于对后面章节的学习和理解,需要比较清楚地理解单片机的工作原理。单片机是通过执行程序来工作的,执行不同的程序能完成不同的任务。因此,单片机执行程序的过程实际上体现了单片机的工作原理。

2.5.1 CPU 的结构

CPU 是单片机的核心部分,它读取并执行用户程序。在 80C51 系列单片机的内部有一个 8 位的 CPU。

CPU 主要由运算器和控制器两大部分组成。控制器根据指令产生控制信号,使运算器、存储器、输入/输出端口之间能自动、协调地工作;运算器用于执行算术、逻辑运算以及位操作处理等。

1. 控制器

控制器是用来指挥和控制计算机工作的部件,其功能是接收来自存储器的逐条指令,译码后,通过定时和控制电路,在规定的时刻发出各种操作所需的控制信号,使各部分协调工作,完成指令规定的操作。控制器由指令部件、时序部件和操作控制部件 3 个部分组成。

1) 指令部件

指令部件是一种能对指令进行分析、处理和产生控制信号的逻辑部件,也是控制器的核心。通常,指令部件由程序计数器 PC、指令寄存器、指令译码器等组成。

(1) 程序计数器 PC(program counter):程序计数器 PC 是用于存放和指示下一条要执行指令的地址寄存器。它是一个 16 位专用寄存器,由 2 个 8 位寄存器 PCH(存放地址的高 8 位)和 PCL(存放地址的低 8 位)组成。PC 是一个独立的特殊功能寄存器,不属于单片机内部的数据存储器。它有自动加 1 的功能,随时指向将要执行的指令的地址。

PC 指针工作情况如图 2-13 所示,PC 的值为 2000H。该地址中的内容为 25H,表示当前将要执行的指令机器码为 25H,它存放在程序存储器的 2000H 单元地址中。在CPU 取出该指令后,PC 自动加 1,变为 2001H,指向下一条指令(机器码为 85H)存放的单元地址。

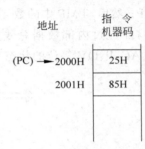

图 2-13 PC 指针工作情况示意

一般情况下,程序按先后顺序执行,所以 PC 可以用来控制程序的执行顺序。当执行转移指令或调用指令时,PC 中的内容将被特定的地址值取代,以改变程序的执行顺序,实现程序跳转。

(2) 指令寄存器:指令寄存器是 8 位寄存器,用于暂时存放从程序存储器中取出的指令代码,等待译码。

(3) 指令译码器:指令译码器用于对送入指令译码器中的指令进行译码。所谓译码,就是把指令转变为执行此指令所需要的电信号。当指令送入译码器后,由译码器对该指令译码,然后根据译码器输出的信号,CPU 控制电路定时地产生执行该指令所需要的各种控制信号,使计算机正确执行程序要求的各种操作。

2) 时序部件

时序部件由时钟电路和脉冲分配器组成,用于产生操作控制部件所需的定时脉冲信号。

3) 操作控制部件

操作控制部件可以为指令译码器的输出信号配上节拍电位和节拍脉冲,也可与外部进来的控制信号组合,形成相应的微操作控制序列,以完成规定的操作。

2. 运算器

运算器是用于对数据进行算术运算和逻辑操作的执行部件,包括算术/逻辑部件ALU(arithmetic logic unit)、累加器 ACC(accumulator)、暂存寄存器、程序状态字寄存器PSW(program status word)、通用寄存器、BCD 码运算调整电路等。为了提高数据处理和位操作功能,片内增加了一个通用寄存器区和一些专用寄存器,还增加了位处理逻辑电路的功能。在进行位操作时,进位位 CY 作为位操作累加器,整个位操作系统构成一台布尔处理机。

1) 算术/逻辑部件 ALU

ALU 是用于对数据进行算术运算和逻辑操作的执行部件,由加法器和其他逻辑电路(移位电路和判断电路等)组成。在控制信号的作用下,它能完成算术加、减、乘、除,逻辑与、或、异或等运算,以及循环移位操作、位操作等功能。此外,通过对运算结果的判断来影响程序状态标志寄存器的有关标志位。

2) 暂存器

暂存器用于暂存进入运算器之前的数据。ALU 工作情况如图 2-14 所示。执行加法指令"ADD A,B"(将累加器 A 中的内容和寄存器 B 的内容相加,其结果送回到 A 中),设 A 中的数为 21H,B 中的数为 43H。当指令被执行时,先将 B 中的数 43H 送暂存器 TMP;然后,TMP 中的数 43H 和 A 中的数 21H 同时送 ALU 并进行相加运算,所得结果 64H 经过内部数据总线重新送到累加器 A 中。运算的结果将影响 PSW 寄存器中 CY、AC、P、OV 等位的状态变化。

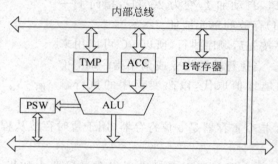

图 2-14 ALU 工作情况示意

2.5.2 单片机执行程序的过程

单片机的工作过程实质就是执行所编制程序的过程,即逐条执行指令的过程。计算机每执行一条指令都可分为 3 个阶段,即取指令、分析指令和执行指令。

取指令阶段的任务是:根据程序计数器 PC 中的值,从程序存储器读出现行指令,送到指令寄存器。

分析指令阶段的任务是:将指令寄存器中的指令操作码取出后进行译码,分析其指令性质。如果指令包含操作数,则寻找操作数地址。

执行指令阶段的任务是:取出操作数,然后按照操作码的性质对操作数进行操作,即执行指令。

计算机执行程序的过程实际上就是逐条指令地重复上述操作的过程。

为便于了解程序的执行过程,在这里给出单片机执行一条指令过程的示意图,如图 2-15 所示。下面结合该示意图予以说明。

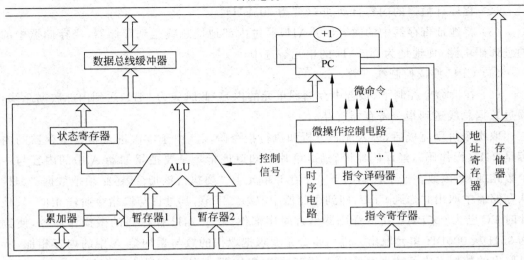

图 2-15　单片机指令执行过程示意

假设执行指令"ADD A，♯35H"，其作用是把累加器 A 中的内容与立即数 35H 相加后，把结果送到累加器 A 中，指令的机器码（计算机能识别的数字）是"24H，35H"。将指令存放在程序存储器的 005AH、005BH 单元，存放形式如表 2-7 所示。表 2-7 中只写了 2 条指令，第 1 条指令"LJMP 005AH"表示使 CPU 无条件地转到 5AH 这个地址单元开始执行程序。80C51 系列单片机开机或复位后，程序计数器 PC 变成 0000H，任何程序的第一条指令都要从这个地址开始，并且该指令必须采用无条件转移指令转移到应用程序。

表 2-7　程序存储器中指令的存放形式

程序存储器地址	地址中的内容（机器码）	指　　令
0000H	02H	LJMP 005AH
0001H	00H	
0002H	5AH	
…	…	…
005AH	24H	ADD A，♯35H
005BH	35H	
005CH	…	…
…	…	…

复位后，单片机在时序电路的作用下自动进入执行程序过程。执行过程实际上就是单片机取指令（取出存储器中事先存放的指令阶段）和执行指令（分析执行指令阶段）。

为了便于说明，假设程序已经执行到 005AH，即 PC 变成 005AH。在 005AH 中已存放 24H，005BH 中已存放 35H。当单片机执行到 005AH 时，首先进入取指令阶段，其执行过程如下所述。

(1) 将程序计数器的内容(这时是 005AH)送到地址寄存器。

(2) 程序计数器的内容自动加 1(变为 005BH)。

(3) 将地址寄存器中的内容(005AH)通过内部地址总线送到存储器,经存储器中的地址译码电路,使地址为 005AH 的单元被选中。

(4) CPU 使读控制线有效。

(5) 在读命令控制下,被选中存储器单元的内容(此时应为 24H)送到内部数据总线,通过数据总线送到指令寄存器寄存。

取指令阶段完成后,进入译码分析和执行指令阶段。由于本次进入指令寄存器的内容是 24H(操作码),经译码器译码后,单片机知道该指令是要把累加器 A 中的内容与一个数相加,而该数在这个代码的下一个存储单元中。要执行该指令,还必须把数据(35H)从存储器中取出并送到 CPU,即到存储器中取第二字节,其过程与取指令阶段相似,只是此时 PC 已为 005BH。指令译码器结合时序部件,产生 24H 操作码的微操作命令,使数据 35H 从 005BH 单元取出。因为指令是要求把取得的数与累加器 A 中的内容相加,所以取出的数据经内部数据总线进入暂存器 1,累加器 A 的内容进入暂存器 2。在控制信号作用下,暂存器 1 和 2 的数据进入 ALU 相加后,通过内部总线送回累加器 A。至此,一条指令执行完毕。PC 在 CPU 每次向存储器取指令或取数时都自动加 1,此时 PC=005CH,单片机进入下一个取指令阶段。这一过程一直重复下去。CPU 就这样一条一条地执行指令,完成程序所规定的功能。这就是单片机的基本工作原理。

2.5.3　时序的概念

单片机的时序就是 CPU 在执行指令时所需各种控制信号之间的时间顺序关系。为了保证各部件协调一致地同步工作,单片机内部的电路应在唯一的时钟信号控制下严格地按时序工作。

CPU 执行指令的一系列动作都是在统一的时钟脉冲控制下进行的。统一的时钟脉冲由单片机控制器中的时序电路发出。由于指令的字节数不同,取这些指令所需要的时间也不同,即使是字节数相同的指令,由于执行操作有较大差别,不同的指令执行时间也不一定相同,即所需要的节拍数不同。为了便于分析 CPU 的时序,人们按指令的执行过程规定了几种周期,即时钟周期、机器周期和指令周期,也称为时序定时单位。

1. 振荡周期

振荡周期定义为时钟脉冲频率的倒数(也可称为时钟周期)。它是单片机中最基本、最小的时间单位。在 1 个振荡周期内,CPU 仅完成一个最基本的动作。对于某种单片机,若采用 1MHz 的振荡频率,则振荡周期为 $1\mu s$;若采用 4MHz 的振荡频率,则振荡周期为 250ns。显然,对于同一型号的单片机,振荡频率越高,单片机的工作速度越快。但是,由于受单片机硬件电路的限制,时钟振荡频率有一定的范围,不能随意提高。AT89S 系列单片机的振荡频率范围是 0～33MHz;而 80C51 系列单片机其他型号的振荡频率范围不完全相同,使用时需注意。

在 80C51 系列单片机中,把 1 个振荡周期定义为 1 个节拍,用 P 表示。2 个节拍定义为1个状态周期,用S表示。

2. 机器周期

在单片机中,为了便于管理,常把一条指令的执行过程划分为若干个阶段,每个阶段完成一项工作。例如,取指令、存储器读、存储器写等,每一项工作称为1个基本操作。完成1个基本操作需要的时间称为机器周期。一般情况下,1个机器周期由若干个S周期组成。80C51系列单片机的1个机器周期由6个S周期(12个振荡周期)组成。

3. 指令周期

指令周期是执行1条指令所需要的时间,一般由若干个机器周期组成。指令不同,需要的机器周期数也不同。80C51系列单片机的指令一般需要1～4个机器周期。对于1个简单的单字节指令,在取指令周期中,指令取出并送到指令寄存器后,立即译码执行,仅用1个机器周期即可。对于一些比较复杂的指令,例如转移指令、乘法指令等,需要2个或2个以上的机器周期。

振荡周期、机器周期、指令周期之间的基本时序关系如图2-16所示。CPU按照这种时序有条不紊地控制指令的执行。

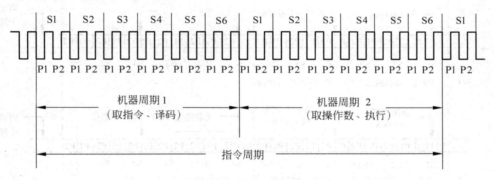

图 2-16　基本时序关系

图2-16中还标明了CPU取指令和执行指令的时序。通常,把包含1个机器周期的指令称为单周期指令,包含2个机器周期的指令称为双周期指令,等等。不同计算机的时序关系一般是不完全相同的。比如,每个指令周期包含的机器周期数,每个机器周期包含的时钟周期数都可能不同。目前的发展趋势是尽可能地精简为单周期指令,而且是1个时钟周期即1个机器周期,所以,在相同的运行速度下可大大降低时钟频率。因而在选择单片机时,不仅要看其适用的工作频率范围,还要看它是否为精简的单周期指令,每条指令的执行时间是否都很快。在采用精简指令集的单片机中,已经取消了"机器周期"这一时序单位。

2.5.4　80C51 的指令时序

80C51典型指令的取指令时序如图2-17所示。80C51的1个机器周期包括6个状态周期S,每一个状态周期划分为2个节拍,即P1、P2。所以,1个机器周期可表示为S1P1、S1P2、S2P1、S2P2、…、S6P1、S6P2,共12个时钟周期。

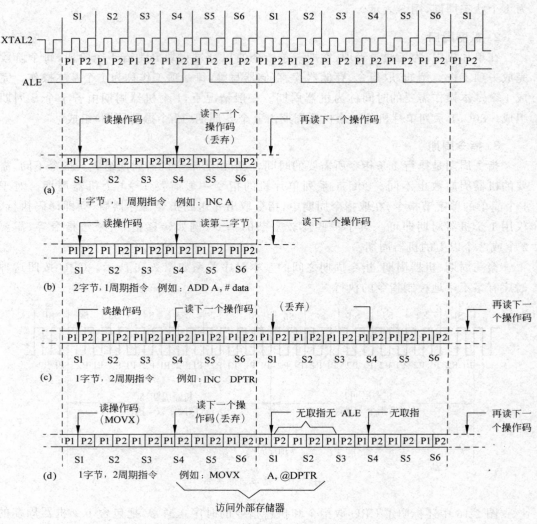

图 2-17 80C51 典型指令的取指令时序

在 80C51 指令系统中,根据各种操作的繁简程度,其指令可由单字节、双字节和三字节组成。从单片机执行指令的速度看,单字节和双字节指令都可能是单周期和双周期,而三字节指令都是双周期,只有乘除法指令需占用 4 个周期。若用 24MHz 晶振,执行 1 条单周期、双周期和四周期指令的时间分别是 $0.5\mu s$、$1\mu s$ 和 $2\mu s$。

图 2-17 列举了几种典型指令的取指令和执行指令时序。这些内部时钟信号无法从外部观察,故当采用 XTAL1 和 XTAL2 之间接晶振的接法时,可用 XTAL2 振荡信号作为参考,ALE 作为内部工作状态指示信号。通过 XTAL2 和 ALE 端的信号,简单分析 CPU 指令时序。由图 2-17 可知,在第 1 个机器周期内,地址锁存控制信号 ALE 2 次有效,每次有效时间都对应 1 次读指令操作,第 1 次出现在 S1P2 和 S2P1 期间,第 2 次出现在 S4P2 和 S5P1 期间。有些指令的第 2 个机器周期中会缺少 1 次 ALE 信号,如下例所述。

图 2-17 中所示的时序图只表现了取指令的过程,看不出执行指令的过程,实际上,执

行指令的操作是紧随取指令之后进行的,不同指令的操作时序是不同的。由于指令繁多,加之读者不必细究指令执行的时序,因而对此问题仅做一般定性了解即可。

下面简单说明几种典型指令的取指令时序。

1. 单字节单周期指令

如图 2-17(a)所示,单字节指令"INC A"的读指令起始于 S1P2,接着锁存于指令寄存器内,并开始执行。当第 2 个 ALE 有效时,在 S4 虽仍有读操作,由于 CPU 封锁住程序计数器 PC,使其不增量,因而第 2 次读操作无效,指令在 S6P2 时完成执行。

2. 双字节单周期指令

如图 2-17(b)所示,执行"ADD A,#data"指令时,对应 ALE 的 2 次读操作都有效,其在同一机器周期的 S1P2 读第 1 个字节(操作码),CPU 对其译码后便知道是双字节指令,故使程序计数器 PC 加 1,并在 ALE 第 2 次有效时的 S4P2 期间读第 2 个字节(操作数)。在 S6P2 结束时完成操作。

3. 单字节双周期指令

(1) 如图 2-17(c)所示,执行"INC DPTR"指令时,2 个机器周期内共进行了 4 次读操作码操作。由于是单字节指令,CPU 自动封锁后面的读操作,故后 3 次读操作无效,并且在第 2 个机器周期的 S6P2 时完成指令的执行。

(2) 如图 2-17(d)所示,此例表示执行"MOVX A,@DPTR"指令的时序,这是访问片外数据存储器的指令。MOVX 类指令与其他单字节双周期指令有所不同。因为在执行这类指令时,先在 ROM 读取指令,然后对外部 RAM 进行读/写操作。在第 1 个机器周期时,与其他指令一样,是第 1 次读指令(操作码)有效,第 2 次读指令无效。在第 2 个机器周期时,进行外部 RAM 访问,此时不产生 ALE 信号,所以在第 2 个机器周期不产生取指令操作。

2.5.5 振荡器和时钟电路

给 CPU 提供上述时序,需要有相关的硬件电路,即振荡器和时钟电路。下面介绍其工作原理和外部电路的不同接法。

1. 振荡器和时钟电路原理

振荡器和时钟电路工作原理如图 2-18 所示。80C51 系列单片机内部有一个高增益反相放大器,用于构成振荡器。引脚 XTAL1 为反相放大器和时钟发生器的输入端,XTAL2 为反相放大器的输出端。

片内时钟发生器实质上是一个二分频的触发器,其输入来自振荡器的 f_{osc},输出为二相时钟信号,即节拍信号 P1、P2,其频率是 $f_{osc}/2$。2 个节拍为 1 个状态时钟 S,状态时钟再三分频后,其频率为 $f_{osc}/6$。状态时钟六分频后为机器周期信号,其频率为 $f_{osc}/12$。

特殊功能寄存器 PCON 的 PD 位可以控制振荡器的工作。当 PD=1 时,振荡器停止工作,单片机进入低功耗工作状态;复位后,PD=0,振荡器正常工作。

2. 时钟电路接法

80C51 系列单片机的时钟电路接法有以下两种。

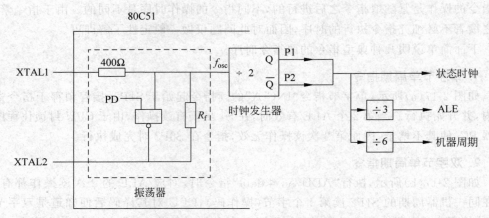

图 2-18　振荡器和时钟电路工作原理

1）内部时钟方式

通过在引脚 XTAL1 和 XTAL2 两端跨接石英晶体或陶瓷谐振器，再利用芯片内部的振荡电路，就构成了稳定的自激振荡器，其输出的脉冲直接送入内部时钟电路，如图 2-19(a)所示。外接石英晶体时，C_1 和 C_2 的值通常选择为 $20\sim(30\pm10)$pF；外接陶瓷谐振器时，C_1 和 C_2 为 $30\sim(40\pm10)$pF。C_1 和 C_2 对频率有微调作用，影响振荡的稳定性和起振速度。所采用的晶体或陶瓷谐振器的频率范围在 $2\sim24/33$MHz（具体型号有差别）之间选择。为了减少寄生电容，更好地保证振荡器稳定、可靠地工作，谐振器和电容应尽可能与单片机芯片靠近安装。

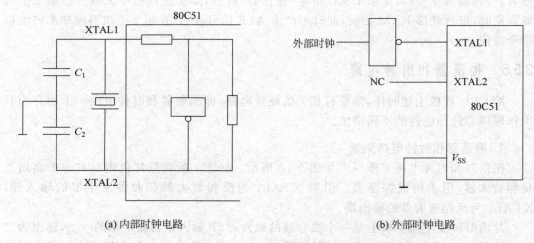

(a) 内部时钟电路　　　　　　　　　　　　(b) 外部时钟电路

图 2-19　时钟电路接法

2）外部时钟方式

外部时钟方式是利用外部振荡脉冲接入 XTAL1。因为 80C51 内部时钟发生器的信号取自反相放大器的输入端，故采用外部时钟源时，其接线方式为外部时钟信号接至 XTAL1，XTAL2 悬空，如图 2-19(b)所示。

外部时钟信号通过一个二分频的触发器而成为内部时钟信号,要求高、低电平的持续时间都大于 20ns,一般为频率低于 24/33MHz 的方波。当多块芯片同时工作时,这种方式便于同步。

现在,某些型号的单片机将时钟电路集成到单片机内部,不接外部晶振即可正常工作,进一步简化了单片机的使用。只是这种方法的时钟精度不如采用外部晶体谐振器的时钟精度高,选择时应注意使用场合。

2.6 单片机的工作方式

AT89S51/S52 单片机的工作方式主要有复位方式、程序执行方式和节电方式(低功耗模式)三种。程序执行方式在 2.5 节中已说明,下面重点分析单片机的复位方式和节电方式。

2.6.1 复位方式与复位电路

复位是单片机的初始化操作。单片机在启动运行时,都需要先复位,其作用是使单片机内部的各个部件都处于一个确定的初始状态,并从这个状态开始工作。例如复位后,PC 的初始值为 0000H,于是单片机自动从 0000H 单元开始执行程序。复位是一个很重要的操作方式,80C51 系列单片机本身一般不能自动复位,必须配合相应的外部电路才能实现。

1. 内部复位信号的产生

单片机的整个复位电路包括芯片内、外两部分。外部电路产生的复位信号通过复位引脚 RST 进入片内一个施密特触发器,再与片内复位电路相连。80C51 系列单片机的内部复位电路如图 2-20 所示。复位电路在每个机器周期对施密特触发器的输出采样 1 次,当 RST 输入端保持 2 个机器周期以上的高电平时,80C51 进入复位状态。

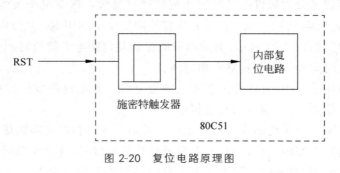

图 2-20 复位电路原理图

2. 复位状态
复位后,片内各专用寄存器的状态如表 2-8 所示,表中×为不定数。

表 2-8　复位后的内部专用寄存器状态

寄存器	内　容	寄存器	内　容
PC	0000H	TMOD	00H
ACC	00H	TCON	00H
B	00H	TH0	00H
PSW	00H	TL0	00H
SP	07H	TH1	00H
DPTR0	0000H	TL1	00H
DPTR1	0000H	TH2*	00H
P0~P3	FFH	TL2*	00H
IP	××000000B	T2MOD*	×××××00B
IE	0×000000B	T2CON*	00H
SCON	00H	RCAP2H*	00H
SBUF	×××××××B	RCAP2L*	00H
PCON	0×××0000B	WDTRST	××××××××B
AUXR	×××00××0B	AUXR1	××××××0B

　　复位时,ALE 和 $\overline{PSEN}$ 为输入状态,即 ALE=$\overline{PSEN}$=1,片内 RAM 不受复位影响。复位后,P0~P3 口输出高电平,且使这些双向口皆处于输入状态,并且将 07H 写入堆栈指针 SP,同时将 PC 和某些 SFR 清零,还有一些 SFR 的部分或全部为不定数,此时单片机从起始地址 0000H 开始重新执行程序。所以,单片机运行出错或进入死循环时,可使其复位后重新运行。

3. 外部复位电路的设计

　　80C51 系列单片机的外部复位电路有上电自动复位和按键手动复位两种。

　　上电自动复位是利用电容器充电实现的。上电瞬间,RC 电路充电,RST 引脚出现正脉冲。只要 RST 引脚保持 10ms 以上高电平,就能使单片机有效地复位。

　　按键手动复位又分为按键电平复位和按键脉冲复位。按键电平复位,相当于按复位键后,复位端通过电阻与 V_{CC} 电源接通;按键脉冲复位是利用 RC 微分电路产生正脉冲。几个基本复位电路如图 2-21 所示,参数选取应保证复位高电平持续时间大于 80C51 的时钟电路振荡建立时间外加 2 个机器周期时间。

　　在实际的应用系统中,有些外围芯片也需要复位。如果这些复位端的复位电平要求与单片机的复位要求一致,则可以与之相连。

　　复位电路关系一个系统能否可靠地工作。由阻容元件和门电路组成的复位电路虽然在多数情况下均能良好地工作,但对于电源瞬时跌落的情况,这种电路可能无法保证复位脉冲的宽度。另外,阻容复位电路的复位触发门限较难在设计时确定,因为它与电阻、电容的精度,供电电源的精度以及门电路的触发电平有关,且受温度的影响较大。对于要求不高的场合,选用阻、容元件和门电路作为复位电路是一种廉价而简单的选择方案,并且这种电路多数情况下均能正常工作。但对于应用现场干扰大、电压波动大的工作环境,常常要求系统在任何异常情况下都能自动复位恢复工作,这样的系统选用专用复位监控芯

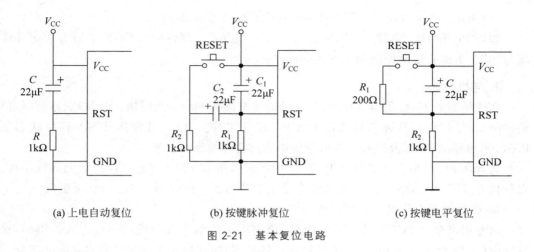

(a) 上电自动复位   (b) 按键脉冲复位   (c) 按键电平复位

图 2-21 基本复位电路

片复位是最理想的。复位监控芯片在上电、掉电情况下,均能提供正确的复位脉冲。近年来陆续出现了多种专用复位监控器,其中比较典型的芯片如 X5043/45。

目前,有的系列、型号的单片机内部配有复位电路,外部就不再需要接复位电路了。另外,本身带有看门狗复位电路的单片机在热启动时,外部复位电路不起作用。

给一块内部含有程序存储器的单片机配上时钟电路和复位电路,可构成单片机的最小应用系统。

2.6.2 低功耗方式

为了降低单片机的功耗,减少外界干扰,单片机通常都有可程序控制的低功耗工作方式。低功耗方式也称为省电方式。80C51 系列单片机具有两种低功耗方式:待机或称空闲(idle)方式,以及掉电或称停机(power-down)方式,备用电源直接由 V_{CC} 端输入。第一种方式可使功耗减小,电流一般为正常工作时的 15%;后一种方式可使功耗减到最小,电流最小可降到 $50\mu A$ 以下。

1. 电源控制寄存器 PCON

在 80C51 系列单片机中有一个专用的电源控制寄存器 PCON,通过对其相关位的设置,可以选择待机(或称空闲)方式和掉电(或称停机)方式。电源控制寄存器各位格式如图 2-22 所示。

PCON (87H)	D7H	D6H	D5H	D4H	D3H	D2H	D1H	D0H
	SMOD	—	—	—	GF1	GF0	PD	IDL

图 2-22 电源控制寄存器 PCON 各位格式

PCON 各位的作用如下所述。

(1) SMOD:波特率倍增位。在串行通信工作模式下,SMOD=1,使波特率加倍。

(2) GF1 和 GF0:通用标志位。用户用软件置、复位。

(3) PD:掉电方式位。若 PD=1,进入掉电工作方式。

(4) IDL：待机方式位。若 IDL＝1，进入待机工作方式。

如果 PD 和 IDL 同时为"1"，则进入掉电工作方式。复位时，PCON 中所有的定义位均为"0"。下面介绍两种低功耗方式的操作过程。

2. 待机方式

在待机方式下，振荡器继续运行，时钟信号继续提供给中断逻辑、串行口和定时器，但提供给 CPU 的内部时钟信号被切断，CPU 停止工作。这时，堆栈指针 SP、程序状态字 PSW、累加器 ACC 以及所有工作寄存器中的内容都被保留起来。

通常，CPU 耗电量占芯片耗电的 80%～90%，所以，CPU 停止工作会大大降低功耗。在待机方式下，AT89S51/S52 消耗的电流由正常的 25mA 降为 6.5mA，甚至更低。

1) 单片机进入待机方式的方法

向专用寄存器 PCON 中写入一个数，使 IDL＝1，单片机即进入待机方式。例如，执行"ORL　PCON，♯1"指令后，单片机进入待机方式，此指令即为待机方式的启动指令。

2) 单片机终止待机方式的方法

单片机终止待机方式有以下两种方法。

(1) 硬件复位法：由于在待机方式下，时钟振荡器一直在运行，RST 引脚上的有效复位信号只需保持 2 个时钟周期以上就能使 IDL 复位变为"0"，单片机即退出待机状态，从它停止运行的地址恢复程序的执行，即从空闲方式的启动指令之后继续执行。注意，为了防止对端口的操作出现错误，置空闲方式指令的下一条指令不应该是写端口或写外部 RAM 的指令。

(2) 中断法：若在待机期间，任何一个允许的中断源被触发，IDL 都会被硬件置"0"，从而结束待机方式，单片机进入中断服务程序，这时通用标志 GF0 或 GF1 用来指示中断是在正常操作还是在待机期间发生的。例如，使单片机进入待机方式的那条指令可同时将通用标志置位"1"，中断服务程序可以先检查此标志位，以确定服务的性质。中断结束后，程序将从空闲方式的启动指令之后继续执行。

3. 掉电方式

1) 掉电方式的工作特点

在掉电方式下，V_{CC} 可降至 2V，使片内 RAM 处于 $50\mu A$ 左右的"饿电流"供电状态，以最小的耗电保存信息。在进入掉电方式之前，V_{CC} 不能降低；而在退出掉电方式之前，V_{CC} 必须恢复正常的电压值。V_{CC} 恢复正常之前，不可复位。当单片机进入掉电方式时，必须使外围器件、设备都处于禁止状态。为此，在请求进入掉电方式之前，应将一些必要的数据写入 I/O 口的锁存器，以禁止外部器件或设备产生误动作。例如，当系统扩展了外部数据存储器时，在进入掉电方式之前，应当在 P3 口置入适当的数据，使之不产生任何外部存储器的片选信号。

在这种方式下，片内振荡器被封锁，一切功能都停止工作，只有片内 RAM 单元的内容被保留，端口的输出状态值都保存在对应的 SFR 中，ALE 和 $\overline{PSEN}$ 都为低电平。

2) 单片机进入掉电方式的方法

PCON 寄存器的 PD 位控制单片机进入掉电方式。当 CPU 执行一条置 PD 位为"1"

的指令后，单片机就进入掉电方式。例如，执行"ORL PCON，♯2"指令后，单片机进入掉电方式。

3）单片机退出掉电方式的方法

退出掉电方式的唯一方法是硬件复位。硬件复位 10ms，可使单片机退出掉电方式。复位后，所有特殊功能寄存器的内容重新初始化，但内部 RAM 区的数据不变。

2.7 阅读材料：Proteus 应用简介

2.7.1 Proteus 概述

Proteus 是英国 Labcenter Electronics 公司研发的一款集单片机仿真和 SPICE 分析于一身的 EDA 工具软件。从 1989 年问世至今，经过几十年的使用、发展和完善，Proteus 的功能越来越强，性能越来越好，在全球广泛使用。在国外，包括斯坦福、剑桥等在内的几千所高校将 Proteus 作为电子工程学科的教学和实验平台；在国内，Proteus 广泛应用于高校的大学生或研究生电子教学与实验以及公司实际电路的设计与生产。

1. Proteus 的特点

Proteus 主要具有以下特点。

（1）具有强大的原理图绘制功能。

（2）实现了单片机仿真和 SPICE 电路仿真相结合。Proteus 具有模拟电路仿真、数字电路仿真、单片机及其外围电路的系统仿真、RS-232 动态仿真、I^2C 调试器、SPI 调试器、键盘和 LCD 系统仿真的功能；有各种虚拟仪器，如示波器、逻辑分析仪、信号发生器等。

（3）支持主流单片机系统的仿真。目前 Proteus 支持的单片机类型有 68000 系列、8051 系列、STM32 系列、MSP 系列、Ardunio 系列、AVR 系列、PIC12 系列、PIC16 系列、PIC18 系列、Z80 系列、HC11 系列等各种常见单片机，以及各种外围芯片。

（4）提供软件调试功能。Proteus 具有全速、单步、设置断点等调试功能，可以观察各变量以及寄存器的当前状态，并支持第三方编译和调试环境，如 Wave6000、CCS（Code Composer Studio）、MPLAB X IDE、IAR Embedded Workbench、Keil 等软件。

2. Proteus 8 工具栏按钮功能

Proteus 8 的工作窗口是一种标准的 Windows 界面，包括标题栏、主菜单、标准工具栏、绘图工具栏、状态栏、对象选择按钮、预览对象方位控制按钮、仿真进程控制按钮、预览窗口、对象选择器窗口以及图形编辑窗口等。

1）文件操作按钮

文件操作按钮如图 2-23 所示，从左到右依次为：

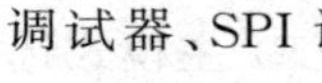

图 2-23 文件操作按钮

（1）新建，在默认的模板上新建一个设计文件；

（2）打开工程，将一个已有的工程导入 Proteus 中，并打开；

（3）保存，保存目前在 Proteus 中打开的工程至指定的文件路径中；

（4）关闭工程，将目前在 Proteus 中打开的工程关闭。

2) 显示命令按钮

显示命令按钮如图 2-24 所示,从左到右依次为:显示刷新,显示/不显示网格点切换,显示/不显示手动原点,以鼠标所在的点为中心进行显示、放大、缩小、查看整张图、查看局部图。

3) 编辑操作按钮

编辑操作按钮如图 2-25 所示,从左到右依次为:撤销最后的操作(Undo)、恢复最后的操作(Redo)、剪切选中的对象(Cut)、复制到剪贴板(Copy)、从剪贴板粘贴(Paste)、复制选中的块对象(Block Copy)、移动选中的块对象(Block Move)、旋转选中的块对象(Block Rotate)、删除选中的块对象(Block Delete)、从元件库中选取元件(Pick Device/Symbol)、把原理图符号封装成元件(Make Device)、对选中的元件定义 PCB 封装(Package Tool)、把选中的元件打散成原始的组件(Decompose)。

图 2-24　显示命令按钮 　　　　　　　　图 2-25　编辑操作按钮

4) 设计操作按钮

设计操作按钮如图 2-26 所示,从左到右依次为:自动布线(Wire Auto-router)、搜索并标记(Search & Tag Property)、属性赋值工具(Assignment Tool)、新建绘图页(New Sheet)、删除当前页(Delete Sheet)、转入子设计页(Zoom to Child)、电气规则检查(Electrical Rules Check)。

5) 主模式选择按钮

主模式选择按钮如图 2-27 所示,从左到右依次为:即时编辑模式(Instant Edit Mode)、选择元器件(Component,默认选择)、放置连接点(Junction Dot)、放置标签(Wire Label)、放置文本(Text Script)、画总线(Bus)、画子电路(Sub-Circuit)。

图 2-26　设计操作按钮 　　　　　　　　图 2-27　主模式选择按钮

6) 小型配件按钮

小型配件按钮如图 2-28 所示,从左到右依次为:连接端子(Terminal,有 V_{CC}、地、输入、输出等)、元器件引脚(Device Pin,用于绘制各种引脚)、仿真图表(Simulation Graph,用于各种分析)、调试弹出(Debug Popup)、信号发生器(Generator)、探针(Probe)、虚拟仪表(Virtual Instruments)。

7) 2D 绘图按钮

2D 绘图按钮如图 2-29 所示,从左到右依次为:画直线(Line)、画方框(Box)、画圆(Circle)、画弧(Arc)、画多边形(2D Path)、画文本(Text)、画符号(Symbol)、画原点(Marker)。

图 2-28　小型配件按钮 　　　　　　　　图 2-29　2D 绘图按钮

2.7.2 Proteus 电路设计

Proteus 电路设计是指在 Proteus 平台上进行单片机系统电路设计,选择元器件、接插件,连接电路和电气规划检查等。整个设计都是在 Proteus 编辑区完成。

1. 创建/加载源程序文件

单击 Proteus 菜单中的"源程序"按钮,如图 2-30 所示,弹出程序编写界面。然后,单击 Project 选项弹出下拉菜单后选择"新建工程"命令,如图 2-31 所示。

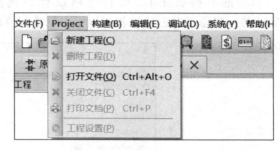

图 2-30 源程序按钮　　　　　　　图 2-31 创建源程序前的 Project 菜单界面

进入"新固件项目"对话框,如图 2-32 所示。选择合适的控制器和编译器,若需使用 Proteus 与 Keil 联调,则编译器选项应选择 ASEM-51(Proteus)。单击"确定"按钮后即可创建一个新的源程序。

若需要加载一个已有的源程序,则可以单击 Project 选项后选择 Add Files 命令添加已有的源程序,如图 2-33 所示。

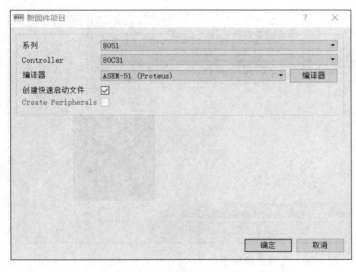

图 2-32 "新固件项目"对话框

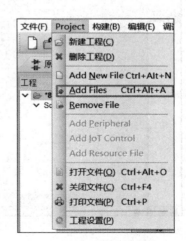

图 2-33 加载已有源程序的界面

成功创建源程序文件并编写程序结束后,可单击菜单栏中的 ▦ 按钮对程序进行编译,编译成功后会在项目的目录中自动生成目标代码文件。除此之外,还可以单击 ▧ 按钮对编译过程进行方式设置，如图 2-34 所示。

图 2-34　代码编写主界面菜单栏

2. Keil 与 Proteus 联调

（1）在 Proteus 创建工程，完成原理图的绘制。

以步进电动机正转、反转电路设计为例进行介绍。创建工程时，若使用的是 AT89C51，则需要在创建工程的过程中创建相应的固件，如图 2-35 所示。

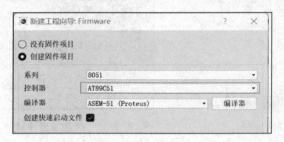

图 2-35　创建固件项目界面

（2）在原理图绘制界面左侧单击 P 按钮进入元器件选择界面，可根据原理图所需器件搜索，如图 2-36 所示。

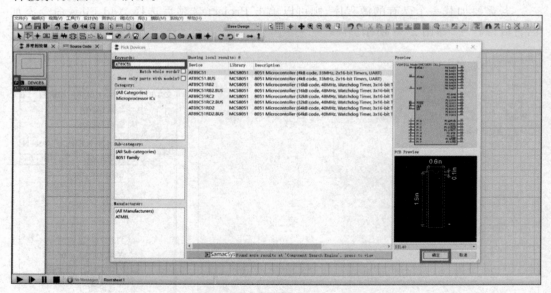

图 2-36　元器件编辑窗口

（3）单击对应元器件，将鼠标移到原理图位置，会出现紫色的元器件，此时选择合适的位置后单击即可成功在原理图中添加元器件，如图 2-37 所示。

（4）完成元器件的放置后即可进行元器件的连线操作，将鼠标放置在对应线上会出

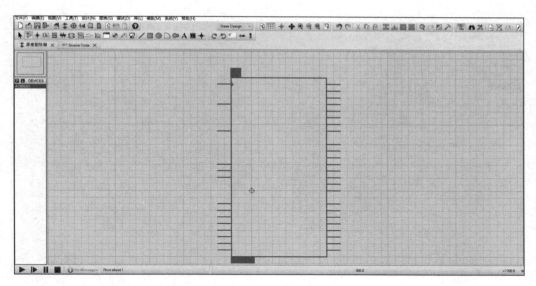

图 2-37　放置元器件

现红色方块标记。单击后将会进入连线状态,将鼠标移到所需要连接的器件对应接口,单击接线端口即可连线成功。

(5) 在 Keil 中创建工程并编写程序,编译后导出 hex 文件。

(6) 双击 Proteus 中的 51 单片机,弹出如图 2-38 所示的"编辑元件"对话框。单击 按钮,选中 Keil 导出的 hex 文件后再单击"确定"按钮。

图 2-38　"编辑元件"对话框

(7) 单击原理图绘制界面左下角的"开始仿真" 按钮,进行仿真,仿真结果如图 2-39 所示。

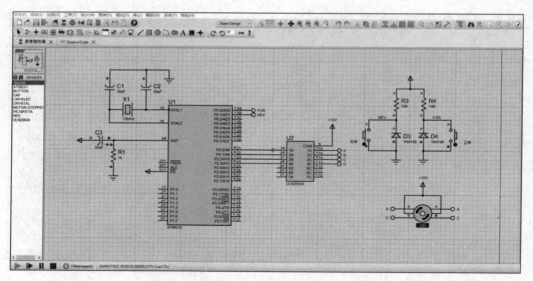

图 2-39　仿真运行界面

2.7.3　Proteus 仿真

1. Proteus 源程序设计

1）加载源程序文件

单击 ISIS 菜单中的 Source（源程序），弹出下拉菜单。单击 Add/Remove Source File…（添加/移除源程序）选项，弹出对话框。单击 Code Generation Tool（目标代码生成工具）下方框按钮 ▼ ，弹出下拉菜单，选择代码生成工具 ASEM51（51 系列及其兼容系列汇编器）。

若 Source Code Filename（源程序文件名）下方框中没有期望的源程序文件，单击 New 按钮，在对话框中输入新建源程序文件名 ***.asm 后，单击"打开"按钮，弹出创建文件问询对话框。单击"是"按钮。新建的源程序文件就添加到 Source Code Filename 下方框中，同时在菜单 Source 中出现源程序文件 ***.asm。打开并在源程序编辑窗口中编辑源程序。编辑无误后，单击 🖫 按钮保存。

2）生成目标代码文件

如果初次使用 ISIS 编译器，需要设置代码生成工具。单击菜单 Source→Define Code Generation Tools，弹出对话框后，将 Code Generation Tool（代码生成工具）设置为 ASEM51；在 Make Rules（生成规则）栏中，Source Extn（源程序扩展名）设置为 ASM，Obj Extn（目标代码扩展名）设置为 HEX，Command Line（命令行）设置为%1；在 Debug Data Extraction（调试数据提取）中，List File Extn（列表文件扩展名）设置为 LST。

单击 Source→Build All，如果源程序有语法错误，需要返回去修改源程序文件，直至无错误生成目标代码文件。对于 ASEM51 系列及其兼容单片机，目标代码文件格式为 *.HEX。

2. 加载目标代码文件

右击选中 ISIS 编辑区中的单片机(AT89C51),再单击打开其属性窗口,在其中的 Program File 右侧框中输入目标代码文件(目标代码文件与 DSN 文件在同一目录下,直接输入代码文件名即可,否则要输入完整的路径;或者单击打开按钮 ⊡,选取目标文件)。

在 Clock Frequency(时钟频率)栏中设置 12MHz,仿真系统以 12MHz 的时钟频率运行。因运行时钟频率以单片机属性设置中的时钟频率为准,所以在编辑区设计以仿真为目标的 80C51 系列单片机系统电路时,可以略去单片机时钟振荡电路部分。另外,对 80C51 系列单片机而言,复位电路部分可以略去,$\overline{EA}$ 引脚也可以悬空。但如要进行电气规则检查,不能悬空 $\overline{EA}$ 引脚,否则提示出错信息。

目标代码文件不一定要求由 Proteus 编译产生,由其他软件(如 Keil C51)产生的目标代码文件同样可以加载到 Proteus 的单片机中,此时在 Proteus 中不会有源程序,用户可以同时打开 Proteus 和 Keil C51 软件进行联合调试。

3. 仿真

单击仿真按钮中的 ▶ 按钮,系统全速仿真;若单击仿真停止按钮 ■,则终止仿真。

仿真进程控制按钮 ▶▶❙❙■ 主要用于交互式仿真过程的实时控制,从左到右依次是:运行、单步运行、暂停、停止。

习题 2

2.1 80C51 单片机包含哪些主要逻辑功能部件?

2.2 AT89S51 的 $\overline{EA}$ 端有何用途?

2.3 读端口锁存器和读引脚有何不同?各使用哪种指令?

2.4 AT89S51 的堆栈有什么功能?

2.5 AT89S51 单片机有哪些特殊功能寄存器?各分布在单片机的哪些功能部件中?

2.6 AT89S51 的存储器分哪几个空间?

2.7 在 AT89S51 存储器中,不能位寻址的存储器有哪些?

2.8 简述 AT89S51 片内 RAM 的空间分配。片内 RAM 中包含哪些可位寻址单元?

2.9 位地址 20H 和字节地址 20H 如何区别?位地址 20H 在内存中的什么位置?

2.10 AT89S51 如何确定和改变当前工作寄存器组?

2.11 PC 是什么寄存器?是否属于特殊功能寄存器?它有什么作用?

2.12 DPTR 是什么寄存器?它由哪些特殊功能寄存器组成?它的主要作用是什么?

2.13 PC 与 DPTR 有何异同?

2.14 状态寄存器 PSW 各位的定义是什么?

2.15 AT89S51 的 P0~P1 口结构有何不同?用做通用 I/O 口输入数据时,应注意什么?

2.16 AT89S51 的哪些信号需要芯片引脚以第二功能的方式提供?

2.17 AT89S51 单片机的时钟周期与振荡周期之间有什么关系? 什么叫机器周期和指令周期? 如果晶振频率分别为 6MHz 和 12MHz,则机器周期各为多少?

2.18 单片机复位有几种方法? 复位后,机器的初始状态如何?

2.19 1 个机器周期的时序如何划分?

2.20 AT89S51 有几种低功耗方式? 如何实现?

## CHAPTER 3

第 **3** 章

80C51 单片机指令系统及程序设计

第 2 章介绍了单片机的基本结构及工作原理,属于硬件部分,是单片机工作的基础。只有硬件的单片机称为"裸机",它是若干物理器件的集合。单片机只有在软件的协调、配合下才能工作,所以说"硬件是基础,软件是灵魂"。

本章详细介绍 80C51 指令系统中各条指令的寻址方式、功能和应用,从应用的角度介绍 80C51 汇编程序设计和 C51 程序的要点。

3.1 80C51 单片机指令概念及寻址方式

指令是单片机用于控制各功能部件完成指定动作的指示和命令。单片机能够执行的各种指令的集合称为指令系统;不同功能指令的有序组合就构成了程序。

单片机能够直接识别和执行的指令是由二进制代码组成的机器码,也常用十六进制形式表示,又称为机器语言。机器语言的缺点是不易记忆、书写、查错和修改。为了克服这些缺点,单片机开发者根据不同功能和操作对象的机器指令,分别用具有一定含义的符号即指令助记符表示。这些助记符一般采用与指令功能相关的英文单词缩写,以便于人们理解、记忆和使用。这种用助记符形式表示的机器指令称为汇编语言指令。

3.1.1 指令的表示

任何指令都有其特定的格式和表示形式,汇编语言指令也不例外。

1. 指令的典型格式

[标号:]操作码 [操作数 1,操作数 2,操作数 3];[注释]

(1) 标号:表示该指令所在的地址,以字母开头,之后是字母或数字,由 1~6 个字符组成,与操作码之间用":"分开。

(2) 操作码:是由助记符表示的字符串。它规定指令的操作功能,是指令的核心,在指令中是必不可少的部分。

(3) 操作数:指参与操作的数据来源(源操作数)和操作结果存放的目的地址(目的

操作数）。操作数可为 1 个、2 个或 3 个，也可以没有，操作数之间用"，"分隔。

（4）注释：为该指令作的说明，以便阅读和维护，必须以"；"开始。

标有"[ ]"符号的，表示该项为可选项，根据需要确定有或无。

2. 指令的表示形式

同一指令可有 3 种不同的表示形式：助记符形式、二进制（机器码）形式和十六进制形式。

1）助记符形式

助记符形式又称为指令的汇编符形式或汇编语句形式，由英文单词或其缩写表示，能简单表达指令的功能，便于记忆和读写。例如：

START:MOV　30H，♯20H　;(30H)←20H

由助记符形式表示的程序称为汇编源程序。

2）二进制形式

二进制形式又称机器码，能够直接被机器识别和执行，所以也是汇编语言源程序的目标代码。如上一条指令的机器码为：01110101B、00110000B、00100000B。

机器码形式的指令难以识别和记忆，且不便于书写，所以不会直接用于编写程序。

3）十六进制形式

十六进制形式是机器码的另一种表示方法，但不能被计算机直接识别，要由机器内部的监控程序翻译成二进制码后方能被识别和执行。如上一条指令的十六进制形式为：75H、30H、20H。

3.1.2　指令分类

所有指令的集合构成指令系统。80C51 单片机的指令系统共有 111 条指令，从不同的角度可作如下分类。

1. 按指令的字节数分类

在指令的机器码形式中，按照指令码的字节数，分为单字节、双字节和三字节指令。其中，单字节指令 49 条，如"MOV A,R0"，机器码为 E8H，占 1 字节；双字节指令 46 条，如"MOV A,30H"，机器码为 E5H、30H；三字节指令 16 条，如"MOV 30H,♯50H"，机器码为 75H、30H、50H。

2. 按执行指令的周期数分类

按照单片机执行一条指令所需要的时间，将指令分为单机器周期指令、双机器周期指令和四机器周期指令。其中，单机器周期指令 64 条，如"MOV A,♯30H"；双机器周期指令 45 条，如"MOV DPTR,♯2000H"；四机器周期指令只有"MUL AB"和"DIV AB"两条。

3. 按指令的功能分类

80C51 系列单片机的 111 条指令按功能不同，分为以下 5 类：

（1）数据传送类指令 29 条；

（2）算术运算类指令 24 条；

（3）逻辑运算类指令 24 条；

（4）控制程序转移类指令 17 条；

（5）布尔变量（位）操作类指令 17 条。

3.1.3　寻址方式

寻址方式就是指令在执行过程中寻找操作数的方法。计算机执行程序的过程实际上就是不断地寻找操作数并进行操作的过程。寻址方式的多少标志着单片机指令系统的有效性和灵活性。

1. 符号约定

在 80C51 系列单片机的指令系统中，需要用到一些特定的符号和表达形式来描述寄存器、地址及数据等，如表 3-1 所示。

表 3-1　80C51 单片机指令常用符号约定

符　号	说　明
A	累加器 ACC
B	专用寄存器，用于乘法和除法指令
C	进位标志或进位位
Rn	通用寄存器，代表寄存器 R0～R7 中的某一个
Ri	寄存器区中的 R0 和 R1，可作为间址寄存器
Direct	8 位内部数据存储器单元的直接字节地址
#data	指令中的 8 位立即数
#data16	指令中的 16 位立即数
addr11	表示 11 位地址
addr16	表示 16 位地址
rel	表示 8 位带符号的偏移量
DPTR	16 位的地址寄存器，作数据指针用
@	间址寄存器的前缀
#	立即数的前缀
(X)	X 为直接地址时，表示 X 中的内容；X 为寄存器时，表示由 X 指出的地址中的内容
bit	表示直接寻址的某位
/bit	表示对该位操作数取反
$	表示当前指令的地址

2. 寻址方式

80C51 系列单片机的指令系统提供了 7 种寻址方式。对于多操作数的指令，源操作数和目的操作数均涉及寻址的问题。在以后介绍的指令中，如未加说明，均指源操作数的寻址方式。

1）立即寻址

指令中直接给出操作数的寻址方式,并在该数前面加"♯"作为标志。例如:

MOV　A,♯30H　;A←30H

其中,30H 就是立即数。该指令将其传送至累加器 A 中。立即数可以是 8 位,也可以是 16 位。16 位的立即数只能传送至以 DPTR 为目的操作数的地址指针中。

立即寻址的寻址范围仅限于程序存储器(ROM)空间。因程序存储器中的内容不能由指令更改,故立即数只能作为源操作数,而不能作为目的操作数。

2）直接寻址

指令中直接给出操作数所在的存储器地址,供取数或存数的寻址方式。例如:

MOV　A,30H　;A←(30H)

指令中,30H 是源操作数所在的地址,目的是将片内 RAM 中 30H 单元的内容传送至累加器 A。

直接寻址方式用于访问片内 RAM 的低 128 个单元及专用寄存器。所以,直接地址只能是 8 位二进制数或者专用寄存器的符号名称。例如:

MOV　A,P0 与 MOV　A,80H

在这两条指令中,因 80H 是专用寄存器 P0 的字节地址,所以它们是等效的,且有相同的机器码 E5H、80H,都是直接寻址。

3）寄存器寻址

寄存器寻址是一种对选定的工作寄存器 R0～R7、A、B、DPTR 或进位 CY 中的数进行操作的寻址方式。例如:

MOV　A,R3　;A←R3
MOV　P1,A　;P1←A

需要说明的是,80C51 单片机有 4 组工作寄存器 R0～R7,分别占据 RAM 中的 00H～1FH 共 32 个地址单元。当这些地址单元在指令中以字节的形式出现时,为直接寻址;当它们以 R0～R7 的形式出现时,为寄存器寻址,且只能寻址被选定的工作寄存器组。与大多数专用寄存器的直接寻址方式不同,当寄存器 A、B 和 DPTR 以符号名称出现在指令中时,是寄存器寻址,其寄存器地址隐含在操作码中。例如:

MOV　30H,A　;(30H)←A

其机器码为 F5H、30H,此处的 A 为寄存器寻址,其寄存器地址隐含在 F5H 中。累加器 A 的字节地址为 E0H。如果上一条指令表示为"MOV 30H,E0H",其机器码为 85H、E0H、30H,此处的 A 为直接寻址。当 A、B 和 DPTR 分别以它们的字节地址 E0H、F0H 和 83H(DPH)、82H(DPL)的形式出现时,为直接寻址。

4）寄存器间接寻址

将指令中指定寄存器的内容作为操作数地址,再从该地址中找出操作数的寻址方式,称为寄存器间接寻址。为了与寄存器寻址相区别,必须在间接寻址的寄存器前加符号

"@"作为标志。

当访问片内 RAM 的低 128B(AT89S52 为256B)或片外 RAM 的低 256B(00H～FFH)空间时,可用当前工作寄存器组中的 R0 或 R1 作为间址寄存器;当访问片外 RAM 64KB 空间时,可用 DPTR 作为间址寄存器;当执行 PUSH 或 POP 指令时,用堆栈指针 SP 作为间址寄存器。例如:

MOV A, @R0 ;A←(R0)

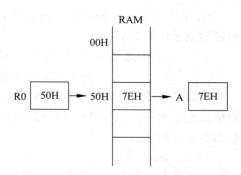

图 3-1 寄存器间接寻址示意

R0 中的内容为源操作数存放的单元地址。执行指令后,将该地址中的内容传送至 A。如图 3-1 所示,设 R0 的内容为 50H,表示片内 RAM 中的地址,地址 50H 中存放的内容为7EH,指令运行后 A 中的值为 7EH。

又如"MOVX @DPTR,A",将 A 中的内容传送到 DPTR 所指的片外 RAM 存储单元中。

寄存器间接寻址适合处理大批量同类型的数据。

5)基址加变址间接寻址

将 DPTR 或 PC 作为基址寄存器,累加器 A 作为变址寄存器。将指令中指定的变址寄存器中的内容和基址寄存器中的内容相加,形成操作数的地址。这种寻址方式称为基址加变址间接寻址,简称变址寻址。由于要通过基址加变址提供的地址寻找操作数,所以也属于间接寻址,在寄存器前要加"@"作为标志。例如:

MOVC A, @A+DPTR ;A←(A+DPTR)

设在指令执行前,A=45H,DPTR=2000H,则在执行指令后,A+DPTR=45H+2000H=2045H,再将 2045H 中的内容传送至 A 中。图 3-2 所示为该指令执行示意图。

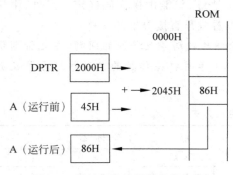

图 3-2 基址加变址寻址执行示意

变址寻址只能用于访问程序存储器空间。A+PC 的范围限于以当前 PC 值为起始地址的256 个 ROM 单元;A+DPTR 的范围为 64KB 的 ROM 空间。

80C51 单片机共有 3 条变址寻址指令,即

MOVC A, @ A+PC
MOVC A, @ A+DPTR
JMP @ A+DPTR

前两条为查表指令,第三条是无条件转移指令。

6)相对寻址

将程序计数器 PC 中的当前值加上指令中给出的相对偏移量 rel,形成程序转移的目

的地址。

rel 是一个带符号的 8 位二进制数,用补码表示,其范围为-128~+127。程序转移的目的地址计算如下:

目的地址＝PC 当前值＋偏移量 rel

＝转移指令所在地址＋转移指令字节数＋偏移量 rel

例如"SJMP 08H",指令代码为 80H、08H,是一条双字节转移指令。设本指令存放的单元地址为 PC＝2000H,则转移的目的地址＝2000H＋02H＋08H＝200AH。执行过程如图 3-3 所示。

图 3-3 相对寻址执行示意

执行该指令后,直接跳转到 200AH 单元去执行指令。

相对寻址中的偏移量还可以用目的地址的标号表示。计算机在进行程序汇编时,汇编程序可以自动计算出该偏移量。

7) 位寻址

对内部 RAM 和特殊功能寄存器中可位寻址单元的某个二进制位的内容进行操作的寻址方式叫作位寻址。进行位操作时,将 8 位二进制数中的某一位作为操作数,并借助于进位位 C 作为操作累加器。位操作指令中出现的 C 或 CY 仍属于寄存器寻址,例如:

MOV 20H, C ;将 CY 的内容传送至片内 RAM 中位地址为 20H 的位置

该指令的机器码为 92H、20H,其中的 C 隐含在操作码 92H 中,为寄存器寻址;而 20H 是片内 RAM 中 24H 单元 D0 位的位地址,所以是位寻址。由于位地址与字节地址在形式上完全相同,使用时一定要注意区分。例如:

MOV A, 20H ;操作码为 E5H、20H,此处的 20H 是字节地址
MOV C, 20H ;操作码为 A2H、20H,此处的 20H 是位地址

所以,指令中的直接数到底是字节地址还是位地址,只能由操作码确定。另外,由于位地址常以直接数的形式出现,因此位寻址也可以看成是直接寻址的一种。

注意:对于多操作数的指令,源操作数和目的操作数均涉及寻址的问题,在无特别说明的情况下,一般是指源操作数的寻址方式。80C51 单片机操作数的 7 种寻址方式及有关寻址空间如表 3-2 所示。

表 3-2 操作数的寻址方式

寻址方式	寻址范围	特征标志
立即寻址	程序存储器	♯data
直接寻址	片内数据存储器低 128 字节	Direct
	特殊功能寄存器	特殊功能寄存器符号或其字节地址
寄存器寻址	R0~R7、A、B、CY、DPTR	寄存器符号
寄存器间接寻址	片内 RAM 低 128 字节	@R0、@R1、SP(仅 PUSH 和 POP)
	片外 RAM	@R0、@R1、@DPTR

续表

寻址方式	寻址范围	特征标志
变址寻址	程序存储器	@A+PC、@A+DPTR
相对寻址	程序存储器中从 PC 当前值开始的 256 字节	rel 或指令标号
位寻址	片内数据存储器位寻址区	Direct
	部分特殊功能寄存器	特殊功能寄存器符号位地址或其字节地址

3.2　80C51 单片机指令分类介绍

下面按照指令实现的功能,分别介绍各类指令的助记符、功能及应用。

3.2.1　数据传送类指令

一般的数据传送类指令是把源操作数的内容复制后传送到目的操作数,源操作数的内容保持不变,目的操作数的内容被修改。而交换类传送指令是将源操作数的内容与目的操作数的内容进行交换。

数据传送类指令共有 29 条。下面根据指令的不同特点分别介绍。

1. 一般传送指令
按目的操作数不同,一般传送类指令可以分为以下几种。
1) 以 A 为目的操作数的传送指令(4 条)

```
MOV   A, #data      ;A←data
MOV   A, direct     ;A←(direct)
MOV   A, Rn         ;A←Rn
MOV   A, @Ri        ;A←(Ri)
```

本组指令的功能是将源操作数的内容传送到累加器 A 中。源操作数有 4 种寻址方式,即立即寻址、直接寻址、寄存器寻址和寄存器间接寻址。指令执行后,源操作数的内容不变,A 中的内容被修改,所以 PSW 中的内容也会受到影响。例如:

```
MOV   A, #30H       ;A←30H
```

2) 以工作寄存器 Rn 为目的操作数的传送指令(3 条)

```
MOV   Rn, #data     ;Rn←data
MOV   Rn, A         ;Rn←A
MOV   Rn, direct    ;Rn←(direct)
```

本组指令中的目的操作数为当前工作寄存器组 R0~R7 中的某一个寄存器。不论是第几组寄存器,在指令机器码中,由操作码的后半字段来体现 0~7 的不同。例如,当 n＝0,1,2,…,7 时,Rn 分别为 R0,R1,R2,…,R7,因此"MOV   Rn,A"对应为 8 条同类指令,其机器码分别为 F8H,F9H,FAH,…,FFH。其他指令中如包含有 Rn,也有相同的规律,以后不再赘述。

3) 以直接地址为目的操作数的指令(5 条)

```
MOV   direct, #data     ;(direct)←data
MOV   direct1, direct2  ;(direct1)←(direct2)
MOV   direct, A         ;(direct)←A
MOV   direct, Rn        ;(direct)←Rn
MOV   direct, @Ri       ;(direct)←(Ri)
```

本组指令的功能是将源操作数的内容传送到片内 RAM 某单元中,单元的地址由 direct 直接给出。源操作数有 4 种寻址方式,即立即寻址、直接寻址、寄存器寻址和寄存器间接寻址。

注意:①在这组指令中,"MOV   direct1,direct2"是 80C51 指令系统中唯一的一条源操作数和目的操作数为同一类型数据的指令。其他任何寄存器都不能既作为源操作数又作为目的操作数,如指令"MOV   R1,R7"。尽管寄存器的下标不同,也是非法指令。②立即数只能作为源操作数。因为它是存放在程序存储器中的某个数据,而不是一个空间单元,它本身不具备存储能力,所以不能作为目的操作数。

4) 以间接地址为目的操作数的传送指令(3 条)

```
MOV   @Ri, A        ;(Ri)←A
MOV   @Ri, direct   ;(Ri)←(direct)
MOV   @Ri, #data    ;(Ri)←data
```

本组指令的功能是将源操作数的内容传送到片内 RAM 某单元中,单元的地址由 Ri 间接给出,i=0 或 1。所以,目的操作数只能是当前工作寄存器组中的 R0 或 R1。

5) 以 DPTR 为目的操作数的(16 位数据)传送指令(1 条)

```
MOV   DPTR, #data16     ;DPTR←data16
```

把 16 立即数传送至 16 位数据指针寄存器 DPTR。其中,高 8 位送入 DPH,低 8 位送入 DPL。当要访问片外 RAM、I/O 端口或程序存储器时,一般用于给 DPTR 赋地址初值。在 MOVX 指令中,DPTR 代表片外 RAM 的地址;在 MOVC 指令中,DPTR 代表 ROM 中地址的基址。

【例 3-1】 已知片内 RAM 中 6FH 单元的内容为 35H,执行以下指令,观察结果。

```
MOV   A, #6FH      ;A←6FH
MOV   R1, A        ;R1←A
MOV   30H, @R1     ;30H←(R1)
MOV   @R1, #0A8H   ;(R1)←0A8H
```

执行后,A=6FH,R1=6FH,(30H)=35H,(6FH)=0A8H。

注意:由于字母 A~F 在十六进制中用来代表数字,为了与指令中的标号或助记符中的字母区分,汇编语言规定:凡是以字母开头的立即数或字节表示的直接地址,必须在字母前加"0",以示区别。

2. 特殊传送指令

1) 用于片外数据存储器的传送指令(4 条)

```
MOVX  A, @Ri      ;A←(Ri)
MOVX  A, @DPTR    ;A←(DPTR)
MOVX  @Ri, A      ;(Ri)←A
MOVX  @DPTR, A    ;(DPTR)←A
```

前两条是读指令或输入指令,CPU 将片外 RAM 中的内容通过累加器 A 读入;后两条指令是写指令或输出指令,单片机通过累加器 A 将数据输出到片外。这 4 条指令又可作为输入/输出指令,用于单片机与外部设备交换数据。累加器 A 与片外 RAM 的数据传送是通过 P0 口和 P2 口进行的,片外 RAM 的低 8 位地址由 P0 口送出;高 8 位地址由 P2 口送出;P0 口分时传送低 8 位地址和 8 位数据。在片外 RAM 的低 256B 寻址时,可以由 Ri 或 DPTR 作为间址寄存器;在片外 RAM 的 256B~64KB 范围寻址时,只能用 DPTR 作为间址寄存器。

另外,由于 AT89C52/S52 系列单片机内部具有 256 字节的数据存储区,而其中的高 128 字节地址与特殊功能寄存器 SFR 的地址空间重叠,但它们在物理空间上是分开的,可以用寻址方式来区分。特殊功能寄存器使用直接寻址方式访问,而 80H~FFH 数据存储器空间只能由间址方式访问,例如:

```
MOV  A, P1
```

或

```
MOV  A, 80H
```

这两条指令均为直接寻址,表示读入 P1 口的内容。

又如:

```
MOV  R0, #80H
MOV  A, @R0
```

这两条指令的作用是将片内 RAM 中 80H 单元的内容传送到累加器 A。

【例 3-2】 将片外 RAM 中 2000H 单元的内容传送到片外 3000H 单元中。

```
MOV   DPTR, #2000H
MOVX  A, @DPTR        ;读
MOV   DPTR, #3000H
MOVX  @DPTR, A        ;写
```

2) 用于程序存储器的数据传送(查表)指令(2 条)

```
MOVC  A, @A+PC      ;A←(A+PC)
MOVC  A, @A+DPTR    ;A←(A+DPTR)
```

这两条指令是基址加变址的间接寻址方式,主要用于查找程序中数据表格的内容,然后传送到累加器 A。在第 1 条指令中,由紧跟本条指令的下一条指令第 1 字节的地址(基址 PC 值)加上 A 中的内容(变址)形成源操作数的地址。通过该地址,可以查找出表格中

对应的常数或符号。因为指令在程序存储器中已经固化，任一指令的 PC 值是确定不变的，只有变址寄存器 A 中的内容在 0～255 范围可变，所以这条指令的查找范围是本指令之后的 256B。

第 2 条指令以 DPTR 为基址，A 中的内容为变址。使用前，先将被查表格的首地址赋予 DPTR，被查数据在表格中的位置信息存放在 A 中。由于累加器 A 是一个 8 位的寄存器，故表格的长度最多可为 256B。但是，因为基址为 16 位地址寄存器 DPTR 中的内容，所以本指令的查找范围为 64KB。

【例 3-3】 查表指令应用。

程序如下所示：

```
        MOV     A, ♯02H
        MOV     DPTR, ♯TAB1
        MOVC    A, @A+DPTR
        ORG     0050H
TAB1:   DB      0,1,4,9,16,25
```

从程序片段中可以看出，DPTR = TAB1 = 0050H，A+DPTR = 02H+0050H = 0052H。地址为 0052H 的单元中的内容送到 A，则运行结果为 A=4。

3）字节交换指令（3 条）

```
XCH     A, Rn       ;A ←→ Rn
XCH     A, @Ri      ;A ←→ (Ri)
XCH     A, direct   ;A ←→ (direct)
```

这组指令的功能是将源操作数与目的操作数中的内容互换。例如，设 A=65H，R1=0EH，执行指令"XCH A，R1"后，A=0EH，R1=65H。

4）半字节交换指令（2 条）

```
XCHD    A, @Ri      ;A_{3~0} ←→ (Ri)_{3~0}
SWAP    A           ;A_{7~4} ←→ A_{3~0}
```

第一条指令的功能是将累加器 A 中的低 4 位与 Ri 间接所指的内部 RAM 单元中的低 4 位交换，原操作数中的高 4 位保持不变。

例如，设 R0=30H，(30H)=56H，A=8FH。执行指令"XCHD A，@Ri"，则 A=86H，(30H)=5FH。

第二条指令的功能是将累加器 A 中的高 4 位与低 4 位互换。

5）堆栈操作指令（2 条）

```
PUSH    direct      ;SP←SP+1,(SP)←(direct)
POP     direct      ;(direct)←(SP),SP←SP−1
```

（1）PUSH：入栈（或称压栈或进栈）指令，其功能是先将栈指针 SP 的内容加 1，然后将直接寻址单元中的数压入 SP 所指的单元。

（2）POP：出栈（或称弹出）指令，其功能是先将栈指针 SP 所指单元中的内容弹出并送到直接寻址单元，然后将 SP 的内容减 1，使 SP 始终指向新的栈顶。

堆栈操作的原则是"先进后出、后进先出"。

使用堆栈时,一般需要重新设定 SP 的初始值。系统复位或上电时,SP 的值为 07H,而 07H~1FH 正好也是 CPU 的工作寄存器区,为不占用寄存器区,应先给 SP 设置初值;设置堆栈时,还应避开位寻址区(20H~2FH)和特殊功能寄存器区(80H~FFH)。所以,一般情况下,SP 的值最好建立在 30H~7FH 范围内,但要注意根据入栈数据的多少留出足够的堆栈空间,以便存放相应的数据。

【例 3-4】 在中断响应时,SP=07H,DPTR 的内容为 1234H,求执行下列指令后的结果:

```
PUSH    DPH         ;SP←SP+1,SP=08H,(SP)←DPH
PUSH    DPL         ;SP←SP+1,SP=09H,(SP)←DPL
```

执行结果:片内 RAM 中,(08H)=12H,(09H)=34H,SP=09H,DPTR=1234H未变。

【例 3-5】 设堆栈指针为 32H,片内 RAM 中 30H~32H 单元的内容分别为 20H、23H、01H。问执行下列指令后,DPTR、SP 分别是多少?

```
POP     DPH         ;DPH←(SP),SP←SP-1
POP     DPL         ;DPL←(SP),SP←SP-1
```

结果:DPH=01H,DPL=23H,DPTR=0123H,SP=30H。

3.2.2　算术运算类指令

算术运算类指令能对 8 位无符号数进行加、减、乘、除、加 1 和减 1 运算。运算结果影响程序状态标志寄存器 PSW 的相关位。算术运算类指令共有 24 条,下面分别介绍。

1. 加法指令

1) 不带进位的加法指令(4 条)

```
ADD   A, Rn          ;A←A+Rn
ADD   A, @Ri         ;A←A+(Ri)
ADD   A, direct      ;A←A+(direct)
ADD   A, #data       ;A←A+data
```

本组指令的功能是将累加器 A 中的内容与源操作数中的内容相加,结果存入 A 中。做加法运算时要注意以下几点:

(1) 最高位有进位时,CY(进位标志)置"1",否则清"0"。

(2) 若位 3 有进位时,AC(辅助进位标志)置"1",否则清"0"。

(3) 无符号数相加时,若 CY 置"1",说明产生了溢出(即和数大于 255)。有符号数相加时,当位 6 和位 7 之中只有 1 位有进位时,OV(溢出标志)置"1",说明和数产生了溢出(即大于+127 或小于-128)。表示 2 个正数相加结果为负,或者 2 个负数相加结果为正,用溢出标志 OV 来提示出错。

2) 带进位加法指令(4 条)

```
ADDC  A, Rn          ;A←A+Rn+CY
ADDC  A, @Ri         ;A←A+(Ri)+CY
```

```
ADDC   A，direct    ;A←A+(direct)+CY
ADDC   A，#data      ;A←A+data+CY
```

这组指令在两数相加时还要加上进位 CY 的内容,其他与不带进位的加法指令操作相同。

例如,设 CY=1,A=03H,执行"ADD　A,♯22H"后 A=25H;若执行"ADDC　A,♯22H",则 A=26H。

3) 加 1 指令(5 条)

```
INC     A          ;A←A+1
INC     Rn         ;Rn←Rn+1
INC     @Ri        ;(Ri)←(Ri)+1
INC     direct     ;(direct)←(direct)+1
INC     DPTR       ;DPTR←DPTR+1
```

在这组指令中,只有第 1 条指令的执行结果影响 PSW 的 P 标志,其他指令对标志位无影响。

在第 4 条指令中,若直接地址是 P0~P3 端口,相当于对端口锁存器进行"读—修改—写"操作;第 5 条指令是唯一的 16 位加 1 指令,在加 1 过程中,若低 8 位有进位,可直接向高 8 位进位,而不用通过 CY 传送。

2. 减法指令

1) 带借位减法指令(4 条)

```
SUBB  A，Rn        ;A←A−Rn−CY
SUBB  A，@Ri       ;A←A−(Ri)−CY
SUBB  A，direct    ;A←A−(direct)−CY
SUBB  A，♯data     ;A←A−data−CY
```

在进行减法运算时,若位 7 有借位,则 CY 置"1",否则清"0";若位 3 有借位,则 AC 置"1",否则清"0"。

在带符号的整数减法运算中,当位 6 和位 7 之中只有 1 位发生借位时,溢出标志 OV 置"1",说明运算结果产生了溢出(即大于+127 或小于−128);或者是出现了正数减负数得到一个负数,或负数减正数得到一个正数的错误结果。无符号减法运算中,溢出标志 OV 无意义。

【例 3-6】　设 CY=1,A=76H,执行"SUBB　A,♯28H"指令后,结果为 A=4DH,AC=1。

2) 减 1 指令(4 条)

```
DEC  A             ;A←A−1
DEC  Rn            ;Rn←Rn−1
DEC  @Ri           ;(Ri)←(Ri)−1
DEC  direct        ;(direct)←(direct)−1
```

这组指令中,只有第 1 条指令的执行结果影响 PSW 的 P 标志,其他指令对标志位无影响。

在第 4 条指令中,若直接地址是 P0～P3 端口,相当于对端口锁存器进行"读—修改—写"操作。

加 1(减 1)指令与加(减)法指令中加 1(减 1)运算的区别是:前者不影响标志位,特别是不影响 CY 的值。

3. 乘法指令(1 条)

```
MUL   AB          ;BA←A×B
```

这条指令实现两个 8 位无符号数相乘的操作,被乘数和乘数分别放在累加器 A 和寄存器 B 中。乘积的低 8 位送入 A,高 8 位送入 B;若结果大于 255,则溢出标志位 OV 置"1";CY 总是"0"。

4. 除法指令(1 条)

```
DIV   AB          ;A←A/B(商),B←A/B(余数)
```

除法指令实现两个 8 位无符号数相除的操作,被除数放在 A 中,除数放在 B 中。指令执行后,商在 A 中,余数在 B 中,CY 始终为"0"。当除数为 0 时,因 A 和 B 中的内容为不确定值,OV 置"1",表示运算出错;其他情况下,OV 为"0"。

在 80C51 系列单片机指令系统的 111 条指令中,乘法指令和除法指令的执行时间最长,为 4 个机器周期。

5. 十进制调整指令(1 条)

```
DA   A
```

在进行 BCD 码运算时,加法指令 ADD 或 ADDC 后面要紧跟一条十进制调整指令,用来对 BCD 码的加法运算结果自动修正,但对 BCD 码的减法运算无效。

BCD 码是用 4 位二进制数表示的十进制码。4 位二进制数可以组成 16 个编码,而十进制中只有 0～9 共 10 个字符,只用 4 位二进制数中的前 10 个编码即可,后 6 个数值大于 9 的编码为非法码。

在进行 BCD 码的加法运算时,因为 80C51 指令系统中没有十进制加法运算指令,只能通过二进制加法指令来实现。单片机自动将两数按照二进制相加,并将结果用十六进制显示,结果中可能出现大于 9 的非法码。如果在加法指令后紧跟一条"DA　A"调整指令,当 BCD 加法运算结果中出现非法码时,计算机会自动加 6,进行修正。

【例 3-7】 设两个 BCD 码 67 和 89 相加,67 已在 A 中。

若执行"ADD　A,♯89H",结果为 A=0F0H,显然是错误的。

如执行

```
ADD   A, ♯89H
DA    A
```

结果为 CY=1,A=56H,BCD 码代表 156,结果正确。

系统规定,进行 BCD 码加法运算时,指令中的被加数和加数都要以"H"为后缀,否则会出错,但在此并不表示十六进制。

3.2.3 逻辑运算及移位类指令

逻辑运算是按位进行的,不影响进位标志。

1. 逻辑"与"运算指令(6条)

```
ANL   A, Rn          ;A←A∧Rn
ANL   A, @Ri         ;A←A∧(Ri)
ANL   A, #data       ;A←A∧data
ANL   A, direct      ;A←A∧(direct)
ANL   direct, A      ;(direct)←(direct)∧A
ANL   direct, #data  ;(direct)←(direct)∧data
```

这组指令将两个指定的操作数按位相与,结果存于目的操作数中。逻辑与指令可用于屏蔽特定位或对特定位清零,前4条指令的结果送入A中,执行后影响P标志;后2条指令的结果送入直接地址单元中。当直接地址的内容与立即数相与时,可以对内部RAM的任何一个单元或专用寄存器以及端口的指定位进行清"0"操作。

【例3-8】 设A=5DH,R0=0FH,执行指令"ANL　A,R0"后,A=0DH。原来A中的高4位被清"0",低4位被屏蔽,维持不变。

2. 逻辑"或"运算指令(6条)

```
ORL   A, Rn          ;A←A∨Rn
ORL   A, @Ri         ;A←A∨(Ri)
ORL   A, #data       ;A←A∨data
ORL   A, direct      ;A←A∨(direct)
ORL   direct, A      ;(direct)←(direct)∨A
ORL   direct, #data  ;(direct)←(direct)∨data
```

逻辑或指令用于屏蔽特定位或对特定位置"1"。前4条指令的结果送入A中,执行后影响P标志;后2条指令的结果送入直接地址单元。当直接地址中的内容与立即数相或时,可以对内部RAM的任何一个单元或专用寄存器以及端口的指定位进行置位操作。

【例3-9】 已知(30H)=55H,执行指令"ORL 30H,#0F0H"后,结果为(30H)=0F5H。原来30H中的高4位被置"1",低4位被屏蔽,维持不变。

3. 逻辑"异或"运算指令(6条)

```
XRL   A, Rn          ;A←A⊕Rn
XRL   A, @Ri         ;A←A⊕(Ri)
XRL   A, #data       ;A←A⊕data
XRL   A, direct      ;A←A⊕(direct)
XRL   direct, A      ;(direct)←(direct)⊕A
XRL   direct, #data  ;(direct)←(direct)⊕data
```

这组指令对两数进行按位异或运算,可判断两数是否相等;还可以用于屏蔽特定位或对特定位取反。前4条指令结果送入A中,执行后影响P标志;后2条指令结果送入直接地址单元。当直接地址的内容与立即数 1 进行异或操作时,可以对内部 RAM 的任何一个单元或专用寄存器以及端口的指定位进行位取反操作。

【**例 3-10**】 已知(30H)=5FH,执行指令"XRL　30H,♯0F0H"后,结果为(30H)=0AFH。原来 30H 中的高 4 位按位取反,低 4 位被屏蔽,维持不变。

由上可知,逻辑运算指令除了能实现正常的逻辑运算外,还可以用来对目的操作数的特定位清零、置"1"和取反。

4. 取反指令(1条)

CPL　A　　　　　　　　;A←$\bar{A}$

A 中的内容按位取反。

5. 清零指令(1条)

CLR　A　　　　　　　　;A←0

A 中的内容清零。

6. 循环移位指令(4条)

```
RL    A          ;A_{i+1}←A_i,A_0←A_7
RR    A          ;A_i←A_{i+1},A_7←A_0
RLC   A          ;A_{i+1}←A_i,CY←A_7,A_0←CY
RRC   A          ;A_i←A_{i+1},A_7←CY,CY←A_0
```

前两条指令是将 A 中的内容循环左、右移 1 位,执行后不影响 PSW 的各位。后两条指令将 A 的内容以及进位标志 CY 的内容左、右循环移位,执行后影响进位位。循环移位指令操作过程如图 3-4 所示。

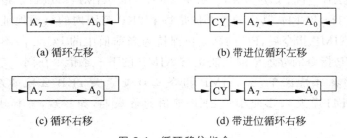

(a) 循环左移　　　　　　　　　　　　(b) 带进位循环左移

(c) 循环右移　　　　　　　　　　　　(d) 带进位循环右移

图 3-4　循环移位指令

【**例 3-11**】 已知 A=33H,CY=1,执行指令"RLC A"。

结果为:A=67H,CY=0。

循环移位指令还可以实现以下功能:连续执行 4 次左移或右移指令,可以实现高、低半字节交换;先将进位 CY 清零,再带进位左移 1 次,可以实现累加器内容乘以 2;在串行通信中,要把并行数据串行输出,可通过带进位循环左移指令实现。例如,要将数据从最高位开始串行输出,先用"RLC A"指令将 ACC.7 移入 CY,再从 CY 中取出发送;每左移 1 次,发送 1 位,直到 8 位发送完毕。在流水灯和广告牌的控制系统中也经常用到循环移位指令,以实现灯光和字幕的移动效果。

3.2.4 控制转移类指令

控制转移类指令能够改变程序的运行方向,使程序从当前指令地址跳转到其他目标指令地址开始继续运行。例如,按要求调用子程序;响应中断时,自动进入中断子程序;根据条件判断转移到相应的程序分支等,都需要程序改变原来的执行顺序。

控制转移类指令分为无条件转移和有条件转移。另外,还分为长转移和短转移、绝对转移和相对转移、子程序调用和返回等。

1. 无条件转移指令(共 4 条)

当机器执行此类指令后,不需要任何条件,即将程序转移到由该指令指定的地址。

1) 长转移指令

```
LJMP    addr16        ;PC←addr16
```

三字节指令,允许转移的目标地址在 64KB 空间范围内。

【例 3-12】 执行指令"1000H:LJMP 1020H"后,PC 值由 1000H 直接跳转到 1020H,使程序从 1020H 所在的指令继续运行。

2) 短转移指令

```
AJMP    addr11        ;PC←PC+2,PC_{10~0}←addr11,PC_{11~15} 不变
```

二字节指令。先将 PC 值加 2,获得当前 PC 值;然后将指令机器码中的 11 位地址值送到 PC 的低 11 位,PC 的高 5 位不变。这样程序就转移到新的 PC 值指示的地址去执行。

80C51 系列单片机的 ROM 空间有 64KB,分为 32 个区,区地址由 PC 值的高 5 位决定。每个区占 2KB 空间,又分为 8 页,每页 256B。在"AJMP addr11"指令中,addr11 的取值范围在 000H~7FFH,其中的高 3 位是每个 2KB 范围内的页面地址,低 8 位是页内地址。因执行 AJMP 指令后,PC 的高 5 位保持为当前值中的 $PC_{11~15}$ 不变,即区地址不变。因此,AJMP 指令的寻址范围只能是与 AJMP 的下一条指令在同一个 2KB 区内。

注意:某些特殊情况下,如 AJMP 指令正好处于某 2KB 区段的后 2 个单元(如 0FFEH 和 0FFFH 单元),已处于该 2KB 范围的最底部,加 2 后,目标地址将在下一个 2KB 区段内。

【例 3-13】 指令如下:

```
1100H:  AJMP  0257H
```

指令执行过程中,先使 PC=1100H+2=1102H,区地址 $PC_{15~11}$=00010,该 PC 值指定的 2KB 区间为 1000H~17FFH。本指令提供的 11 位目标地址为 010 0101 0111B,将该地址送到 PC 的低 11 位,组成新的 PC 值为 00010 010 0101 0111B,即 PC=1257H。

执行该指令后,程序将转移到 PC=1257H 处。

3) 相对转移指令

```
SJMP    rel           ;PC←PC+2+rel
```

二字节指令。PC 值先加 2,再加上指令提供的 8 位带符号数 rel,就得到目标转移地址。负数向后(上)转移,正数向前(下)转移。在编程时,rel 常写成转移后的目的地址标号,用汇编程序汇编时,能自动算出偏移量。但人工汇编时,要计算 rel 的值:

$$rel=目的地址 PC 值-本指令的 PC 值-2$$

【例 3-14】　设 1000H 单元存放指令"SJMP　FEH",求出目的地址,并分析指令的功能。

指令执行后,目的地址 PC 值=1000H+2+FEH=1000H+2-2=1000H,即目的地址 PC 值就是本指令的 PC 值,FEH 是-2 的补码。

该指令还可以写成"SJMP　$"或"LOOP: SJMP　LOOP"。

"$"表示该指令本身的地址,"LOOP"表示本指令的标号。以上 3 条指令具有相同的功能,均为执行指令后再跳回到该指令,反复执行。这条指令常用于暂停、等待中断或结束程序等。

4) 间接长转移(散转移)指令

JMP　　　@A+DPTR　　　　　　　;PC←A+DPTR

该指令又称散转指令。把 A 中的 8 位无符号数与 DPTR 中的 16 位数相加,其结果作为下一条将要执行的指令的地址送 PC。执行该指令后,不改变 A 和 DPTR 中的内容,不影响标志位,主要用于多分支结构的程序设计。

【例 3-15】　某键盘的查询结果已在 A 中。要求根据 A 的内容,分别转向相应的按键处理子程序。

可用散转指令实现。程序如下所示:

```
        MOV     DPTR, #TAB      ;散转表首地址送数据指针
        MOV     B, #3
        MUL     AB              ;修正变量地址
        MOV     30H, A          ;修正后的变量地址低 8 位暂存 30H 单元
        MOV     A, B
        ADD     A, DPH          ;修正后的地址高 8 位与表首地址高 8 位相加
        MOV     DPH, A          ;存修正后的高 8 位地址
        MOV     A, 30H          ;取修正后的变量地址低 8 位
        JMP     @A+DPTR         ;转向散转入口
TAB:    LJMP    S1              ;散转地址表
        LJMP    S2
        …
        LJMP    SN
```

其中,S1,S2,…,SN 分别表示各按键处理程序的入口标号。"LJMP"为 3 字节指令,则转移表中每两个转移地址之间相差 3 字节,故要根据 A 对变量地址进行修正。

2. 条件转移指令(共 8 条)

条件转移指令是指当表达式的条件满足时,程序转移到该指令所指的目的地址,否则顺序往下执行。

1) 累加器判零转移指令(2 条)

```
JZ      rel     ;A=0 则转,PC←PC+2+rel; 否则 PC←PC+2,顺序执行
JNZ     rel     ;A≠0 则转,PC←PC+2+rel; 否则 PC←PC+2,顺序执行
```

2) 比较转移指令(4 条)

```
CJNE   A, #data, rel
CJNE   A, direct, rel
CJNE   Rn, #data, rel
CJNE   @Ri, #data, rel
```

本组指令的功能是判断两数是否相等,不相等,则转移到指令给出的目的地址。实质是对两数进行比较。例如,第一条指令的功能如下所述:

(1) 当 A≠data 时,程序转移;且 A>data 时,PC←PC+3+rel,CY←0。

(2) 当 A<data 时,PC←PC+3+rel,CY←1。

(3) 当 A=data 时,PC←PC+3,CY←0,程序顺序往下执行。

当两数不等时,可以根据 C 的值判断大小,并进一步确定程序的走向。其余 3 条指令的执行原理相同。

【例 3-16】 比较两个数的大小。

```
        CJNE   A, #03H, TO   ;A≠3 则转移
        MOV    R1, A         ;A=3 则存入 R1
TO:     JC     TO1           ;判断 CY 值,CY=1 即 A<3 则转 TO1
        MOV    R2, A         ;CY≠1,即 A>3 则存入 R2
TO1:    MOV    R3, A         ;存入 R3
```

3) 减 1 不为 0 转移指令(2 条)

```
DJNZ   Rn, rel          ;Rn←Rn−1。若 Rn≠0,则转移,PC←PC+2+rel; 否则,顺序执行,
                        ;且 PC←PC+2
DJNZ   direct, rel      ;(direct)←(direct)−1,若(direct)≠0 则转移,PC←PC+3+rel; 否
                        ;则顺序执行,且 PC←PC+3
```

先将指令中的目的操作数减 1,再判断其是否为零,来决定程序的流向,主要用于循环控制程序。

【例 3-17】 程序片段如下所述:

```
        MOV    R1, #6
LOOP:   INC    A
        DJNZ   R1, LOOP
        END
```

分析:A 中的内容每加 1,则 R1 减 1。如此循环,直到 R1=0,任务结束。

3. 子程序调用及返回指令(4 条)

1) 长调用指令

```
LCALL   addr16           ;PC←PC+3,SP←SP+1,(SP)←PC_{7~0},SP←SP+1,(SP)←PC_{15~8},
                         ;PC←addr16
```

先把 PC 的内容加 3,获得下一条指令的地址;再将 PC 的低 8 位和高 8 位依次压入堆栈,称为断点压栈保护,由硬件自动完成;然后,将子程序的 16 位目标地址装入 PC,转去执行被调用的子程序。该调用指令允许子程序存放在 64KB 空间的任何地方。

2)短调用指令

ACALL　　addr11　;PC←PC+2,SP←SP+1,(SP)←PC$_{7\sim0}$,SP←SP+1,(SP)←PC$_{15\sim8}$,PC$_{10\sim0}$←addr11,
　　　　　　　　　　;PC$_{15\sim11}$ 保持不变

该指令对子程序调用的允许范围与 AJMP 指令的寻址范围一样,子程序必须与 ACALL 指令的下一条指令的第一字节在同一个 2KB 区域内。

3)返回指令

RET　　　　　　　;子程序返回指令,PC$_{15\sim8}$←(SP),SP←SP-1,PC$_{7\sim0}$,←(SP),SP←SP-1
RETI　　　　　　 ;中断返回指令,PC$_{15\sim8}$←(SP),SP←SP-1,PC$_{7\sim0}$,←(SP),SP←SP-1

子程序返回指令与子程序调用指令成对使用,中断返回指令安排在中断子程序的末尾。它们的功能都是将断点地址从堆栈中取出,并装入程序计数器 PC,从而返回到开始调用它们的主程序,使程序从断点处继续执行。注意:子程序返回与中断返回指令不能混淆。中断返回时,必须用 RETI 指令。它除具有 RET 指令的功能外,还将清除中断优先级状态触发器,使同级或低优先级的中断申请不被屏蔽。

【例 3-18】 设 SP=40H,标号 ABC 的地址为 2000H,子程序 ACT 的起始地址为 3000H,分析下面这段程序。

```
            MOV    SP, #40H   ;SP←40H
            MOV    A, 30H
ABC:        LCALL  ACT    ;PC←2003H,SP←41H,41H←03H,SP←42H,42H←20H,PC←3000H
            MOV    R0, A
ACT:        MOV    B, A
            MUL    A, B        ;求平方
            RET                ;PCH←(42H),SP-1,PCL←(41H),SP←40H
```

分析:执行"LCALL ACT"指令后,PC=3000H,SP=42H,求 A 平方;执行 RET 指令后,程序返回到"LCALL ACT"的下一条指令,PC=2003H,SP=40H,将平方值存入 R0。

4. 空操作指令(1条)

NOP　　　　　　　;PC←PC+1

PC 加 1,使程序继续往下执行。该指令无具体的操作任务,主要用于调整程序的执行时间。

3.2.5 位操作类指令

此类指令以位地址为操作数。在 80C51 系列单片机的内部数据存储器中,20H～2FH 为位寻址区,位地址范围为 00H～7FH,共 128 个位地址;还有部分可位寻址的特殊

功能寄存器的位地址,均可用位操作指令进行操作。

同一个位地址可能有多种表示方法。以 PSW 寄存器的最高位 CY 为例,表示如下:

(1) 采用直接地址方式,表示为 D7H。

(2) 采用点操作符方式,表示为 PSW.7 或 D0H.7。

(3) 采用位名称方式,表示为 C。

(4) 采用伪指令定义方式,如 S1 BIT C,定义后允许指令中用 S1 代替 C。

以上几种形式都可以用来表示 PSW 中 CY 位的位地址。

1. 位数据传送指令(2条)

```
MOV   C, bit        ;C←bit
MOV   bit, C        ;bit←C
```

用于直接寻址位与位累加器之间的数据传送。

2. 位逻辑操作指令(6条)

```
CLR    C            ;C←0
CLR    bit          ;bit←0
CPL    C            ;C←C̄
CPL    bit          ;bit←b̄it
SETB   C            ;C←1
SETB   bit          ;bit←1
```

以上指令的功能分别是可寻址位的清"0"、取反、置"1"操作,不影响其他标志。

【例 3-19】 已知 P1=1110 0000B,CY=1,执行下列指令:

```
CPL    C
MOV    P1.7, C
SETB   P1.0
CLR    P1.6
```

结果为:C=0, P1=0010 0001。

当直接位地址为 P0~P3 端口的某一位时,采用位逻辑操作指令,可以对该位实现"读—改—写"的功能。

3. 位逻辑运算指令(4条)

```
ANL    C, bit       ;C←C∧bit
ANL    C, /bit      ;C←C∧b̄it
ORL    C, bit       ;C←C∨bit
ORL    C, /bit      ;C←C∨b̄it
```

本组指令是将进位位与直接寻址的位地址中的内容相与或相或,都是以进位位为目的操作数。/bit 表示对该位取反后再参与运算,但不改变原来直接位地址中的内容。

【例 3-20】 设 CY=1,P1.0=0,执行下列操作:

```
ANL    C, P1.0
```

结果：C＝0，P1.0＝0。

4. 判位转移指令(5条)

```
JC      rel              ;C=1 则程序转移,PC←PC+2+rel；否则往下执行
JNC     rel              ;C=0 则程序转移,PC←PC+2+rel；否则往下执行
JB      bit, rel         ;bit=1 则程序转移,PC←PC+3+rel；否则往下执行
JNB     bit, rel         ;bit=0 则程序转移,PC←PC+3+rel；否则往下执行
JBC     bit, rel         ;bit=1 则程序转移,PC←PC+3+rel,bit←0；否则往下执行
```

本组为条件判断转移指令。如条件成立,则直接跳转到 rel 所提供的目标地址,实现转移；如条件不成立,则按顺序执行下一条指令。

3.2.6　伪指令

80C51 单片机汇编语言,包含两类不同性质的指令。

(1) 基本指令,即指令系统中的指令。每一条指令都有对应的机器码,它们都是机器能够执行的。如以上介绍的 111 条指令,都属于此类。

(2) 伪指令,又称汇编程序控制译码指令,属说明性汇编指令。因为没有对应的机器码,它们都是机器不执行的指令。"伪"字体现在汇编时不产生机器指令代码,不影响程序的执行,仅产生供汇编时用的某些命令,在汇编时执行某些特殊操作。

下面介绍几条编程时常用的伪指令。

1. 起始地址设定指令

ORG　XXXXH(16 位地址)

用来说明某程序段在存储器中存放的起始地址。例如：

```
        ORG   1000H
START:  MOV   A,  #20H
        MOV   B,  #30H
```

表示标号为"START"的指令是从 ROM 中的 1000H 单元开始存放的。

2. 汇编结束指令

END

表示汇编到该条指令,其后的指令不再汇编。

3. 定义字节数据指令

这条指令表示把数据以字节的形式存放在程序存储器中,并从指定单元开始。常用于定义字符表、数据表或常数表,每个数或字符之间用","分开,ASCII 字符用单引号''表示。格式：

标号：DB 字节数据表

4. 定义字数据指令

按字的形式把数据存放在指定的存储单元中,其他与上条指令相同。格式：

标号：DW 字数据表

5. 定义存储空间指令

在程序存储器中，该指令定义从指定的地址单元开始，保留一定数量的存储单元，供程序使用。格式：

标号：DS 字节数

6. 赋值指令

该指令将符号定义为表达式的值，只能定义单字节数据，且必须先定义后使用。格式：

符号名 EQU 表达式

7. 位地址符号定义

该指令将位地址定义为符号名称。格式：

符号名 BIT 位地址

【例 3-21】 汇编指令综合应用举例。

```
         ORG    0000H           ;程序从 0000H 开始存放
         DS     30H             ;留出 30H 个存储单元作为备用
         K1     BIT  P1.0       ;P1.0 定义为开关 K1
         S1     EQU  20H        ;20H 单元定义为 S1
         MOV    A, R1           ;取数
         MOV    DPTR, #TAB      ;送表首地址
         MOVC   A, @A+DPTR      ;查表
         MOV    S1, A           ;将结果保存到 20H 单元
         LJMP   OUT             ;无条件转移
TAB:     DB     0, 1, 4, 9,16,25    ;定义字节数据表
         DB     36,49,64,81,100     ;定义字节数据表
OUT:     SJMP   $               ;暂停
         END                    ;汇编结束
```

3.3　汇编语言程序设计

前面系统地介绍了 80C51 单片机的 111 条指令及部分编程所需的伪指令。例中的一些程序片段，只能完成某一种或几种简单的功能，不能算是完整的程序。本节将要介绍汇编语言程序设计的一般方法和步骤，并分析一些常用的程序结构类型及其典型例程。

3.3.1　程序编制的基本知识

1. 源程序的编制和汇编

在编制单片机应用程序时，要用到某些特定的语言形式。按照语言的结构及其功能

可以分为以下 3 种。

1）机器语言

机器语言是用二进制代码 0 和 1 表示指令和数据的最原始的程序设计语言。单片机能够直接识别并执行机器语言,但因不便于书写和阅读,所以一般不会用机器语言直接编制程序。

2）汇编语言

在汇编语言中,指令用助记符表示,地址和操作数可用标号、符号地址及字符等形式来描述,便于记忆和使用,但是单片机不能识别,在指令执行之前必须将其翻译成机器语言,即目标程序。

机器语言和汇编语言都是面向机器的,每条指令都有一一对应的代码,因而其结构紧凑,有精确的执行时间,非常适合于对实时控制要求较高的系统。但因两者的编写和调试周期较长,可读性较差,所以出现了更加接近人类思维习惯的高级语言。

3）高级语言

高级语言接近于人的自然语言,是面向过程而独立于机器的通用语言。用高级语言编写的程序可读性强,模块化程度高,且容易移植,能够缩短研制和调试时间,提高编程效率。

高级语言也需要翻译为机器语言,方能被单片机识别和执行。但其语句功能较强,有的一条语句相当于多条指令,因而翻译后的程序要占用较多的存储空间。这使得程序的运行时间不能精确掌握,所以对于实时控制要求严格的系统,要想办法克服这一缺点。

未经翻译的汇编语言程序称为源程序。将源程序翻译成机器能执行的机器代码的过程称为汇编。这些机器代码称为目标代码或目标程序。

汇编的方法有人工汇编和机器汇编两种。人工汇编是通过查指令编码表,将源程序逐条翻译成机器码的过程。因其烦琐复杂,容易失误,故很少采用,仅在程序量小或开发条件有限的情况下偶尔使用。

目前一般使用汇编程序将汇编语言源程序翻译为机器码形式的目标程序,由计算机自动完成汇编过程,快捷、准确。

2. 编制程序的基本方法

1）采用模块化程序设计方法

对于某些多功能的复杂程序,可以划分成几个功能简单的模块,分别用子程序实现其功能,使程序结构清晰,任务明确,有利于设计和调试。

2）尽量采用循环结构和子程序

应使程序结构紧凑,减少程序容量。对于子程序,要考虑保护现场。在中断处理中,除了要保护中断程序用到的寄存器外,还要保护程序状态字。

3. 编制程序的步骤

在编制程序的过程中,一般按照以下几个步骤操作。

1)分析任务

针对设计目的,分析软件部分要完成的任务、功能和技术指标。

2)确定算法

对于较复杂或大型的应用程序,要完成某些控制功能,需借助一些数学方法和数学模型。不同的数学处理方法对系统能达到的精度、程序的容量和执行速度等的优化作用不同,要选择合适的算法。

3)设计程序流程图

将系统的总体设计思路和程序流向用规定的图形符号表示,构成程序流程图。流程图分为主程序流程图和子程序流程图。主程序流程图主要表达系统的逻辑结构和各个功能模块之间的关系;子程序流程图体现出某个具体功能模块的设计思路和实现方法。

4)分配内存单元

编制源程序之前,要对系统的硬件资源进行分析和分配,编制资源分配表和进行其他说明。

5)编写汇编语言源程序

根据以上分析,用汇编语言的相关指令按照要求分别编写主程序和各子程序。

6)调试程序

将源程序汇编成目标代码程序后,可在仿真软件上分模块调试各子程序。各子程序调试合格后,与主程序联调。最后,与硬件结合,联机调试。

3.3.2 基本程序结构

1. 顺序结构程序

顺序结构程序是一种最简单、最基本的程序,程序中无分支、无循环。程序按编写的顺序依次往下执行,直到最后一条指令。

【例 3-22】 将 30H 单元内的 2 位 BCD 码拆开并转换成 ASCII 码,分别存入 31H 和 32H 单元。程序流程如图 3-5 所示,参考程序如下所示:

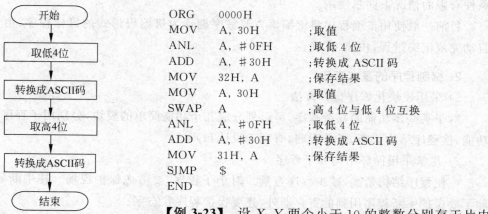

```
ORG    0000H
MOV    A, 30H          ;取值
ANL    A, #0FH         ;取低 4 位
ADD    A, #30H         ;转换成 ASCII 码
MOV    32H, A          ;保存结果
MOV    A, 30H          ;取值
SWAP   A               ;高 4 位与低 4 位互换
ANL    A, #0FH         ;取低 4 位
ADD    A, #30H         ;转换成 ASCII 码
MOV    31H, A          ;保存结果
SJMP   $
END
```

图 3-5 例 3-22 程序流程图

【例 3-23】 设 X、Y 两个小于 10 的整数分别存于片内 30H、31H 单元。试求两数的平方和,并将结果存于 32H

单元。

解：两数均小于 10，故两数的平方和小于 200，可利用乘法指令求平方。程序流程如图 3-6 所示，参考程序如下所示：

```
ORG     1000H
MOV     A，30H      ;取 X 值
MOV     B，A        ;将 X 送入 B 寄存器
MUL     AB         ;求 X², 结果在累加器中
MOV     R1，A       ;将结果暂存于 R1 寄存器中
MOV     A，31H      ;取 Y 值
MOV     B，A        ;将 Y 送入 B 寄存器
MUL     AB         ;求 Y²
ADD     A，R1       ;求 X² + Y²
MOV     32H，A      ;保存数据
SJMP    $
END
```

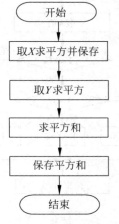

图 3-6 例 3-23 程序流程图

2. 分支结构程序

程序在执行过程中需要根据条件判断，控制程序的流向。满足条件则转移，否则顺序执行。由控制转移类指令实现，这类程序称为分支结构程序。

分支程序有 3 种基本形式：单分支、双分支和多分支结构。

【例 3-24】 设内部 RAM 的 30H、31H 单元中存有 2 个无符号数，比较其大小，并将大数存于 51H 单元，小数存于 50H 单元。

```
        ORG     0000H
        CLR     C
        MOV     A，30H
        SUBB    A，31H
        JC      OUT1        ;C=1,说明 30H 数小,则转移
        MOV     51H，30H     ;C=0,说明 30H 数大,存 51H
        MOV     50H，31H     ;小数存 50H
        SJMP    OUT
OUT1:   MOV     50H，30H
        MOV     51H，31H
OUT:    SJMP    $
        END
```

【例 3-25】 设 X 存在 30H 单元中，根据下式求 Y 值，并存入 31H 单元。

$$Y = \begin{cases} X+2, & X > 0 \\ 100, & X = 0 \\ 0, & X < 0 \end{cases}$$

解：根据数据的最高位即符号位判别该数的正、负。若符号位为 0，再判别该数是否为正数。程序流程如图 3-7 所示，参考程序如下所示：

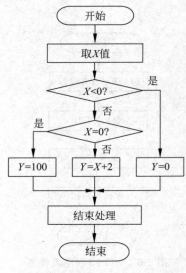

图 3-7　例 3-25 程序流程图

```
          ORG     1000H
          MOV     A, 30H          ;取数
          JB      ACC.7, OUT2     ;负数,转 OUT2
          JZ      OUT1            ;为 0,转 OUT1
          ADD     A, #02          ;X 为正数,求 X+2
          LJMP    OUT3            ;转到 OUT3,保存数据
OUT1:     MOV     A, # 100        ;X 为 0,Y=100
          LJMP    OUT3            ;转到 OUT3,保存数据
OUT2:     MOV     A, #00H         ;Y=0
OUT3:     MOV     31H, A          ;保存数据
          SJMP    $
          END
```

分支程序的设计要点如下所述：

（1）先建立可供条件转移指令测试的条件；

（2）选用合适的条件转移指令；

（3）在转移的目的地址处设定标号。

3.3.3　循环程序结构

1. 循环程序结构简介

有时一个程序中的某些指令或程序段需要重复多次执行。为了简化程序量并减小程序所占的内存空间，常采用循环程序结构，如图 3-8 所示。循环程序一般包括如下 4 个部分。

（1）初始化：用来设置循环初值，如设置地址指针、循环次数等。

（2）循环体：被重复执行的指令或程序段。它是循环程序的工作程序。

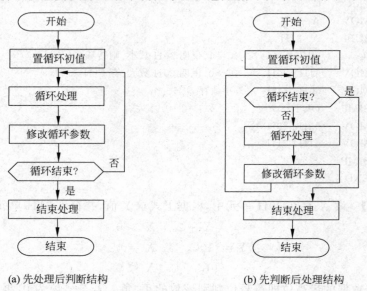

(a) 先处理后判断结构　　　　　　　　(b) 先判断后处理结构

图 3-8　循环程序结构流程图

（3）循环控制：用于控制循环是否结束。每执行完一次循环体,应修改地址指针和循环次数,并判断循环是否结束。

（4）结束部分：存放执行循环程序的结果或其他处理。

循环程序按结构形式,分为先处理后判断结构和先判断后处理结构；按循环的级数,有单重循环与多重循环之分。

在多重循环中,只允许外重循环嵌套内重循环,不允许循环相互交叉,也不允许从循环程序的外部跳入循环程序的内部。

2. 循环程序设计举例

在所提供的循环条件中,有些明确给出了循环次数,但有些没有直接给出。例如,在一定范围内寻找特定的符号,或根据某特定符号结束循环等,事先就无法确定循环次数。这就要根据具体情况选择合适的结构流程和条件判断指令正确处理。

【例 3-26】 设片内 RAM 中从 30H 单元开始连续存有 10 个无符号数。将这 10 个数相加,结果送 40H 单元。设相加结果不超过 256。

解：设置一个计数器控制循环次数,每加 1 个数据,计数器减 1。程序流程如图 3-9 所示,参考程序如下所示：

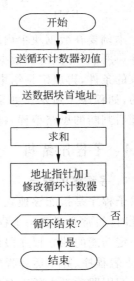

图 3-9　例 3-26 程序流程图

```
        ORG    0030H
        MOV    R2,#10       ;数据块长度送 R2
        MOV    R0,#30H      ;数据块起始地址送 R0
        CLR    A            ;累加器清"0"
LOOP:   ADD    A,@R0        ;加一个数
        INC    R0           ;修改加数地址指针
        DJNZ   R2,LOOP      ;未加完,继续
        MOV    40H,A        ;存和
        SJMP   $
        END
```

本例中,因为已经知道循环次数,可以直接设定循环初值；采用先处理后判断的结构,再用条件判断指令 DJNZ 修正、判断剩余的循环次数是否为 0。如为 0,则结束循环,否则继续。

下面再举一例,说明未知循环次数的情况。

【例 3-27】 将内部 RAM 中 30H 开始的有限数据分别传送到片外 2000H 开始的单元中。遇到 55H 时,停止传送。

解：

程序 1：按照先判断后处理的思路编程如下。

```
        ORG    0000H
        MOV    R0,#30H
        MOV    DPTR,#2000H
LP1:    MOV    A,@R0            ;取数
        CJNE   A,#55H,LP2       ;先判断
```

```
              SJMP    LP3
LP2:   MOVX    @DPTR, A          ;后处理
       INC     R0
       INC     DPTR
       SJMP    LP1
LP3:   SJMP    $
       END
```

程序 2：按照先处理后判断的思路编程如下。

```
       ORG     0000H
       MOV     R0, #30H
       MOV     DPTR, #2000H
TOM1:  MOV     A, @R0            ;取数
       MOVX    @DPTR, A          ;先处理
       INC     R0
       INC     DPTR
       CJNE    A, #55H, TOM1     ;后判断
       END
```

本例要在数据块中出现"55H"时方能结束循环，而事先不知道哪个单元的数据符合条件。所以，每次从源数据块中取出一个数，便要先用比较指令 CJNE 判断是否符合循环结束的条件，再决定是结束循环或是传数并继续循环，所以采用先判断后处理的方式是合理的，如程序 1 所示。如果源数据块中的第一个数据就是"55H"，就不要传送了，按照先处理后判断的思路编程，将导致错误的传送结果，如程序 2 所示。

3.3.4 子程序结构

1. 子程序的概念

子程序是指能够独立完成一定的任务，并能由其他程序调用的程序段。在解决实际问题时，经常会遇到一个程序中多次使用同一个程序段的情况。为了节约内存，把这种具有一定功能的独立程序段编成子程序。当需要时，调用这些独立的程序段，例如延时程序、查表程序、算术运算程序等。

调用即暂时中断正在执行的程序，转到某程序段的入口地址去执行，并由 LCALL 或 ACALL 指令实现。调用程序称为主程序，被调用的程序称为子程序。

2. 子程序调用及返回过程

前面已经介绍，LCALL 和 ACALL 分别为长调用指令和短调用指令，其功能是将 PC 当前值(即断点地址)压入堆栈，再将调用地址即子程序的入口地址送 PC，使程序转入子程序入口。

子程序执行完毕，由返回指令 RET 将堆栈中的断点地址弹出到 PC，使程序从断开的地方继续执行。

注意：

（1）子程序只需书写一次，主程序可以反复调用它。

（2）子程序的第一条语句必须有一个标号，代表该子程序第一条语句的地址，即子程

序入口地址,供主程序调用。

(3) 子程序需要从主程序中得到的参数称为子程序的入口参数;子程序向主程序传递的参数称为子程序的出口参数。

3. 子程序设计举例

【例 3-28】 在例 3-22 中,如用子程序求平方,参考程序如下所示:

```
        ORG   0000H
        MOV   A, 30H        ;取 30H 单元数据
        ACALL QPF           ;求 X 的平方
        MOV   R1, A          ;将结果暂存于 R1 寄存器中
        MOV   A, 31H        ;取 31H 单元数据
        ACALL QPF           ;求 Y 的平方
        ADD   A, R1          ;求 X² + Y² 并送 A
        MOV   32H, A        ;保存数据
        SJMP  $
QPF:    ADD   A, #01H       ;地址调整
        MOVC  A, @A+PC       ;查平方表
        RET
TAB:    DB    0, 1, 4, 9, 16
        DB    25,36,49,64,81
        END
```

【例 3-29】 用单片机的 P1 口控制 8 个发光二极管。要求每次点亮一个,时间为 50ms,左移循环不止。

解:利用左移循环指令,使二极管从右到左轮流点亮。每点亮一个,调用一次 50ms 的延时子程序。设晶振频率为 12MHz,程序清单如下所示:

```
        ORG    0000H
START:  MOV    A, #0FEH
LOOP:   MOV    P1, A
        LCALL  YS50ms
        RL     A
        SJMP   LOOP
YS50ms: MOV    R7, #200
YS1:    MOV    R6, #123
        NOP
YS2:    DJNZ   R6, $
        DJNZ   R7, YS1
        RET
        END
```

例 3-28 的程序中包含一个查表子程序,例 3-29 中包含循环结构子程序。可见,一个功能完整的应用程序不会是单一的结构形式,有可能是多种结构的组合。

【例 3-30】 编写延时程序,使用软件延时 50ms。

单片机的工作过程就是执行指令的过程,每执行一条指令都要一定时间。根据晶振频率和指令的周期不同,执行指令需要的时间也不同。利用软件定时的原理就是设计一

段程序,使单片机执行完这段程序所需要的时间正好等于定时的时间。设系统晶振频率为 12MHz,则 1 个机器周期=1μs,是执行一条单周期指令需要的时间,执行一条双周期指令需要 2μs。下面是 50ms 的延时程序:

```
        ORG     0030H
        MOV     R1,＃100         ;T1,1 个机器周期
LOOP1:  MOV     R2,＃124         ;T2,1 个机器周期
LOOP2:  NOP                     ;T3,1 个机器周期
        NOP                     ;T4,1 个机器周期
        DJNZ    R2,LOOP2        ;T5,2 个机器周期
        DJNZ    R1,LOOP1        ;T6,2 个机器周期
        RET                     ;T7,2 个机器周期
```

执行该段程序所用的时间为:

$$T = T_1 + [T_2 + (T_3 + T_4 + T_5) \times 124 + T_6] \times 100 + T_7$$
$$= 1 + [1 + (1 + 1 + 2) \times 124 + 2] \times 100 + 2$$
$$= 49903(\mu s) = 49.903(ms)$$

其中,圆括号内为内循环的机器周期数,方括号内为外循环的机器周期数,误差为 0.097ms。如果需要精确的定时时间,在程序中加 NOP 指令予以修正。

改变循环次数或循环嵌套层数可以改变定时时间的长度。软件定时不需要额外的硬件,这是它的优点,但单片机在执行定时程序时要占用 CPU 的工作时间,会降低单片机的工作效率。在后续章节中将介绍定时器硬件延时的方法。

3.3.5 任务模块 1：水温控制系统显示数码拆分程序设计

1. 任务

根据水温控制系统的当前状态,在正常控温时,将温度设定值 SV、温度测量值 PV 的每一位拆分成 1 位 BCD 数码放入显示缓冲区 DISBUF;在设定值修改状态时,将温度设定备份值 SVTEMP、温度测量值 PV 的每一位拆分成 1 位 BCD 数码放入显示缓冲区 DISBUF。

2. 任务分析

温度测量值 PV 分成 2 个部分:整数部分放在 PVH 单元,小数部分放在 PVL 单元。对于水温检测而言,整数部分不超过 2 位数十进制,拆分时可将该数值除以 10,得到的商即为十位 BCD 数码,余数为个位 BCD 数码;小数部分为 4 位二进制数,最低位的位权是 2^{-4}。将 PVL 单元的内容看成是整数 X,则 PVL 单元中存放的小数部分实际大小为 $X \times 2^{-4}$,要将其转换成十进制小数 10^{-1} 位的 BCD 码,计算方法为:

$$X \times 2^{-4} \times 10 = X \times 10 \div 16$$

温度设定值 SV 及温度设定备份值 SVTEMP 都是整数,拆分的方法与温度测量值 PV 的整数部分相同。

3. 数码拆分程序设计

显示缓冲区 DISBUF 共有 6 个单元,前面 3 个单元存放测量值,2 位整数,1 位小数;

后面 3 个单元存放设定值或者设定备份值。标志位 FLAG＝0，显示设定值；标志位 FLAG＝1，显示设定值备份值。由于设定（备份）值只有整数位，因此，最后 1 位小数位的内容恒为"0"。

```
;程序名:CODECON
;功能:将温度测量值 PV 与温度设定(备份)值 SV 拆分成 1 位 BCD 数码,存放至显示缓冲区中
;占用资源:累加器 A,状态寄存器 PSW,寄存器 B,通用寄存器 00 组(R0)
;测量值:测量值整数位在 PVH 中,小数位在 PVL 中
;设定值:设定值整数位在 SV 中
;显示缓冲区:首地址 DISBUF
;状态标志:FLAG=0,正常状态;FLAG=1,设定值修改状态
PVH       EQU     34H               ;测量值整数位
PVL       EQU     35H               ;测量值小数位
SV        EQU     30H               ;设定值整数位
SVTEMP    EQU     32H               ;设定备份值整数位
DISBUF    EQU     3AH               ;显示缓冲区首地址
FLAG      BIT     F0
CODECON:  MOV     A,PVH             ;取测量值整数
          MOV     B,#10
          DIV     AB
          MOV     R0,#DISBUF
          MOV     @R0,A             ;测量值十位
          INC     R0
          MOV     @R0,B             ;测量值个位
          MOV     A,PVL             ;取测量值小数
          MOV     B,#10
          MUL     AB                ;×10
          SWAP    A                 ;÷16
          ANL     A,#0FH
          INC     R0
          MOV     @R0,A             ;测量值小数位
          MOV     A,SV              ;取设定值整数
          JNB     FLAG,CODEC1       ;正常状态转移
          MOV     A,SVTEMP          ;取设定备份值整数
CODEC1:   MOV     B,#10
          DIV     AB
          INC     R0
          MOV     @R0,A             ;设定值十位
          INC     R0
          MOV     @R0,B             ;测量值个位
          INC     R0
          MOV     @R0,#0            ;小数位
          RET
```

3.4 C51 语言程序设计基础

面向 8051 单片机的 C 语言称为 C51 高级语言，或简称 C51 语言。C51 语言提供了内容丰富的数学函数，且支持浮点运算。由于不依赖硬件系统，大量的功能程序只需简单

修改甚至不做修改便可以移植到不同的系统直接使用,大大缩短了开发时间,增加了程序的可读性和可维护性。

由于 C51 语言使用方便,功能强大,从 20 世纪 90 年代开始得到广大用户的认可,并日渐成为单片机应用系统的主流程序设计语言。下面将简单介绍 C51 语言的基本知识。

3.4.1　C51 中常用的数据类型

数据是计算机操作的对象,数据的不同格式又叫数据类型。不同的数据类型代表了十进制中数值的取值范围,在单片机中占据的内存空间也不同,所以在编程时要选择合适的数据类型。C51 编译器支持的数据类型有字符型、整型、长整型、位型、实型和指针型等。C51 语言编程中常用的数据类型如表 3-3 所示。

表 3-3　C51 中常用的数据类型表

数据类型	关键字	占字节数	占位数	值　　域
无符号字符	unsigned char	1	8	$0\sim2^8-1$
有符号字符	char	1	8	$-2^7\sim2^7-1$
无符号整型	unsigned int	2	16	$0\sim2^{16}-1$
有符号整型	int	2	16	$-2^{15}\sim2^{15}-1$
无符号长整型	unsigned long	4	32	$0\sim2^{32}-1$
有符号长整型	long	4	32	$-2^{31}\sim2^{31}-1$
位类型	bit		1	$0\sim1$
单精度实型	float	4	32	$10^{-38}\sim10^{38}$(6 位数)
双精度实型	double	8	64	$10^{-308}\sim10^{308}$(10 位数)
一般指针	point	3	24	存储空间地址 $0\sim65\,535$

此外,还有一些与单片机中特殊功能寄存器有关的扩充定义的数据类型。

(1) sfr:定义一个 8 位的特殊功能寄存器。

例如:sfr PSW＝0xD0,定义字符 PSW 为单片机的程序状态标志寄存器。它在单片机内存中的起始地址为 0xD0。

(2) sfr16:定义一个 16 位的特殊功能寄存器。

例如:sfr T2＝0xCC,定义定时器 T2 为 16 位的特殊功能寄存器,其起始地址为 0xCC。

(3) sbit:定义特殊功能寄存器中的某一位。

例如:sbit CY＝PSW^7,sbit CY＝0xD0^7 或 sbit CY＝0xD7。这 3 种方法均表示定义了 PSW 中的最高位,在随后的语句中就可以直接对该位进行操作。

3.4.2　C51 数据的存储类型与 8051 单片机存储器的对应关系

任何数据必须以一定的方式存储在单片机的某个存储区,否则程序无法执行。C51 是面向 8051 系列单片机及其硬件控制系统的开发工具,C51 存储类型与 8051 单片机存储空间的对应关系如表 3-4 所示。

表 3-4 C51 存储类型与 8051 单片机存储空间的对应关系表

存储类型	位数	值域	寻址空间	寻址方式
data	8	$0\sim2^7-1$	片内 RAM 00~7FH 单元	直接寻址
bdata	1	$0\sim1$	片内 RAM 的可位寻址区 20H~2FH(16B)	位寻址
idata	8	$0\sim2^8-1$	片内 RAM 00~FFH 单元(256B)	间接寻址
pdata	8	$0\sim2^8-1$	片外 RAM(256B)	分页间接寻址
xdata	16	$0\sim2^{16}-1$	片外 RAM(64KB)	间接寻址
code	16	$0\sim2^{16}-1$	代码存储区 ROM(64KB)	间接寻址

与汇编语言一样,C51 具备常用的运算功能。为了完成这些运算,规定了一些特定的符号用于编程。

1. 算术运算

C51 有加、减、乘、除和求余 5 种基本的算术运算,以及 2 个自加减运算。在进行除法运算时,整数相除,其结果只能取整,余数自动丢弃;浮点数相除,结果也要写成浮点数形式。

用算术运算符和括号将运算对象按照一定规律连接起来构成算术表达式,其中的运算对象可以是常量、变量、函数、数组和结构等。在表达式中,括号内的运算优先级最高。

2. 关系(或比较)运算

C51 中的关系运算包括大于、小于、大于等于、小于等于、测试等于和测试不等于 6 种。用关系运算符将两个表达式进行比较,其结果为一个逻辑值,非真即假,一般用"1"代表真,"0"代表假。

3. 逻辑运算

C51 提供了与、或、非 3 种基本的逻辑运算关系及相应的符号。逻辑运算的结果不是"0"就是"1",不能是其他值,且要注意与位逻辑运算相区别。

4. 位逻辑运算

C51 中有按位与、按位或、按位异或、按位取反、位左移和位右移 6 种位运算关系。参与运算的数据只能是整型或字符型,不能是实型,运算法则是按位进行逻辑运算。与单片机汇编语言中的移位运算不同的是,C51 中的移位运算是将一个二进制数的各位依次左移或右移,移动后产生的空白位补 0,溢出的位被舍弃。

5. 复合运算

复合运算是二目运算与赋值运算的组合。C51 提供了 10 种复合赋值运算及其符号。例如,+=表示先加后赋值,a+=b 相当于 a=a+b。采用复合运算的目的是简化程序,提高程序编译效率,但降低了程序的可读性。

上述运算符号如表 3-5 所示。

表 3-5   C51 常用运算及其符号表

名称	符号	含义	名称	符号	含义
算术运算	+	加法	位运算	&	按位与
	−	减法		¦	按位和
	*	乘法		^	按位异或
	/	除法		~	按位取反
	++	自加 1		>>	二进制的各位依次右移
	−−	自减 1		<<	二进制的各位依次左移
	%	求余	复合运算	+=	相加再赋值
关系运算	>	大于		−=	相减再赋值
	>=	大于等于		*=	相乘再赋值
	<	小于		/=	相除再赋值
	<=	小于等于		%=	取余再赋值
	==	测试相等		<<=	左移再赋值
	!=	测试不等		>>=	右移再赋值
逻辑运算	&&	与		&=	按位与再赋值
	¦¦	或		¦=	按位或再赋值
	!	非		^=	按位异或再赋值

3.4.3   C51 中常用的头文件

C51 中的头文件是一种说明性文件,用于对某些变量进行声明。单片机内部的特殊功能寄存器、常用的数学运算函数、字符串处理函数等事先已经被定义在这些相应的头文件中。凡是需要使用这些定义的程序,只要在程序的开头使用♯include,就可以将指定内容完全包含到当前文件中,在此后的程序中无须声明,便可直接调用其内部函数。

C51 中常用的头文件有以下几个。

(1) reg51.h 或 reg52.h:定义 51 或 52 系列单片机中的特殊功能寄存器及其相关的位变量名。reg52.h 比 reg51.h 中多了对 T2 寄存器的定义。

(2) absacc.h:绝对地址头文件,以字节寻址的方式对 51 系列单片机的存储空间进行绝对地址访问。

(3) intrins.h:内部库函数头文件,包括左移、右移、空操作及位参数测量等。

(4) ctype.h:字符处理函数库头文件,用于对单个字符进行处理,包括字符的类别测试和字符的大小写转换等。

(5) stdio.h:标准输入/输出函数头文件,包括输入函数 scanf 和输出函数 printf。各种函数以"函数流"的方式实现。

(6) math.h:用来定义各种常用数学运算函数的头文件,如求平方、立方、绝对值、三角函数等。

3.4.4   C51 语言程序的基本结构

C51 语言程序是一种典型的结构化程序,即程序由若干模块组成,每个模块包含一种或几种基本结构。不管多么复杂的 C51 语言程序,都是由顺序结构、选择结构和循环结构 3 种基本形式组成,语句是其基本元素。

1. 顺序结构

顺序结构是一种最基本、最简单的编程结构,程序由上到下顺序执行,中间没有转移和调用等指令。

【例 3-31】 用 C 语言求 $a+b$。

程序如下所示:

```
#include <stdio.h>
main()
{
    int a,b,c
    a=25
    b=78
    c=a+b
}
```

2. 选择结构

当程序的流向需要根据条件判断才能决定时,程序会出现分支。计算机根据不同的条件选择其中的某一条分支继续执行指令,这就是选择结构,在汇编语言中又称为分支结构。

选择结构的基本语句有以下几种。

1) if 语句

if 语句是一种基本判断语句,一般用于单分支选择,可与 else 配合使用,还可构成 if 语句嵌套。if 语句又有以下 3 种形式。

(1) if(表达式){语句;}   //条件为真,则执行语句

例如:

```
if(x>0)
    {y=0;}
```

(2) if(表达式){语句 1;}   //条件为真,则执行语句 1
    else{语句 2;}   //否则,执行语句 2

例如:

```
if(x>0)
    {y=0;}
else
    {y=1;}
```

(3) if(表达式 1){语句 1;}   //条件 1 成立,则执行语句 1
    else if (表达式 2){语句 2;}   //条件 2 成立,则执行语句 2
    else if (表达式 3){语句 3;}   //条件 3 成立,则执行语句 3
    …
    else if (表达式 m){语句 m;}   //条件 m 成立,则执行语句 m
    else {语句 n;}   //条件 1 不成立,则执行语句 n

每个条件为真时,都有一种对应的结果。最典型的应用是数学运算中的分段求值、单片机应用中根据按键决定程序流向等。例如:

```
if(x>=0){y=1; }                        //x≥0,则 y=1
else if (x>=1){y=5; }                  //x≥1,则 y=5
else if (x>=2){y=10; }                 //x≥2,则 y=10
else {y=0; }                           //x<0 则 y=0
```

一般情况下,if 与 else 应成对出现,这样才不易出错,且 else 总是与它上面最近的 if 相对应。也有 if 与 else 不对称的情况,则需用花括号{}将不对称的 if 括起来。一条 if 语句只有两个分支可供选择。如果有多个分支,要使用 if 语句的嵌套,就是在 if 语句中又包含多条 if 语句。但是嵌套的 if 语句层数太多,会使程序复杂化,降低可读性。此时,可以用下述多分支选择语句来实现。

2) switch 语句

switch 语句主要用于多分支选择,与 case 语句配合,并用 break 语句跳出 switch 语句。一般形式如下所示:

```
switch(表达式)
{
        case 常量表达式 1:{语句 1; }break;
        case 常量表达式 2:{语句 2; }break;
        …
        case 常量表达式 n:{语句 n; }break;
        default           :{语句 n+1; }
}
```

在多分支并列结构中使用 switch 语句时应注意以下几个方面:

(1) 当 switch 后面的表达式与某个 case 后面的常量表达式的值相等时,执行紧接着该常量表达式后面的语句,然后退出 switch 语句。当表达式的值与所有的常量表达式的值都不等时,执行 default 后面的语句。

(2) 每一个常量表达式的值要求互不相同。

(3) 每一个 case 语句都要以 break 结束,否则不会在本条 case 语句执行完后马上退出 switch 语句,而是继续执行后面的 switch,直到遇到 break 或 default 才退出。

(4) 各个 case 语句和 default 语句出现的先后顺序与执行结果无关。

【例 3-32】　当 $x \geqslant 0$ 时,$y=5$;$x<0$ 时,$y=20$。用选择结构编程。

解:根据题意分析,本题属于二选一结构,参考程序如下所示:

```
# include <stdio.h>
main( )
{    int x,y;
     y=20;
     if(x>=0)y=5;
}
```

也可以这样编写程序：

```
#include <stdio.h>
main( )
{    int x,y;
        if(x>=0)y=5;
    else y=20;
}
```

【例 3-33】　将例 3-32 稍作改变，当 $x>0$ 时，$y=5$；$x=0$ 时，$y=10$；$x<0$ 时，$y=20$。用 C51 编程。

解：本题属于多选一结构，与单片机汇编语言中的多分支结构相似。参考程序如下所示：

```
#include <stdio.h>
main( )
{    int x,y;
        if(x>0){y=5;}
    else if(x=0){y=10;}
    else {y=20}
}
```

【例 3-34】　一个 4×4 的矩阵式键盘接于 P1 口。其中，P1.0～P1.3 接行线，P1.4～P1.7 接列线，低电平有效。编程查询按键的状态。

```
include <reg51.h>
main( )
{ uchar temp,key;
  p1=0xfe;
  temp=p1;
  temp=temp&0xf0;
  if(temp!=0xf0)
  { temp=p1;
    switch(temp)
    { case 0xee:
          key=0;
          break;
      case 0xde:
          key=1;
          break;
      case 0xbe:
          key=2;
          break;
      case 0x7e:
          key=3;
          break;
    }
  }
}
```

3. 循环结构

在程序中,某些指令或程序段需要反复执行,因而构成循环。循环单元包括循环体和循环结束条件两部分。C 语言用 while 语句、do while 语句和 for 语句三种形式实现循环。

1) while 语句

while 语句用来实现当型循环,即先判断条件是否成立。若条件成立,则执行循环体,否则退出循环。格式如下所示:

```
while(表达式)
{语句;}                                    //循环体
```

本指令表示若 while 中的表达式为真,则执行循环体;否则,退出 while 循环,执行下面的语句。

2) do while 语句

do while 语句用来实现直到型循环,即先执行循环体的语句,再判断表达式的条件是否成立。这种结构至少要执行一次循环体。格式如下所示:

```
do
{语句;}                                    //循环体
while(表达式)
```

当 while 后表达式的条件不成立时,终止循环,并继续执行后面的程序。

3) for 语句

在这种 for 语句结构中,先赋条件初值,后面可以列出多个条件判断语句来判断是否进入循环。一般格式如下所示:

```
for(表达式 1;表达式 2;表达式 3)
{语句;}                                    //循环体
```

for 语句执行步骤如下所示:

(1) 对表达式 1 初始化。

(2) 判断表达式 2 是否满足循环条件,满足则执行循环体语句,再执行下面的第(3)步;若表达式 2 不满足循环条件,则执行第(5)步。

(3) 求解表达式 3。

(4) 返回第(2)步继续。

(5) 退出 for 语句,结束循环,执行下面的指令。

【例 3-35】 求 10!

解 1:用 while 语句实现。

```
#include <stdio.h>
main( )
{    int i,sum;
     i=1;
     sum=1;
```

```
while (i<10)
{    sum * =i;
     i++;
}
}
```

解 2：用 do while 语句实现。

```
#include <stdio.h>
main( )
{   int i,sum;
    i=1;
    sum=1;
    do{sum * =i;
        i++;
    }while ( i<10)
}
```

解 3：用 for 语句实现。

```
#include <stdio.h>
main( )
{   int i,sum;
    i=1;
    sum=1;
    for(i=1;i<=10;i++)
    { sum * =i;
    }
}
```

从例 3-35 的 3 种解法可知,用于实现循环结构的特定指令有 3 种。使用 while 语句时,先检测循环条件,再决定是否执行循环体;do while 语句是先执行循环体,再判断循环条件是否成立,即循环体至少要执行 1 次;for 语句较为灵活和复杂,可以用于循环次数已经确定,或者循环次数不确定,但能确定循环条件的情况。

3.4.5　C51 如何访问或定位到绝对地址

汇编语言的特点是能直接访问或操作内存单元,在 C51 中同样有几种方法可以访问或定位到绝对地址。

1. 绝对地址宏定义
【例 3-36】 将数据 55H 写入片内 RAM 的 68H 单元,将数据 18H 写入片外 RAM 的 FFC0H 单元。

```
#include <absacc.h>          //包含访问绝对地址的头文件
#define PORTA XBYTE[0xFFC0]  //通过宏定义将 PORTA 定义为片外 FFC0H 单元,数据长
                             //度 8bit
#define PORTB DBYTE[0x68]    //通过宏定义将 PORTB 定义为片内 68H 单元,数据长度 8bit
void main()
```

```
    {
        PORTA＝0x18;                //数据 18H 写入片外 RAM 的 FFC0H 单元
        PORTB＝0x55;                //数据 55H 写入片内 RAM 的 68H 单元
    }
```

2. _AT_关键字

【例 3-37】 将数据 55H 写入片内 RAM 的 68H 单元,将数据 18H 写入片外 RAM 的 2019H 单元。

```
unsigned char data X1_at_ 0x68       //定义变量 X1,位于片内 68H 单元
unsigned char xdata X2_at_ 0x2019    //定义变量 X2,位于片外 2019H 单元
# define PORTB DBYTE[0x68]           //通过宏定义将 PORTB 定义为片内 68H 单元,数据长度 8bit
void main()
{
    X1＝0x55;                         //数据 55H 写入片内 RAM 的 68H 单元
    X2＝0x18;                         //数据 18H 写入片外 RAM 的 2019H 单元
}
```

3. 通过 C 语言的指针指向指定单元

【例 3-38】 将片外 2000H—20FFH 的内容清零。

汇编语言程序:

```
        ORG 0000H
SE01:   MOV R0,＃00H
        MOV DPTR,＃2000H          ;首地址送 DPTR
LOOP1:  CLR A
        MOVX @DPTR,A             ;一个单元清 0
        INC DPTR                 ;指向下一单元
        INC R0                   ;字节数加 1
        CJNE R0,＃00H,LOOP1       ;未完继续
LOOP:   SJMP LOOP
```

C51 程序:

```
# include < reg51.h >
main( )
{
    int i;
    unsigned char xdata * p=0x2000;   /* 指针指向 2000H 单元 */
    for(i=0;i<256;i++)
    { * p=0; p++;}                     /* 清零 2000H-20FFH 单元 */
}
```

【例 3-39】 查找零的个数(在 2000H～200FH 中查出有几个字节是零,把个数放在 2100H 单元中)。

汇编语言程序:

```
        ORG 0000H
L00:    MOV R0,＃10H              ;查找 16 字节
```

```
           MOV R1,#0
           MOV DPTR,#2000H
   L01:    MOVX A,@DPTR
           CJNE A,#00H,L02          ;取出内容是否与00H相等
           INC R1                   ;0的个数加1
   L02:    INC DPTR
           DJNZ R0,L01              ;未完继续
           MOV DPTR,#2100H
           MOV A,R1
           MOVX @DPTR,A             ;0的个数送2100H
   L11:    SJMP L11
```

C51程序：

```
#include <reg51.h>
main()
{   unsigned char xdata *p=0x2000;    /*指针p指向2000H单元*/
    int n=0,i;
    for(i=0;i<16;i++)
    { if(*p==0) n++;                  /*若该单元内容为零,则n+1*/
      p++;                            /*指针指向下一单元*/
    }
    p=0x2100;                         /*指针p指向2100H单元*/
    *p=n;                             /*把个数放在2100H单元中*/
}
```

3.5　阅读材料：Keil 5 应用简介

3.5.1　建立 Keil 5 工程

Keil 5 是众多单片机应用开发软件中优秀的软件之一,自 Keil 更新到 5.0 版本后,开始以器件包的形式支持 51、ARMCortex-M0、M3、M4 等众多内核架构,并集编辑、编译、仿真于一体,还支持 PLM、汇编和 C 语言程序设计;其界面友好,易学易用,在调试程序、软件仿真方面也有很强大的功能。

安装 Keil 5 以后,需要安装支持 51 内核的器件包,才可以进行 51 单片机软件开发。

1. 建立工程

(1) 单击 Project 菜单,选择 New Project,弹出的 Windows 文件对话窗口。在"文件名"中输入工程项目名称(只要符合 Windows 文件规则的文件名都行),例如 test。

(2) 根据需要选择相应型号的器件。这里选择常用的 Atmel 公司的 AT89C51,单击"确定"按钮返回主界面。

(3) 单击 Target 1 前面的"+"号,出现下一层的 Source Group 1。这时的工程还是空的,里面什么文件也没有,需要加入编写好的源程序。单击 Source Group 1 使其反白显示,然后右击,在弹出的下拉菜单中选择 Add file to Group 'Source Group 1',弹出一个对话框,要求寻找源文件。注意,该对话框下面的"文件类型"默认为 C source file(*.c),

也就是以 C 为扩展名的文件,如为汇编文件,需要将文件类型改为.asm。

(4) 如需新建文件,单击新建文件快捷按钮,或通过菜单 File→New 完成操作。在文件编辑窗口输入程序,完成后保存退出。注意,文件名必须有扩展名,如 C 程序扩展名为.c,汇编程序扩展名为.asm 或.am51。

源程序可在任何文本编辑器中编写,但要注意全角与半角字符。另外,Keil Cx51 文本编辑器对汉字支持不好。

2. 工程的详细设置

工程建立好以后,还需要进一步设置,以满足要求。首先单击左边 Project 窗口的 Target 1,然后单击菜单 Project→Option for Target 'Target 1',弹出设置工程的对话框。这个对话框非常复杂,共有 8 个页面,绝大部分设置项取默认值即可。一些常用的设置项目如下所述。

(1) Xtal(MHz):晶振频率值,默认值是所选目标 CPU 的最高可用频率值,可根据需要进行设置。该数值与最终产生的目标代码无关,仅用于软件模拟调试时显示程序执行时间。正确设置该数值,可使显示时间与实际所用时间一致。一般将其设置成与硬件所用晶振频率相同。

(2) Memory Model:选择编译模式(存储器模式)。

① Small:所有变量都在单片机的内部 RAM 中,只用低于 2KB 的程序空间。

② Compact:可以使用一页外部扩展 RAM,单个函数的代码量不能超过 2KB,整个程序可以使用 64KB 程序空间。

③ Large:可以使用全部外部的 64KB 扩展 RAM。

④ Code Model:用于设置 ROM 空间。

⑤ Use On-Chip ROM:是否仅使用片内 ROM 选择项。选中该项,不会影响最终生成的目标代码量。

⑥ Operating:操作系统选择项。Keil 提供了两种操作系统:Rtx tiny 和 Rtx full。通常不使用任何操作系统,使用该项的默认值:None(不使用任何操作系统)。

⑦ Off Chip Code Memory:用于确定系统扩展 ROM 的地址范围。

⑧ Off Chip xData Memory:用于确定系统扩展 RAM 的地址范围。

这些选择项必须根据所用硬件来决定。如果是最小应用系统,不进行任何扩展,均不重新选择,按默认值设置。

(3) 设置对话框中的 OutPut 页面。

① Select Folder for Objects:选择最终的目标文件所在的文件夹。默认与工程文件在同一个文件夹中,一般不需要更改。

② Name of Executable:用于指定最终生成的目标文件的名字。默认与工程的名字相同,一般不需要更改。

③ Debug Information:产生调试信息。如果需要对程序进行调试,选中该项。

④ Browse Information:产生浏览信息。该信息通过菜单 View→Browse 查看,一般取默认值。

⑤ Creat Hex File:用于生成可执行代码文件。可以用编程器写入单片机芯片的

HEX 格式文件,文件的扩展为.hex。

⑥ Listing 标签页:用于调节在汇编或编译完成后将产生(＊.lst)的列表文件。连接完成后,将产生 ＊.m51 的列表文件。该页用于对列表文件的内容和形式进行细致的调节,其中比较常用的选项是 Compile Listing 下的 Assemble Code 项。选中该项,可以在列表文件中生成 C 语言源程序对应的汇编代码。

⑦ C51 标签页:用于对 Keil 的 C51 编译器的编译过程进行控制,其中比较常用的是 Code Optimization 组。该组中的 Level 是优化等级。C51 在编译源程序时,可以对代码多至 9 级优化,默认使用第 8 级,一般不必修改。如果在编译中出现一些问题,可以降低优化级别试一试。Emphasis(强调、重点)用于选择编译优先方式,第一项是代码量优化(最终生成的代码量小);第二项是速度优先(最终生成的代码速度快);第三项是默认。默认的是速度优先,可根据需要更改。

3. 编译、连接

在设置好工程后,即可进行编译、连接。选择菜单 Project→Build target,对当前工程进行连接。如果当前文件已修改,软件先编译该文件,然后连接,产生目标代码;如果选择 Rebuild All Target Files,将对当前工程中的所有文件重新编译,然后再连接,确保最终产生的目标代码是最新的。Translate...项仅对该文件进行编译,不连接。编译连接快捷工具条如图 3-10 所示。

图 3-10　编译连接快捷工具条

自左至右分别是编译、编译连接、全部重建、停止编译和对工程进行设置。

(1) 编译:用于编译单个文件。

(2) 编译连接:编译并连接当前文件。

(3) 全部重建:编译并连接当前工程的所有文件。

(4) 停止编译:只有单击了前三个按钮中的任意一个,停止按钮才会生效。

(5) 对工程进行设置:工程设置的快捷按钮。

3.5.2　Keil 程序调试

1. 常用调试命令

进入调试状态,Keil 内建了一个仿真 CPU 来模拟执行程序。该仿真 CPU 功能强大,可以在没有硬件和仿真机的情况下调试程序。模拟调试与真实的硬件执行程序有较大区别,其中最明显的就是时序。软件模拟不可能和真实的硬件具有相同的时序,具体的表现就是程序执行的速度和各人使用的计算机有关,计算机性能越好,运行速度越快。

进入调试状态后,界面与编辑状态相比有明显的变化。Debug 菜单项中原来不能用的命令现在已可以使用。工具栏中多出一个用于运行和调试的工具条,Debug 菜单上的大部分命令可以在此找到对应的快捷按钮。工具条如图 3-11 所示。

从左到右依次是复位、运行、暂停、单步、过程单步、执行完当前子程序、运行到当前

图 3-11 运行和调试工具条

行、下一状态、打开跟踪、观察跟踪、反汇编窗口、观察窗口、代码作用范围分析、1♯串行窗口、内存窗口、性能分析、工具按钮命令。

下面介绍几个重要的概念。

（1）全速执行：指一行程序执行完以后，紧接着执行下一行程序，中间不停止。主要是看程序执行的最终结果。如果程序有错，则难以确认错误出现在哪些程序行。

（2）单步执行：每次执行一行程序，执行完该行程序以后即停止，等待命令执行下一行程序。此时可以观察该行程序执行完以后得到的结果是否与预期结果相同，借此找到程序中问题所在。

（3）过程单步：将汇编语言中的子程序或高级语言中的函数作为一条语句来全速执行。调试光标不进入子程序的内部，而是执行完该子程序后直接指向下一行。

（4）运行到当前行：全速执行当前地址行与当前光标行之间的程序。主要看一段程序的运行情况，可以加快程序的调试。

（5）执行完当前子程序：进入子程序后按此按钮，子程序中其余没有执行的指令将一次全部执行完毕，可加快程序的执行进度。

在程序调试中，这几种运行方式都要用到。灵活应用这些方法，可以大大提高查错的效率。

2．断点设置

程序调试时，一些程序行必须满足一定的条件才能被执行到（如程序中某变量达到一定的值、按键被按下、串口接收到数据、有中断产生等）。这些条件往往是异步发生或难以预先设定的，这类问题使用单步执行的方法很难调试，需要使用程序调试中的另一种非常重要的方法——断点设置。

断点设置的方法有多种，常用的是在某一程序行设置断点，然后全速运行程序。一旦执行到该程序行即停止，在此观察有关变量值，确定问题所在。

程序行设置/移除断点的方法是将光标定位于需要设置断点的程序行，然后使用菜单Debug→Insert/Remove Breakpoint 设置或移除断点（也可以在该行双击，实现同样的功能）；Debug→Enable/Disable Breakpoint 开启或暂停光标所在行的断点；Debug→Disable All Breakpoint 暂停所有断点；Debug→Kill All Breakpoint 清除所有的断点。

3.5.3 Keil 程序调试窗口

Keil 软件在调试程序时提供了多个窗口，主要包括输出窗口（Output Windows）、观察窗口（Watch & Call Statck Windows）、存储器窗口（Memory Window）、反汇编窗口（Dissambly Window）、串行窗口（Serial Window）等。进入调试模式后，可以通过 View 菜单下的相应命令打开或关闭这些窗口。各窗口的大小用鼠标调整。进入调试程序后，输出窗口自动切换到 Command 页。该页用于输入调试命令和输出调试信息。

1. 存储器窗口

存储器窗口中显示系统中各内存的值,通过在 Address 后的编辑框内输入"字母:数字"显示相应的内存值。其中,字母可以是 C、D、I、X,分别代表代码存储空间、直接寻址的片内存储空间、间接寻址的片内存储空间、扩展的外部 RAM 空间;数字代表想要查看的地址。例如,输入"D:30H",可观察到地址 30H 开始的片内 RAM 单元值;输入"C:0",显示从 0 开始的 ROM 单元中的值,即查看程序的二进制代码。该窗口的显示值可以以各种形式显示,如十进制、十六进制、字符型等。改变显示方式的方法是右击,在弹出的快捷菜单中选择。该菜单用分隔条分成 3 个部分,第一部分与第二部分的 3 个选项为同一级别。选中第一部分的任一选项,内容将以整数形式显示。选中第二部分的 ASCII 项,将以字符形式显示;选中 Float 项,将相邻 4 字节组成浮点数形式显示;选中 Double 项,将相邻 8 字节组成双精度形式显示。第一部分又有多个选择项,其中 Decimal 项是一个开关。选中该项,窗口中的值将以十进制的形式显示,否则按默认的十六进制方式显示。Unsigned 和 Signed 后分别有 3 个选项:Char、Int 和 Long,分别代表以单字节方式显示、将相邻双字节组成整型方式显示、将相邻 4 个字节组成长整型方式显示,而 Unsigned 和 Signed 分别代表无符号形式和有符号形式。究竟从哪一个单元开始的相邻单元与设置有关? 以整型为例,如果输入的是 I:0,那么 00H 和 01H 单元的内容组成一个整型数;如果输入的是 I:1,01H 和 02H 单元的内容组成一个整型数,以此类推。第三部分的 Modify Memory at X:xx 用于更改鼠标处的内存单元值。选中该项,将弹出一个对话框,可以在对话框内输入要修改的内容。

2. 工程窗口寄存器页

工程窗口寄存器页包括当前的工作寄存器组和系统寄存器。系统寄存器组有一些是实际存在的寄存器,如 A、B、DPTR、SP、PSW 等;有一些是实际中并不存在的,或虽然存在却不能对其操作的,如 PC、Status 等。每当程序中执行到对某寄存器的操作时,该寄存器会以反色(蓝底白字)显示,单击后按 F2 键,可修改该值。

3. 观察窗口

观察窗口是很重要的一个窗口。在工程窗口中,仅可以观察到工作寄存器和有限的寄存器,如 A、B、DPTR 等;如果需要观察其他寄存器的值,或者在高级语言编程时需要直接观察变量,就要借助于观察窗口。一般情况下,人们仅在单步执行或断点执行时才对变量的值的变化感兴趣。全速运行时,变量的值是不变的,只有在程序停下来之后,才会将这些值最新的变化反映出来。但是在一些特殊场合下,可能需要在全速运行时观察变量的变化,此时单击 View→Periodic Window Updata(周期更新窗口),确认该项处于选中状态,即可在全速运行时动态地观察有关值的变化。选中该项,将会使程序模拟执行的速度减慢。

3.5.4　Proteus 和 Keil 的联调

软硬件联合仿真系统由一个硬件执行环境和一个软件执行环境组成,Keil 与 Proteus 的整合调试可以实现系统总调。在该系统中,Keil 作为软件调试界面,Proteus 作为硬件仿真和调试界面。下面说明如何在 Keil 中用 Proteus 进行 MCU 外围器件的仿真。

1. Proteus 和 Keil 的联调设置

（1）若 Keil C51 与 Proteus 均已正确安装，把 Proteus 7 Professional\MODELS\VDM51.dll 复制到 keil\C51\BIN 目录中。若没有 VDM51.dll 文件，则下载一个。

（2）用记事本打开 keil\TOOLS.INI 文件，在[C51]栏目下加入以下内容：

TDRV5＝BIN\VDM51.DLL ("Proteus VSM Monitor-51 Driver")

其中，TDRV5 中的"5"要根据实际情况写，不要和原来的重复。引号内的内容随意。步骤(1)和(2)只需在初次使用时设置。

2. Keil 工程项目的联调设置

在 Keil 需要联调的项目工程中，单击 Project→Options for Target，或者单击工具栏的 Option for Target 按钮，弹出窗口。在 Debug 选项右栏上部的下拉菜单选中 Proteus VSM Monitor-51 Driver，然后点选 Use。

进入 Setting。如果是同一台机联调，则 IP 名为 127.0.0.1；若不是同一台机联调，则填另一台的 IP 地址，端口号为 8000。注意，可以在一台机器上运行 Keil，在另一台上运行 Proteus，进行远程仿真。

3. Proteus 的联调设置

进入 Proteus 的 ISIS，然后单击菜单 Debug，勾选 use romote debuger monitor（使用远程调试监控），便可实现 Keil 与 Proteus 联合调试。

4. Proteus 和 Keil 的联合调试

在 Keil 中建立软件工程并完成编译；在 Proteus 中做好仿真界面。然后，即可在 Keil 中进行调试，同时在 Proteus 中查看结果。

习题 3

3.1 什么是计算机的指令和指令系统？

3.2 什么是机器语言、汇编语言和高级语言？

3.3 指令与伪指令有何区别？

3.4 什么叫寻址方式？寻址方式的多少有何意义？

3.5 什么是程序？简述程序在计算机中的执行过程。

3.6 要访问特殊功能寄存器和片外数据存储器，应采用哪些寻址方式？

3.7 如何访问片内 RAM 单元和片外 RAM 单元？可使用哪些寻址方式？

3.8 如何访问片内、外程序存储器？可使用哪些寻址方式？

3.9 在进行压缩 BCD 码的加法运算时，为什么要进行十进制调整？如何实现？

3.10 写出延时子程序每一条指令执行的结果，并计算其延时时间，延时时间用多少机器周期 T 表示。

```
DELAY: MOV R7，#200；1T
LOOP1: MOV R6，#250；1T
```

```
LOOP2: NOP;              1T
       DJNZ R6, LOOP2；   2T
       DJNZ R7, LOOP1；   2T
       RET ；            2T
```

3.11　在 AT89S51 片内 RAM 中,已知(30H)＝51H,(51H)＝69H,(69H)＝4EH。分析下面程序中各条指令的执行结果。

```
MOV   A, 30H
MOV   R1, A
MOV   40H, @R1
MOV   30H, 40H
```

3.12　阅读下列程序,设(A)＝88H,(R0)＝28H,(28H)＝78H,写出执行完下列程序每一条指令后累加器 A 的值。

```
ORL   A, ♯27H
MOV   B, A
SWAP  A
ANL   A, 28H
XCH   A, @R0
CPL   A
INC   A
ADD   A, @R0
DA    A
XRL   A, @R0
```

3.13　使用位操作指令实现下列逻辑操作,要求不得改变未涉及位的内容。

(1) 使 ACC.0 置"1"。

(2) 累加器的高 4 位清零。

3.14　用 2 种方法编程,将累加器 A 与 R0 中的内容互换。

3.15　完成以下数据的传送过程。

(1) 片外 RAM 20H 单元的内容送 R0。

(2) 片外 RAM 20H 单元的内容送片内 RAM 20H 单元。

(3) 片外 RAM 2000H 单元的内容送片内 RAM 20H 单元。

(4) 片外 RAM 2000H 单元的内容送片外 RAM 20H 单元。

(5) 片外 RAM 20H 单元的内容与 R0 内容互换。

3.16　编程将片外 RAM 从 2000H 开始存放的 50 个数传送到片内 30H 开始的单元中。

3.17　编程查找内部 RAM 的 20H～50H 单元中是否有字符"♯"。若有,将 A 置"1",否则清"0"。

3.18　编程计算内部 RAM 区 20H～27H 的 8 个单字节无符号数的算术平均值。

3.19　两个高位在前的 4 位 BCD 码数据,一个存放在 31H 和 30H 中,另一个存放在 33H 和 32H 中。求两数之和,并存回到 31H 和 30H 中。

3.20　试判断 A 中所存数据的正、负。若为非负数,A 中数据存入 20H 单元;若为负数,则存入 21H 单元。

3.21 设有 100 个有符号数,存放在片外 2200H 开始的 RAM 中。试编程统计其中负数、正数和 0 的个数。

3.22 从键盘输入长度不超过 100 字节的字符串,存放在外部 RAM 以 20H 为首地址的连续单元中,以回车符'CR'作为结束标志。要求统计此字符串的长度并存入内部 RAM 的 10H 单元中。

3.23 有一组长度为 20 的单字节无符号数,存放在内部 RAM 以 20H 为首地址的连续单元中。要求将它们从小到大排序,排序后仍存放在原区域中。

3.24 某个小于 10 的数存放在内部 30H 中,查表求其平方值,并存回 30H 单元。

3.25 有 8 个发光二极管,从左往右每次点亮一个,并闪烁 10 次;再转到下一个,闪烁 10 次;循环不止,闪烁间隔为 50ms。编程实现上述功能。

3.26 80C51 单片机使用 C51 语言编程有什么优点? C51 语言程序有哪些基本结构?

3.27 求 1～50 之间的质数之和。

第 4 章

80C51 单片机中断系统

中断现象是实时控制系统中无法避免的一种工作状态,也是单片机的一个重要功能。有了中断系统,能够提高单片机的工作效率和灵活性。本章将以 80C51 系列单片机为例,介绍单片机中断系统的基本知识、中断处理及其应用。

4.1 80C51 单片机中断系统基本知识

要掌握单片机中断系统的知识,就要了解中断系统的结构、功能、控制方法和相关的控制寄存器。

4.1.1 中断系统的概念及结构

1. 中断概念

正在处理一件事情时被其他的突发事件意外打断,这种现象称为中断,这一突发事件就是中断源。在日常生活和大量的工作过程中经常会遇到中断的情况,例如正在进行的交谈被来人打断、正在生产的机器突然停电等。本书讨论的中断是指单片机在执行程序的过程中,某些中断源,如定时时间到、系统故障、单片机与外设之间有数据交换要求等情况出现时,暂时中断执行当前的程序,转而去执行其他的应急处理程序;应急处理完成后,再回到原来中断的地方继续执行任务。

中断源向 CPU 提出处理的请求称为中断请求;发生中断时被暂时中断执行的暂停点称为断点;CPU 暂停现行程序而响应中断请求的行为称为中断响应;处理中断源的程序称为中断处理程序;CPU 执行有关的中断处理过程称为中断处理;返回断点的过程称为中断返回。

解决中断问题的硬件装置和处理程序称为中断系统。中断发生时,单片机通过硬件来改变程序流向,再通过执行中断服务子程序来处理急需解决的问题。所以,必须是硬件与软件相结合,才能实现中断功能。

2. 中断的功能

1) 实现中断响应和中断返回

当 CPU 收到中断请求后,能根据具体情况决定是否响应中断。如果 CPU 没有更急、更重要的工作，则在执行完当前指令后响应这一中断请求。

CPU 中断响应过程如下：首先，将断点处的 PC 值（即下一条应执行指令的地址）压入堆栈，称为保护断点，由硬件自动执行；然后，将有关的寄存器内容和标志位状态压入堆栈，称为保护现场，由用户编程完成；保护断点和现场后再执行中断服务程序；执行完毕，CPU 由中断服务程序返回主程序。

中断返回过程如下：首先，恢复原保留寄存器的内容和标志位的状态，称为恢复现场，由用户编程完成；然后，执行中断返回指令 RETI，把压入堆栈的断点地址送 PC，使 CPU 返回主程序，称为恢复断点；恢复现场和断点后，CPU 将继续执行主程序，中断响应过程结束。

2）实现优先权排队

通常，系统中可能有多个中断源，当多个中断源同时发出中断请求时，要求计算机能确定哪个中断更紧迫，以便首先响应。为此，计算机给每个中断源规定了优先级别。当不止一个中断源同时发出中断请求时，优先权高的中断被优先响应。只有优先权高的中断处理结束后，才能响应优先权低的中断。计算机按中断源优先权高低逐次响应的过程称为优先权排队，可通过硬件电路实现，亦可通过软件查询实现。

3）实现中断嵌套

当 CPU 正在响应某一中断时，若有优先权更高的中断源发出中断请求，CPU 能中断正在执行的中断服务程序，并保留这个程序的断点，转而响应高优先级的中断请求；待高优先级中断处理结束以后，再继续执行被中断的中断服务程序。这种结构称为中断嵌套，类似于子程序嵌套。

一级中断响应过程和二级中断嵌套响应过程如图 4-1 所示。

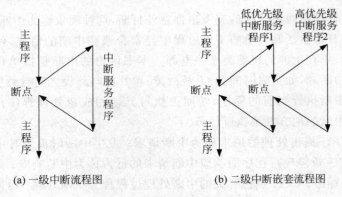

(a) 一级中断流程图   (b) 二级中断嵌套流程图

图 4-1　中断响应流程图

如果新发出中断请求的中断源的优先权级别与正在处理的中断源同级或更低，CPU 不会响应新的中断请求，直至当前处理的中断服务子程序执行完以后，才可能去处理新的中断请求。

3．中断系统结构

80C51 单片机的中断系统由中断请求标志、中断允许控制寄存器、中断优先级控制寄存器及顺序查询逻辑电路等组成。AT89S51 单片机中断系统如图 4-2 所示,包括 5 个中断源,分别由外部中断输入端 $\overline{INT0}$ 和 $\overline{INT1}$、定时/计数控制寄存器 TCON 和串行口控制寄存器 SCON 提供;1 个中断允许控制寄存器 IE,其中的低 5 位分别控制 5 个中断源的开放或屏蔽,最高位是总允许控制位;1 个优先级控制寄存器 IP,用于设定 5 个中断源的优先级别;1 个供硬件查询的自然优先级逻辑电路。

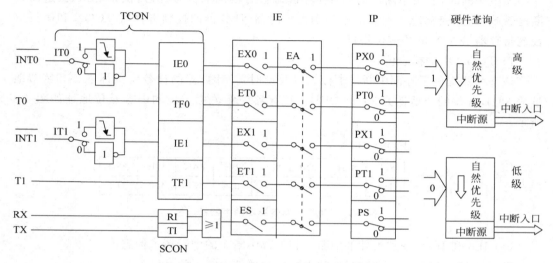

图 4-2　AT89S51 单片机中断系统结构图

下面分别介绍中断系统中各部件的功能和控制寄存器的操作方法。

4.1.2　中断系统的控制

单片机中断系统的控制,实际上就是研究中断系统的控制对象和方法,即对中断请求的处理和相关寄存器的操作。

1. 中断源及入口地址

AT89S51 系列单片机有 5 个中断源,分为 3 类,系统还给每个中断源规定了一个中断服务子程序入口地址。当某中断源的中断请求被响应时,由硬件将中断源的入口地址装入 PC,中断服务子程序就从该地址开始。这个地址被称为中断入口地址,也称中断矢量。

1) 外部中断源 2 个

外部中断源是由于外部原因,如键盘、打印机、A/D 转换等外设发出请求处理,而引起的中断请求。这类中断请求信号分别由 $\overline{INT0}$(P3.2)、$\overline{INT1}$(P3.3)提供,低电平有效,或者脉冲下降沿有效,可由 TCON 中的 IT0 和 IT1 位设定,入口地址分别为 0003H 和 0013H。

2) 定时器/计数器溢出中断 2 个

当定时器/计数器 T0 或 T1 的计数溢出后,分别由控制寄存器 TCON 中的溢出标志位 TF0 或 TF1 置位“1”,发出内部中断请求。T0、T1 的入口地址分别为 000BH、001BH。

3)串行中断 1 个

串行接收或发送完 1 帧数据时,串行口控制寄存器 SCON 由 RI 或 TI 产生一个内部中断请求。入口地址为 0023H。

2.中断请求标志

发生中断时,发出中断申请的各个中断源会有不同的信号标志,供系统识别,进而判断是否响应,如何响应。标志信号分别由定时器/计数器的控制寄存器 TCON 和串行口控制寄存器 SCON 的相应位提供。

1)TCON 中的标志位

该寄存器提供了外部中断请求标志以及定时器/计数器的计数溢出标志。其字节地址为 88H,各位的位地址为 88H~8FH。寄存器中相关标志位的内容及位地址如图 4-3 所示。

TCON:88H

位地址	8FH	8EH	8DH	8CH	8BH	8AH	89H	88H
中断标志	TF1		TF0		IE1	IT1	IE0	IT0

图 4-3 TCON 控制寄存器的中断标志位

(1)IE0 和 IE1:分别为外部中断 0 和外部中断 1 的中断请求标志位。

系统由 IT0 和 IT1 分别控制外部中断 0 和外部中断 1 的触发方式。

当设置 IT0=0 时,外部中断 0 为电平触发方式,且低电平有效。CPU 在每个机器周期的 S5P2 期间对 $\overline{INT0}$ 引脚电平采样。若为低电平,则使 IE0=1,表示外中断 0 发出了中断请求;若采样到高电平,则使 IE0=0,表示无中断申请,或中断申请已经撤除。注意,在外中断设置为电平触发方式时,CPU 响应中断后不能自动清除 IE0 的申请标志,也不能由软件清除。所以,在外中断返回前,必须由硬件撤销 $\overline{INT0}$ 引脚上的低电平信号,否则将导致重复中断。

当设置 IT0=1 时,外部中断 0 为下降沿触发方式。CPU 在每个机器周期的 S5P2 期间对 $\overline{INT0}$ 引脚电平采样,若连续两个机器周期中采集到电平由高到低变化,则使 IE0=1,表示外中断 0 发出了中断请求。系统响应中断后,由硬件自动清除 IE0 标志,恢复为"0"。因此,在下降沿触发方式中,为保证 CPU 检测到外部中断请求信号的负跳变,$\overline{INT0}$ 的高、低电平持续时间至少要各保持 1 个机器周期。

IT1、IE1 的功能分别与 IT0、IE0 类似。

(2)TF0 和 TF1:分别为定时器/计数器 T0 和 T1 的计数溢出标志位。

当计数器产生计数溢出时,相应的溢出标志位由硬件置"1"。当转向中断服务时,再由硬件自动清"0"。计数溢出标志位清"0"有两种方法:采用中断方式时,CPU 响应中断后由硬件实现;采用查询方式时,由软件设置清"0"。

2)SCON 中的标志位

该寄存器提供了串行口中断请求标志。其字节地址为 98H,各位的位地址为 98H~9FH。作为中断标志寄存器时,只使用了其中的低 2 位,即 RI 位和 TI 位,其余位用于串行通信的其他控制,将在后续章节中介绍。SCON 寄存器中相关标志位的内容及位地址如图 4-4 所示。

SCON:98H

位地址	9FH	9EH	9DH	9CH	9BH	9AH	99H	98H
中断标志							TI	RI

图 4-4 SCON 控制寄存器的中断标志位

(1) TI:串行口发送中断请求标志位。

当串行口处于发送状态时,每发送完 1 帧串行数据后,由硬件置 TI=1。在转向中断服务程序后,TI 由软件清"0"。

(2) RI:串行口接收中断请求标志位。

当串行口处于接收状态时,每接收完 1 帧串行数据后,由硬件置 RI=1。在转向中断服务程序后,RI 由软件清"0"。

串行中断请求由 TI 和 RI 的逻辑或得到。也就是说,无论是发送标志还是接收标志,都会产生串行中断请求。串行口的中断请求标志不能由串行口自动清除,只能用指令清除标志。

3. 中断控制

单片机的中断系统通过对特殊功能寄存器 TCON、SCON、IE、IP 的操作来实现中断控制。其中,TCON 和 SCON 寄存器中的中断标志位都是由硬件置"1"的,上面已经介绍;而 IE 和 IP 寄存器的控制无论是置"1",还是清"0",都是由软件设定的。下面分别介绍它们的操作方法。

1) 中断允许控制寄存器 IE

在单片机的中断系统中,所有的中断源都可以由软件设置为开放或屏蔽,并通过中断允许控制寄存器 IE 实现。当总允许位设置为"1"时,相关位也设置为"1",表示该位被允许申请中断;设置为"0",表示该位被屏蔽。如果总允许位设置为"0",则所有中断源无论是"1"还是"0",都被屏蔽。IE 寄存器可位寻址,字节地址为 A8H,其格式及各位的定义如图 4-5 所示。

IE:A8H

位地址	AFH	AEH	ADH	ACH	ABH	AAH	A9H	A8H
中断允许位	EA			ES	ET1	EX1	ET0	EX0

图 4-5 IE 寄存器格式

(1) EA:CPU 中断允许总开关。EA=1,开放所有的中断;EA=0,所有中断都被禁止。

(2) EX0:外部中断 0 允许位。EX0=1,允许中断;EX0=0,禁止中断。

(3) ET0:定时器/计数器 T0 中断允许位。ET0=1,允许中断;ET0=0,禁止中断。

(4) EX1:外部中断 1 允许位。EX1=1,允许中断;EX1=0,禁止中断。

（5）ET1：定时器/计数器 T1 中断允许位。ET1=1,允许中断；ET1=0,禁止中断。

（6）ES：串行口中断允许位。ES=1,允许中断；ES=0,禁止中断。

当复位 CPU 时,IE 将被全部清"0"。

【例 4-1】 要求设置外中断 0 和定时器 1 允许中断,其他中断源屏蔽。

用位指令操作如下:

```
SETB  EA
SETB  EX0
SETB  ET1
```

或用字节操作:

```
MOV   IE, #89H
```

2）中断源优先级控制寄存器 IP

当有 2 个或以上的中断源同时发出中断申请时,CPU 将面临选择：是否响应？先响应哪个中断源的申请？根据中断允许寄存器的设置状态,可以确定是否响应的问题；如果申请都是被允许的,又有先响应和后响应的区别,即有优先级和嵌套的问题,那么,中断的优先级和嵌套如何实现呢？这个问题可由中断源优先级控制寄存器来解决。

80C51 系列单片机的中断系统有两个优先级,并可实现两级嵌套。每个中断源的中断优先级都由优先级控制寄存器 IP 中的相应位设定。设为"1"的位为高优先级、设为"0"的为低优先级。高优先级的中断请求可以打断正在执行的低优先级中断服务子程序,待执行完高优先级的中断服务程序后,再返回被中断的低优先级中断程序继续执行。这就是中断嵌套。

优先级控制寄存器 IP 也是一个可位寻址的 8 位寄存器,字节地址为 B8H,其格式及各位的定义如图 4-6 所示。

IP：B8H

位地址	BFH	BEH	BDH	BCH	BBH	BAH	B9H	B8H
中断源优先控制位				PS	PT1	PX1	PT0	PX0

图 4-6 IP 寄存器格式

（1）PX0：外部中断 0 的优先级控制位。PX0=1,高优先级；PX0=0,低优先级。

（2）PT0：定时器/计数器 T0 的中断优先级控制位。PT0=1,高优先级；PT0=0,低优先级。

（3）PX1：外部中断 1 的优先级控制位。PX1=1,高优先级；PX1=0,低优先级。

（4）PT1：定时器/计数器 T1 的中断优先级控制位。PT1=1,高优先级；PT1=0,低优先级。

（5）PS：串行口的中断优先级控制位。PS=1,高优先级；PS=0,低优先级。

在系统复位时,IP 的各位均为"0"；如果不对 IP 进行设置,或者每位都设置为"1",则 5 个中断源将按照自然优先级排序。中断源自然优先级由高到低的排列顺序为：外中断 0→定时器 0→外中断 1→定时器 1→串行口中断。

AT89S51系列单片机各中断源入口地址及其自然优先级排序如表4-1所示。

表 4-1 AT89S51 系列单片机中断源及优先级

中 断 源	中断服务程序入口地址	中断标志	自然优先级别
外中断 0	0003H	IE0	1(最高)
定时器/计数器 0	000BH	TF0	2
外中断 1	0013H	IE1	3
定时器/计数器 1	001BH	TF1	4
串行口	0023H	TI 或 RI	5(最低)

【例 4-2】 设系统对所有中断都是开放的,要求外中断 1 和串行口的中断为高优先级。当 5 个中断源同时提出中断请求时,将按何种顺序响应中断?

分析:按题意,外中断 1 和串行口的中断为高优先级,则 IP 中的 PX1＝1,PS＝1,其余几位为 0,可用指令"MOV IP,♯14H"实现。此时,5 个中断源的优先级排序由指令设定和硬件查询逻辑电路共同决定,从高到低的顺序为:外中断 1→串行口中断→外中断 0→定时器 0→定时器 1。

4.2 中断的处理过程

中断的处理过程包括中断响应、中断服务和中断返回 3 个阶段。

4.2.1 中断响应

要使单片机能够响应中断,是有条件的,包括基本条件和补充条件。

1. 中断响应条件

基本条件有以下几个。

(1)有中断源发出中断请求,且请求信号要保持到 CPU 响应该中断后才能清除。所以,要求每一个中断源要有一个中断请求触发器来保持中断请求。

(2)该中断源的允许位为"1"。

(3) CPU 的中断允许总开关为"1"(即 EA＝1)。

只有当上述条件满足时,CPU 才能检测到中断标志,有可能响应中断。但是若出现以下任一情况,中断系统将无法产生一条硬件指令 LCALL,程序不能转向中断向量的特定地址单元,从而使中断响应受阻:

(1)有同级或高级中断正在服务中。单片机中断的响应是严格遵守优先级排序的。

(2)当前指令周期未结束。单片机有单周期、双周期和四周期指令,CPU 在每个机器周期都有可能查询到中断申请的有效标志。如果当前执行的指令是双字节或 3 字节的,而期间 CPU 查询到有效申请标志,也要等该条指令的所有字节都执行完了,才能响应中断。

(3)执行 RETI 或读写 IE 或 IP 之后,不会马上响应中断请求,而要至少执行一条紧邻其后的指令之后才会响应。因为如果读写 IE 或 IP 后马上响应中断请求,可能引起开、关中断或改变中断的优先级;而刚执行 RETI 后,说明本次中断还没有处理完,所以要等本指令处理结束,再执行一条指令,才可以响应中断。

如果引起阻碍响应的情况消除后,中断标志仍然有效,CPU 会继续响应该中断;如果中断标志已经无效,则此次中断不再响应,CPU 将在下个机器周期的 S5P2 期间重新查询中断系统各个中断源的标志位。

所以,只有同时满足以上条件,CPU 才会响应中断。

2. 中断响应过程

当满足中断响应的条件后,CPU 开始响应过程,如下所述。

(1) 将被响应的中断源的中断优先级状态触发器置"1",阻断同级或低级的中断请求。

(2) 执行一条硬件 LCALL 调用指令。先把当前指令的 PC 值,即下一条将要执行的指令的地址送入堆栈保存;再将相应的中断服务程序的入口地址送入 PC,使程序进入相应的中断服务程序。

以上过程是由中断系统硬件自动完成的,与软件无关。下一步,进入中断服务程序。中断响应流程如图 4-7 所示。

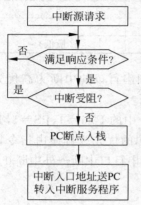

图 4-7　中断响应流程图

4.2.2　中断服务和中断返回

中断服务流程的一般形式如图 4-8 所示。

单片机从中断程序的第一条指令开始,到中断返回指令为止的过程,称为中断处理或中断服务。中断服务的具体内容由中断源的任务决定,主要包括:保护现场、执行中断子程序、恢复现场以及中断返回。其步骤如下。

(1) 保护现场:如果被中断的程序中使用的某些寄存器,如 Rn、ACC、PSW 以及其他工作单元在中断服务程序中也要用到,为了使调用和被调用程序中的参数互不干扰,要在执行中断服务程序的开头把被中断程序中有关寄存器和标志位的状态压入堆栈保护起来,称为保护现场。

(2) 执行中断子程序:根据中断源的具体要求编写的应用程序。

图 4-8　中断服务流程图

(3) 恢复现场:当中断处理完成后,返回前,先把压入堆栈的寄存器内容弹出到原来的地方,使 CPU 恢复到中断前的状态,保证程序正确运行。若之前有被屏蔽的中断,此时也要开放。

(4) 中断返回:执行完中断服务的指令后,执行一条中断返回指令 RETI。

RETI 指令的功能是:将相应的中断优先级状态触发器清"0",通知中断系统中断服务程序已执行完毕;将中断响应时压入堆栈保存的断点地址从栈顶弹出并送回 PC;CPU 从原来中断的地方继续执行程序。因此,不能用子程序返回指令 RET 取代 RETI。

4.3　中断系统的应用及 C51 编程实例

中断系统的应用常常以中断服务子程序结构体现在程序中。编程时,将各中断源的任务编制成相应的服务程序,待中断申请被响应后,从系统给定的中断入口地址进入,执行中断子程序。中断服务程序的结构与内容直接影响到系统对中断的处理过程和结果。下面介绍中断服务子程序及其主程序的一般编制方法和值得注意的地方。

4.3.1　中断程序编制的一般方法

1. 主程序的编制

程序必须有初始化部分,用于设置堆栈位置,定义触发方式,IE 和 IP 赋值以及需由主程序完成的其他功能。

中断源的入口地址为 0003H～002BH(002BH 是 52 系列单片机定时器/计数器 T2 的入口地址),每两个入口地址之间只有 8B 的空间,中断服务程序只要超过这个长度,就无法容纳。所以,主程序和中断子程序的起始地址都要以一条跳转指令定义到合适的地方。

主程序编制流程如图 4-9 所示,典型格式如下所示:

```
        ORG     0000H
STAR:   LJMP    MAIN            ;跳转到主程序起始地址
        ORG     0013H           ;外中断 1 的入口地址
        LJMP    XINT1           ;跳转到中断程序起始地址
        ORG     0030H           ;主程序
MAIN:   ...
        MOV     TCON, #00000100B  ;外中断 1 为边沿触发方式
        MOV     IE, #10000100B    ;总中断和外中断 1 开放
        MOV     IP, #00000100B    ;外中断 1 为高优先级
        ...
```

2. 中断服务程序的编制

在主程序中,用一条跳转指令转移中断服务程序的起始位置。该位置可以由系统按照中断程序所在的实际位置给出 PC 值,也可以用一条 ORG 指令定义从程序存储器的某一地址开始。中断服务程序与普通的子程序相同,是一种具有特定功能的独立程序段。独立是指其完整性,并能够完成指定的功能,但它只是程序的一部分,并且依赖于主程序而存在。在中断服务程序中主要完成以下功能。

(1) 保护现场。

(2) 开放或屏蔽更高级别的中断。

(3) 具体的中断服务内容。

(4) 恢复现场。

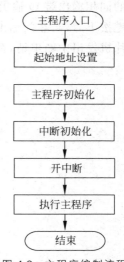

图 4-9　主程序编制流程

如果调用程序中的 A、CY、SFR 在中断程序中也要用到,就要通过堆栈保护起来,并在退出中断之前将其恢复。中断服务程序的一般格式如下所示:

```
ORG      0100H
PUSH    PSW      ;保护现场
PUSH    ACC
...               ;中断服务
POP     ACC      ;恢复现场
POP     PSW
RETI
```

中断服务程序中的某些环节,如开、关中断及某些寄存器的压栈保护等,可以根据具体要求取舍,并非所有的中断子程序都需要设置。

4.3.2　中断应用实例

在水温控制系统中,有多处用到中断的概念。例如,给系统设定水位的上(下)限值;水温超出上(下)限温度时发出报警信号;当检测到水位低于下限值时,要加水;定时采样的计数溢出;键盘和显示部分的操作等,都有必要在中断系统的支持下完成。

下面以手动设定水温的上、下限值为例,说明中断的应用。

【例 4-3】　要求采用中断方式修改水温的设定值。设水温的设定值存于 31H 中,按一次 K1 键,31H 中的水温值加 1;按一次 K2 键,31H 中的水温值减 1。

依据题意,中断系统应解决以下问题:

(1) 外中断源的扩展。2 个按键实际上是 2 个外中断,如何与外中断 0 连接?

(2) 外中断标志的撤除。外中断的标志不能由中断系统自动撤除,也不能用软件撤销,只能通过其他方法撤除输入外中断 0 的信号源。如何实现?

(3) 确定 2 个外中断的优先级。如果两键同时按下,先响应哪个中断?

硬件结构如图 4-10 所示,图中 K1 和 K2 经与非门输出作为中断申请信号,经 D 触发器的同相输出端 Q 输出到外中断 0,而不是直接送单片机;触发器的输入端 D 接地,当有按键按下时,与非门输出高电平,触发器被触发,输出 Q=D=0,使外中断 0 为低电平,向单片机发出中断申请,符合条件则响应。

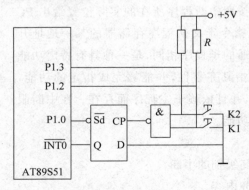

图 4-10　例 4-3 图

　　P1.0 接触发器的置"1"端,低电平有效。单片机响应中断后,软件使 P1.0 输出低电平,于是 Q 端置"1",撤销申请信号。

　　K1 和 K2 分别接 P1.2 和 P1.3。当两键同时按下时,用顺序查询方式确定优先级。K1 的优先级为高,则先查询 K1,并处理;K2 的优先级为低,则后查询。

　　程序清单如下所示:

```
         P1.3    EQU     K2        ;K2 为减 1 键,接 P1.3
         P1.2    EQU     K1        ;K1 为加 1 键,接 P1.2
         P1.0    EQU     SD        ;P1.0 接触发器的置"1"端
         TSD     EQU     31H       ;存水温设定值
         ORG     0000H
         LJMP    MAIN              ;跳转到主程序
         ORG     0003H             ;外中断 0 入口
         LJMP    XINT0             ;跳转到外中断 0
         ORG     0100H
MAIN:    SETB    IT0               ;设外中断 0 为边沿触发
         MOV     IE, #81H          ;CPU 开中断,允许外中断 0 中断
DDZD:    SJMP    $                 ;等待中断
XINT0:   PUSH    ACC
         PUSH    PSW               ;保护现场
         MOV     P1, #0FFH         ;读入按键状态
         JB      K1, TOM0          ;先查 K1 键是否按下。无,则查 K2 键
         INC     31H               ;K1 键按下,温度设定值加 1
         SJMP    TOM1              ;准备退出中断
TOM0:    JB      K2, TOM1          ;再查 K2 键是否按下。无,则退出中断
         DEC     31H               ;K2 键按下,温度设定值减 1
TOM1:    CLR     SD                ;撤销外中断申请信号
         NOP
         SETB    SD                ;准备接收下一次中断
         POP     PSW               ;恢复现场
         POP     ACC
         RETI                      ;中断返回
```

　　C51 程序清单如下所示:

```
# include <reg51.h>               //51 系列单片机头文件
# include <intrins.h>             //包含_nop_()函数头文件
# define uchar unsigned char      //宏定义
# define uint unsigned int        //宏定义
data uchar temp_data _at_ 0x31;   //在 data 区中定义字符变量的地址为 31H
sbit key_1 = P1^2;                //声明按键位 key_1 为温度"+"
sbit key_2 = P1^3;                //按键 key_2 为温度"-"
sbit int0_clear = P1^0;           //声明外中断 INT0 标志硬件撤除位
void main()                       //主函数
{
    IE = 0x81;                    //开中断,允许外中断 INT0
    IT0 = 1;                      //设置外中断 INT0 为边沿触发
    while(1);                     //等待中断
}
```

```
void int_0() interrupt 0 using 1        //中断服务程序
{
    P1 = 0xff;                          //允许 P1 口输入
    if(key_1 == 0)                      //检查按键1是否按下。按下,则温度值加1
        temp_data ++;
    else if(key_2 == 0)                 //非按键1,再查按键2是否按下。按下,则温度值减1
        temp_data --;
    int0_clear = 0;                     //撤销外中断 INT0 标志
    _nop_();                            //延时一个机器周期
    int0_clear = 1;                     //等待下一次中断
}
```

习题 4

4.1 什么是中断和中断系统？其主要优点是什么？

4.2 AT89S51 有哪些中断源？单片机可通过哪些寄存器对中断请求进行控制？

4.3 什么是中断优先级？中断优先处理的原则是什么？

4.4 说明 AT89S51 外部中断请求的查询和响应过程。

4.5   AT89S51 单片机外部中断源有几种触发中断请求的方法？如何实现中断请求？

4.6 AT89S51 在什么条件下可响应中断？

4.7 中断响应过程中,为什么通常要保护现场？如何保护？

4.8 在 AT89S51 内存中,应如何安排程序区？为什么一般都要在矢量地址开始的地方放一条跳转指令？

4.9   如允许 $\overline{INT0}$、T0、串行口中断,且使 T0 中断为高优先级,请设置相应的寄存器。

4.10   编写初始化程序,要求开放定时器 T0 中断和串行口中断,且串行口中断为高优先级。

4.11   外中断 0 接故障源信号。发生故障时,由 P1.0 输出报警信号。要求用中断实现。

## 第 5 章

定时器/计数器及串行通信应用

AT89S51 单片机内部有 2 个 16 位二进制定时器/计数器 T0 和 T1,有 1 个全双工串行通信接口 UART。定时器/计数器用于实现定时、延时、对外部事件计数、分频、外部中断扩展及事故记录等;串行通信接口用于数据的异步接收与发送,也可做同步移位寄存器使用。

5.1 定时器/计数器

5.1.1 定时器/计数器的定时和计数功能

1. 定时器/计数器的结构

AT89S51 定时器/计数器 T0、T1 的逻辑结构如图 5-1 所示。

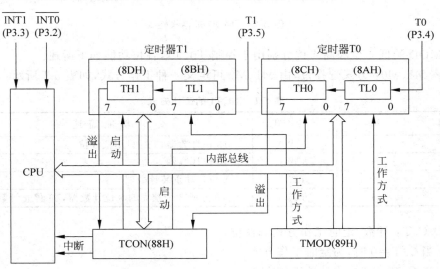

图 5-1 AT89S51 定时器/计数器逻辑结构图

2 个 16 位定时器/计数器分别由高 8 位和低 8 位 2 个特殊功能寄存器组成,它们的值可以被读取,也可以被修改。TMOD 是工作方式寄存器,用于确定定时器/计数器的工作方式和功能。TCON 是控制寄存器,控制 T0、T1 的启动、停止,存放定时/计数溢出标志。

2. 定时器/计数器的工作原理

定时器/计数器 T0、T1 都是二进制加 1 计数器,输入的计数脉冲有 2 个来源:工作在定时器方式时,计数信号为机器周期,即系统时钟振荡器经 12 分频后的脉冲;工作在计数器方式时,计数脉冲来自相应的外部输入引脚 T0 或 T1。定时器/计数器启动后,就从当前计数值开始,在每个计数脉冲的下降沿加 1,当计数到计数器为全“1”时,再输入一个脉冲就使计数器回零,且计数器的溢出使 TCON 中 TF0 或 TF1 置“1”,向 CPU 发出中断请求(定时器/计数器中断允许时)。如果定时器/计数器工作于定时模式,表示定时时间已到;如果工作于计数模式,表示计数值已满。

定时器/计数器是集成在单片机芯片中的独立可编程部件,当将其设定为某种工作方式并启动后,它会独立计数,不占用 CPU 的时间,直到产生溢出中断,CPU 响应中断才对其进行处理,可有效节省 CPU 运行时间。

5.1.2 定时器/计数器的控制

1. 工作方式寄存器 TMOD

TMOD 为 T0、T1 的方式控制字,寄存器地址为 89H,其格式如图 5-2 所示。TMOD 不能进行位寻址,设置工作方式时只能采取字节寻址方式。复位时,TMOD 所有位为 0。

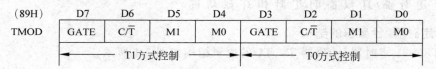

图 5-2 TMOD 寄存器格式

TMOD 的低 4 位和高 4 位分别用于控制 T0、T1,各位功能如下所述。

(1) M1、M0:方式选择位,由 M1、M0 可定义 4 种工作方式,如表 5-1 所示。

表 5-1 T0、T1 的工作方式

M1	M0	工作方式	功 能 简 述
0	0	方式 0	13 位计数器,TLi 只用低 5 位
0	1	方式 1	16 位计数器
1	0	方式 2	8 位自动重装计数器
1	1	方式 3	T0 分成 2 个独立的 8 位计数器,T1 停止计数

(2) C/$\overline{\text{T}}$:计数/定时工作方式选择位。

① 当 C/$\overline{\text{T}}$=0 时,为定时工作方式。

② 当 C/$\overline{\text{T}}$=1 时,为计数工作方式。

(3) GATE:门控位。

① 当 GATE=0 时,只要用软件将控制位 TR0(TR1)置“1”,就可以启动 T0(T1)。

② 当 GATE=1 时,除需要将控制位 TR0(TR1)置“1”外,还需要使引脚 $\overline{\text{INT0}}$($\overline{\text{INT1}}$)为高电平,才能启动响应的定时器工作。

2. 控制寄存器 TCON

TCON 用于控制定时器/计数器的启动、停止，反映定时器/计数器的溢出和中断情况，寄存器地址为 88H，其格式如图 5-3 所示。

(88H)	8FH	8EH	8DH	8CH	8BH	8AH	89H	88H
TCON	TF1	TR1	TF0	TR0	IE1	IT1	IE0	IT0

图 5-3　TCON 寄存器格式

TCON 的低 4 位与外部中断有关，在第 4 章已介绍。其他各位的功能如下所述。

(1) TF1：定时器/计数器 T1 中断溢出标志位。当 T1 溢出时，由硬件自动置"1"，并向 CPU 申请中断；CPU 响应中断后，由硬件自动清"0"。TF1 也可以由软件清"0"。

(2) TR1：定时器/计数器 T1 运行控制位。可由软件置"1"或清"0"来启动或停止 T1。

(3) TF0：定时器/计数器 T0 中断溢出标志位。功能与 TF1 相同。

(4) TR0：定时器/计数器 T0 运行控制位。功能与 TR1 相同。

系统复位时，TCON 的所有位均清"0"，定时器/计数器停止工作。由于 TCON 可以位寻址，因此在启动、停止定时器/计数器或清除溢出标志时，使用位操作指令来执行。

5.1.3　定时器/计数器的工作方式

定时器/计数器 T0 和 T1 都可以设置成定时或计数 2 种工作模式，在每种模式下，通过 M1、M0 将其设置成 4 种不同的工作方式。T0 和 T1 都可以被设置在方式 0、方式 1、方式 2 下工作，只有 T0 可以工作在方式 3，此时 T0 和 T1 工作在不同的状态。

1. 方式 0

T0 与 T1 在方式 0 的工作情况相同，下面以 T0 为例说明。在方式 0，T0 被设置成 13 位计数器，这 13 位由 TH0 和 TL0 的低 5 位组成，TL0 的高 3 位没有被使用，其结构如图 5-4 所示。

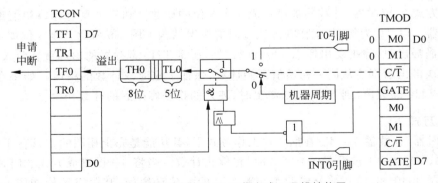

图 5-4　定时器/计数器 T0 工作方式 0 逻辑结构图

当 TL0 的低 5 位计满溢出时，向 TH0 进位。当 13 位计数器计满溢出时，一方面使中断标志 TF0 置"1"，向 CPU 申请中断或供 CPU 进行查询；另一方面，使 13 位计数器复位为全"0",T0将从0开始计数。T0溢出后,为使T0完成规定的定时时间或计数数值,应在中断服务程序或其他程序中重新装入初值。

图5-4所示的控制逻辑功能如下所述。

(1) 当$C/\overline{T}=0$时,T0为定时器工作模式,对内部机器周期进行计数。

(2) 当$C/\overline{T}=1$时,T0为计数器工作模式,对T0(P3.4)脚输入的外部脉冲进行加1计数。

(3) 当GATE=0时,封锁或门,$\overline{INT0}$信号不起作用,此时仅用TR0来控制T0的启动与停止。

(4) 当GATE=1时,或门、与门全部开放,此时由TR0和$\overline{INT0}$来同时控制T0的启动与停止,只有当两者都为"1"时,T0才能被启动。

2. 方式1

工作在方式1时,T0与T1被设置成16位的加1计数器。以T0为例,在方式1,T0由高8位TH0和低8位TL0组成,其结构如图5-5所示。定时器/计数器在方式1下的工作情况与方式0基本相同,差别只是加1计数器的位数不同。

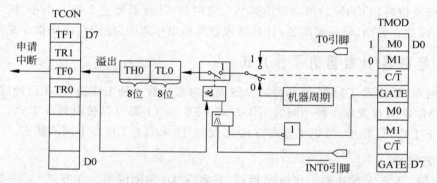

图5-5 定时器/计数器T0工作方式1逻辑结构图

3. 方式2

在方式2,定时器/计数器被设置成一个8位的计数器和一个具有计数初值重装功能的寄存器。以T0为例,其工作在方式2时的逻辑结构如图5-6所示。当8位加1计数器TL0计满溢出时,除把溢出标志TF0置"1"外,还将TH0寄存器的内容重新装入TL0,使TL0每次溢出后都能从同一初始值开始计数,保证了定时或计数的精度。如果在软件中改变了TH0的数值,则下次TL0溢出时,装入的将是修改后的计数初值。

4. 方式3

定时器/计数器T0、T1在前3种工作方式下,其功能是完全相同的。只有T0才能工作在方式3。当T1被设置成方式3时,将停止计数。当将T0设置成方式3时,T0的两个寄存器TH0和TL0被分成两个相互独立的8位计数器,其逻辑结构如图5-7所示。其中,TL0使用了T0的所有控制位$C/\overline{T}$、GATE、TR0、$\overline{INT0}$和中断标志位TF0,其操作方式与方式0和方式1类似。TH0被规定只能作为定时器使用,其启停控制借用了TR1,溢出使TF1置"1"并申请中断。

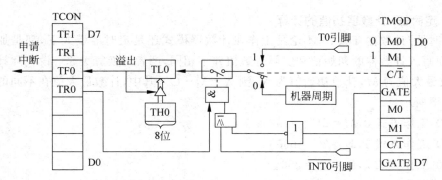

图 5-6　定时器/计数器 T0 工作方式 2 逻辑结构图

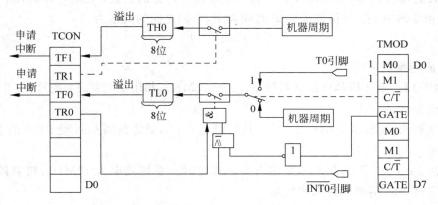

图 5-7　定时器/计数器 T0 工作方式 3 逻辑结构图

当 T0 工作在方式 3 时，T1 可设置成在方式 0、方式 1、方式 2 下工作。由于 TR1、TF1 被 TH0 占用，因而 T1 只能通过控制位 C/$\overline{\text{T}}$ 的模式切换来控制运行，T1 的溢出也不能产生中断申请，这时 T1 适合用在不需要中断控制的定时器场合，比如用于串行口的波特率发生器。

5.1.4　定时器/计数器应用举例

单片机复位后，TMOD、TCON 等特殊功能寄存器都处于清零状态，如果需要定时器/计数器按使用者的需要正确工作，必须先完成初始化设置和确定计数初值等。

1. 定时器/计数器初始化编程

定时器/计数器是可编程部件，在其工作之前应进行初始化，步骤如下。

（1）对 TMOD 赋值，确定工作方式。

（2）预置定时/计数初值。初值由定时时间或计数数值决定，且与工作方式有关。

（3）中断初始化。需要开发定时器/计数器中断时，应按要求对中断允许控制寄存器 IE 和中断优先级寄存器 IP 的相应位赋值。

（4）启动定时器/计数器工作。

2. 定时器/计数器初值的计算

定时器/计数器 T0、T1 不论是工作在计数器模式还是定时器模式下,都是加 1 计数器,因而写入计数器的初始值和实际计数值并不相同,两者的换算关系:设实际计数值为 C,计数最大值为 M,计数初始值为 X,则 $X = M - C$。其中,计数最大值在不同的工作方式下如下所示。

(1) 工作方式 0,$M = 2^{13} = 8192$。

(2) 工作方式 1,$M = 2^{16} = 65536$。

(3) 工作方式 2,$M = 2^8 = 256$。

(4) 工作方式 3,$M = 2^8 = 256$。

在计数器模式下,实际计数值 C 就是实际需要计数的次数;在定时器模式下,实际计数值 C 由定时时间 t 与机器周期 T 共同确定,它们之间的关系为

$$t = C \times T$$

3. 应用举例

【例 5-1】 单片机晶体振荡器频率 $f_{osc} = 12\text{MHz}$,利用定时器 T1 定时,在 P1.0 输出 100Hz 的方波。

根据要求,要输出 100Hz 的方波,其周期是 10ms,只需每隔 5ms 使 P1.0 的电位取反一次即可。

方法 1:T1 工作在方式 0,采用查询方式定时。系统频率为 12MHz,机器周期 $T = 1\mu s$,则定时 5ms 需要的计数次数是

$$C = \frac{5\text{ms}}{1\mu s} = 5000$$

计数初始值为

$$X = M - C = 8192 - 5000 = 3192 = 0110001111000\text{B}$$

在方式 0 的 13 位计数值中,TH1 占高 8 位,低 5 位是 TL1 的低 5 位,TL1 的高 3 位不用,填"0"即可,因此计数初值实际为 TH1 = 01100011B,TL1 = 00011000B。程序如下所示:

```
       ORG    0000H
       MOV    TMOD, #00H        ;T1 方式 0,定时
       SETB   TR1               ;启动 T1
LOOP:  MOV    TH1, #63H         ;T1 计数初值
       MOV    TL1, #18H
       JNB    TF1, $            ;等待 T1 定时时间到
       CLR    TF1               ;产生溢出,清标志位
       CPL    P1.0              ;P1.0 取反输出
       SJMP   LOOP              ;循环
```

方法 2:T1 工作在方式 1,采用中断方式定时。

计数初始值为

$$X = M - C = 65536 - 5000 = 60536 = 0\text{EC78H}$$

高、低 8 位的计数初值实际为 TH1＝0ECH,TL1＝78H。主程序及中断服务程序如下所示：

```
                ORG     0000H
                SJMP    MAIN
                ORG     001BH           ;T1 中断服务程序入口
                MOV     TH1，＃0ECH      ;重置 T1 计数初值
                MOV     TL1，＃78H       ;重置 T1 计数初值
                CPL     P1.0            ;P1.0 取反输出
                RETI
                ORG     0030H
        MAIN:   MOV     TMOD，＃10H      ;T1 方式 1,定时
                MOV     TH1，＃0ECH      ;预置 T1 计数初值
                MOV     TL1，＃78H       ;预置 T1 计数初值
                SETB    EA              ;开放中断
                SETB    ET1
                SETB    TR1             ;启动 T1
        LOOP:   SJMP    LOOP            ;等待中断响应
```

方式 1 编程的方法与方式 0 完全一样,只是计数初值的计算方法不同。由于方式 1 的计数最大值比方式 0 大,通常情况下建议采用方式 1 编程。

方法 3：T1 工作在方式 2,采用中断方式定时。

采用方式 0、方式 1 定时/计数时,需要重置计数初值,对定时精度造成一定的影响。方式 2 可自动重置计数初值,但其最大计数值为 256,远小于本例的计数值 5000。当定时器/计数器最大计数值小于实际需要的计数值时,可采用软计数的方法扩大计数范围。设 T1 每次计数值为 250,则重复计数 20 次即可。程序如下所示：

```
                ORG     0000H
                SJMP    MAIN
                ORG     001BH           ;T1 中断服务程序入口
                DJNZ    R7，INITZ        ;20 次不到,直接退出
                MOV     R7，＃20         ;定时时间到,重置软计数初值
                CPL     P1.0            ;P1.0 取反输出
        INITZ:  RETI
                ORG     0030H
        MAIN:   MOV     TMOD，＃20H      ;T1 方式 2,定时
                MOV     TH1，＃06H       ;预置 T1 计数初值
                MOV     TL1，＃06H       ;预置 T1 计数初值
                MOV     R7，＃20         ;预置软计数初值
                SETB    EA              ;开放中断
                SETB    ET1
                SETB    TR1             ;启动 T1
        LOOP:   SJMP    LOOP            ;等待中断响应
```

【例 5-2】 利用门控位测量低频方波信号周期。已知单片机晶体振荡器频率 $f_{osc}＝$ 12MHz,低频信号频率为 20Hz～100kHz。

图 5-8 所示为利用门控位测量低频方波信号周期的示意图。被测信号从 $\overline{\text{INT0}}$(P3.2)

输入,定时器 T0 设置在定时工作方式 1,门控位 GATE 设为"1"。测量时,应在 $\overline{INT0}$ 等于低电平时设置 TR0 等于"1"。这样,当 $\overline{INT0}$ 变为高电平时,自动启动 T0 开始计数;当 $\overline{INT0}$ 再次变为低电平时,T0 停止计数,此时 T0 的计数值对应被测量信号的高电平宽度。由于最低信号频率为 20Hz,对应的最大计数值是 25000。

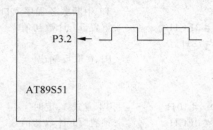

图 5-8 利用门控位测量高电平脉冲宽度示意图

子程序如下所示:

```
GATESUB:MOV     TMOD, #09H          ;T0 方式 1 定时,GATE=1
        MOV     TH0, #0            ;T0 清"0"
        MOV     TL0, #0
        SETB    P3.2
        JB      P3.2, $            ;等待 INT0 变为低电平
        SETB    TR0                ;启动 T0
        JNB     P3.2, $            ;等待 INT0 变为高电平
        JB      P3.2, $            ;等待 INT0 再次变为低电平
        CLR     TR0                ;关闭 T0
        MOV     A, TL0             ;读计数值低 8 位
        CLR     C
        RLC     A                  ;乘以 2
        MOV     R7, A              ;保存周期低 8 位
        MOV     A, TH0             ;读计数值高 8 位
        RLC     A                  ;乘以 2
        MOV     R6, A              ;保存周期高 8 位
        RET
```

【例 5-3】 设计一个简易频率计。已知单片机晶体振荡器频率 $f_{osc}=6MHz$,被测信号频率为 $10Hz \sim 10kHz$。

依题意,数字频率计有 2 种常用设计方式:测量周期,或在闸门时间内进行脉冲计数。本例采用在闸门时间内进行脉冲计数方式。设闸门时间为 1s,由 T0 定时 100ms,软计数 10 次实现;被测信号从 T1(P3.5)输入,由 T1 进行脉冲计数。程序如下所示:

```
FREQ:   MOV     TMOD, #51H         ;T0 方式 1 定时,T1 方式 1 计数
        MOV     TH1, #0            ;T1 清"0"
        MOV     TL1, #0
        MOV     R0, #10            ;1s 计数
        SETB    P3.5
        SETB    TR0                ;启动 T0 定时
        SETB    TR1                ;启动 T1 计数
```

```
LOOP:    MOV      TH0, #3CH          ;T0 定时 100ms
         MOV      TL0, #0B0H
         JNB      TF0, $             ;等待 T0 变为低电平
         CLR      TF0
         DJNZ     R0,LOOP            ;闸门时间 1s 未到,继续定时
         CLR      TR1                ;关闭 T1 计数
         CLR      TR0                ;关闭 T0 定时
         MOV      R7, TL1            ;保存频率低 8 位
         MOV      R6, TH1            ;保存频率高 8 位
         RET
```

5.1.5　任务模块 2：水温控制系统定时中断程序设计

1. 任务

在实时控制系统中,若采样控制周期时间不固定,会使控制算法过于复杂,因此一般情况下要求采样控制周期为固定值。水温控制系统是典型的实时控制系统,由于其惯性较大,其采样控制周期会选择较大数值。在本设计实例中,要求每隔 1s 对温度采样一次,然后根据采样值与设定值比较的结果控制水温。1s 采样控制周期采用定时器中断实现。

2. 定时初值的计算

单片机系统时钟为 11.0592MHz,定时器工作方式 1 能够定时的单次定时时间最大为 71ms。如果要定时 1s,需要采用软件计数的方式。定时器 T0 定时 20ms,对 20ms 计数 50 次即可达到设定的 1s。

机器周期是

$$T = \frac{12}{11.0592}$$

定时 20ms 需要的计数次数是

$$C = \frac{20\text{ms}}{T} = \frac{20 \times 1000 \times 11.0592}{12} = 18432 = 4800H$$

定时时间常数初始值为

$$X = 65536 - C = 47104 = 0B800H$$

当单片机系统时钟为 11.0592MHz 时,从定时 20ms 的定时初始值可以看到,其低 8 位数值是 00H。定时器 T0 溢出时,低 8 位数值也是 00H。因此,在定时时间到,需要重置定时时间常数初始值时,只要将高 8 位的时间常数初始值重置即可,低 8 位已经自动重置。只要 T0 的中断响应迟滞时间不超过 256 机器周期,采用定时器方式 1,也可以实现相当于方式 2 自动重置时间常数初始值一样的精确定时。

3. 程序设计

水温控制 1s 定时中断子程序流程如图 5-9 所示。1s 定时计数未到时,程序直接返回；1s 定时时间到时,程序对温度采样后,再对温度进行控制。现场保护的内容是累加器 A、状态寄存器 PSW 和通用寄存器。通用寄存器主程序使用 00 组,1s 定时中断程序使用 01 组。

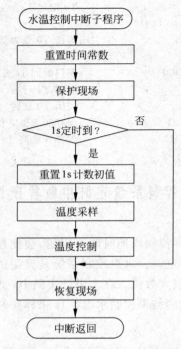

图 5-9　水温控制中断子程序流程图

程序设计如下所示,T0 初始化子程序应该在主程序初始化过程中调用一次,中断程序中的温度采样模块和温度控制模块在后续其他相应的任务模块中介绍。

```
;程序名:TIME1S
;功能:T0 定时 1s,执行温度采样程序 SAMPROG 和温度控制程序 TEMCONT
;占用资源:累加器 A,状态寄存器 PSW,通用寄存器 01 组,1s 计数单元 TIMETEMP(5FH)
        TIMETEMP    EQU     5FH
        T0INIT:     MOV     TMOD, #01H      ;T0 初始化子程序
                    MOV     TH0, #0B8H      ;T0 计数初值
                    MOV     TL0, #00H
                    MOV     TIMETEMP, #50   ;置 1s 计数初值
                    SETB    TR0             ;启动 T0
                    SETB    ET0             ;开放 T0 中断
                    SETB    EA              ;开放中断
                    LCALL   DSCON           ;启动 DS18B20 温度转换
                    RET
        TIME1S:     MOV     TH0, #0B8H      ;T0 计数初值重置
                    PUSH    ACC             ;保护现场
                    PUSH    PSW
                    SETB    RS0             ;使用通用寄存器 01 组
                    CLR     RS1
        ;;;         LCALL   PWMOUT          ;PWM 控制。比例控制时,去掉前面的分号
                    DJNZ    TIMETEMP, T1S   ;1s 未到,则退出
                    MOV     TIMETEMP, #50   ;重置 1s 计数初值
                    LCALL   SAMPROG         ;温度采样
```

```
            LCALL   TEMCONT        ;温度位式控制
            LCALL   PROPCONT       ;比例控制时,代替位式控制
    T1S:    POP     PSW            ;恢复现场
            POP     ACC
            RETI
```

5.2 AT89S52 单片机及其定时器/计数器 T2

5.2.1 AT89S52 单片机简介

AT89S52 是一种低功耗、高性能的 8 位 CMOS 微控制器,具有 8KB 在系统可编程 Flash 存储器,使用 Atmel 公司高密度非易失性存储器技术制造,与 80C51 指令和引脚完全兼容。片上 Flash 允许程序存储器在系统可编程,也可采用常规编程器编程。AT89S52 具有以下主要功能。

(1) 与 80C51 单片机兼容。

(2) 8KB,1000 次擦写周期在系统可编程 Flash 存储器,RAM 为 256B。

(3) 全静态操作,时钟频率范围为 0～33Hz。

(4) 32 个可编程 I/O 口线。

(5) 3 个 16 位定时器/计数器 T0、T1、T2。

(6) 6 向量 2 级中断结构。

(7) 全双工 UART 串行通道。

(8) 低功耗空闲和掉电模式。掉电后,中断可唤醒。

(9) 看门狗定时器。

(10) 双数据指针。

5.2.2 AT89S52 定时器/计数器 T2

1. 定时器/计数器 T2 的特殊功能寄存器

1) T2 的功能

AT89S52 中的 T2 是一个 16 位的、具有自动重装载和捕获能力的定时器/计数器。 T2 内部除计数器 TL2、TH2 和控制寄存器 T2CON 及 T2MOD 之外,还增加了捕获寄存器 RCAP2L(低字节)和 RCAP2H(高字节)。

T2 的计数脉冲源有 2 个:一个是内部机器周期;另一个是由 T2(P1.0)端输入的外部计数脉冲。其有 4 种工作方式:自动重装、捕获和波特率发生器、可编程时钟输出。T2 增加了 2 个引脚:T2(P1.0)和 T2EX(P1.1)。

2) T2 的控制寄存器 T2CON

控制寄存器 T2CON 可位寻址和字节寻址,功能是选择 T2 的工作方式和工作模式, 其格式如图 5-10 所示。

(1) TF2:T2 的溢出中断标志位。T2 溢出时,置位并申请中断。需要由软件清零。 波特率发生器方式下,RCLK=1 或 TCLK=1 时,定时器溢出不对 TF2 置位。

(C8H)	D7	D6	D5	D4	D3	D2	D1	D0
T2CON	TF2	EXF2	RCLK	TCLK	EXEN2	TR2	C/$\overline{\text{T2}}$	CP/$\overline{\text{RL2}}$

图 5-10 控制寄存器 T2CON

（2）EXF2：T2 外部触发标志位。EXEN2＝1 且 T2EX 引脚上有负跳变，将触发捕获或重装操作；EXF2＝1 时，向 CPU 发出中断请求。需要由软件复位。

（3）RCLK：串行口接收时钟允许标志位。RCLK＝1 时，T2 溢出信号分频后作为串行口工作在模式 1 和 3 的接收波特率。RCLK＝0 时，T1 溢出信号分频后作为串行口接收波特率。

（4）TCLK：串行口发送时钟允许标志位。TCLK＝1 时，T2 溢出信号分频后作为串行口工作在模式 1 和 3 的发送波特率。TCLK＝0 时，T1 溢出信号分频后作为串行口的发送波特率。

（5）EXEN2：定时器/计数器 2 外部允许标志位。EXEN2＝1，且 T2 没有工作在波特率发生器方式，如 T2EX(P1.1) 引脚上产生负跳变，将激活"捕获"或"重装"操作。EXEN2＝0，T2EX 引脚上的电平变化对 T2 不起作用。

（6）TR2：T2 启动控制位。TR2＝1，启动 T2；TR2＝0，停止 T2。

（7）C/$\overline{\text{T2}}$：T2 的定时器或计数器方式选择位。C/$\overline{\text{T2}}$＝1，T2 为计数器。对 T2(P1.0) 引脚输入脉冲进行计数（下降沿触发）；当 T2(P1.0) 产生负跳变时，计数器计数。C/$\overline{\text{T2}}$＝0，T2 作为定时器，在每个机器周期 T2 进行计数。

（8）CP/$\overline{\text{RL2}}$：捕获和重装载方式选择控制位。

① 捕获方式：CP/$\overline{\text{RL2}}$＝1，EXEN2＝1，T2EX(P1.1) 引脚负跳变将触发捕获操作。

② 重装载方式：CP/$\overline{\text{RL2}}$＝0，EXEN2＝1，T2EX 引脚有负跳变或 T2 计满溢出时，触发自动重装操作。RCLK＝1 或 TCLK＝1 时，T2 作为波特率发生器，CP/$\overline{\text{RL2}}$ 标志位不起作用；当 T2 溢出时，强制自动装载。

3）数据寄存器 TH2、TL2

2 个 8 位的数据寄存器组成 16 位定时器/计数器。TH2、TL2 都可以字节寻址，地址分别为 CDH 和 CCH。复位后，TH2＝00H，TL2＝00H。

4）捕获寄存器 RCAP2H 和 RCAP2L

（1）RCAP2H：高 8 位捕获寄存器，字节地址为 CBH。

（2）RCAP2L：低 8 位捕获寄存器，字节地址为 CAH。

捕获方式下，保存当前捕获的计数值。重装方式下，保存重装初值。复位后均为 00H。

5）T2 的模式控制寄存器 T2MOD

T2MOD 只有最低 2 位对 T2 起控制作用，决定 T2 的工作方式，其功能是对定时器的加 1、减 1 计数方式进行设置。选择是否工作在可编程时钟输出方式。复位后为 ×××××00B。其格式如图 5-11 所示。

（1）T2OE：T2 输出启动位。T2OE＝1，T2 工作在可编程时钟输出方式，输出方波信号至 T2(P1.0) 引脚。

(C9H)	D7	D6	D5	D4	D3	D2	D1	D0
T2MOD	×	×	×	×	×	×	T2OE	DCEN

图 5-11　模式控制寄存器 T2MOD

(2) DCEN：T2 向上/向下计数控制位。DCEN＝1，T2 自动向下（递减）计数；DCEN＝0，T2 自动向上（递增）计数。

(3) ×：保留位，未定义，为未来功能扩展用。

2. 定时器/计数器 T2 的工作方式

T2 是一个 16 位计数器，其 4 种工作方式如表 5-2 所示。方式选择由寄存器 T2CON 和 T2MOD 控制。无论 T2 作为定时器还是作为计数器，都具有捕获和自动重装的功能。

表 5-2　T2 的工作方式

RLCK＋TLCK	CP/$\overline{\text{RL2}}$	TR2	T2OE	工 作 方 式
0	0	1	0	16 位自动重装方式
0	1	1	0	捕获方式
1	×	1	0	波特率发生器方式
×	×	1	1	时钟输出方式
×	×	0	×	关闭 T2

1) 16 位自动重装方式

CP/$\overline{\text{RL2}}$＝0，T2 自动重装方式结构如图 5-12 所示。

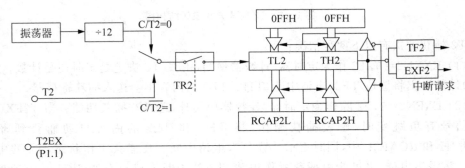

图 5-12　T2 自动重装方式逻辑结构图

(1) DCEN＝0 时，选择自动重装加 1 计数方式。

① T2 计满溢出时，TF2 置"1"，申请中断，打开重装载三态缓冲器，将 RCAP2H 和 RCAP2L 的内容自动装载到 TH2 和 TL2 中。

② EXEN2＝1 且 T2EX(P1.1)端的信号有负跳变时，EXF2 置"1"，申请中断，引起重装载操作。

(2) DCEN＝1 时，T2 既可以增量（加 1）计数，也可以减量（减 1）计数。T2EX 电平控制计数方向。

① 当 T2EX(P1.1)引脚输入为高电平 1 时，T2 执行增量（加 1）计数。T2 计满溢出

时,一方面置位 TF2,向主机请求中断处理;另一方面,将存放在寄存器 RCAP2L 和 RCAP2H 中的 16 位计数初值自动重装 TL2 和 TH2 中,进行新一轮加 1 计数。EXEN2＝1 且 T2EX(P1.1)端的信号有负跳变时,EXF2 置"1",申请中断,引起重装载操作。

② T2EX(P1.1)引脚为低电平 0 时,T2 执行减量(减 1)计数。减量计数中用 FFH 分别初始化(预置)TL2 和 TH2,用 0FFFFH 减去计数次数所得的下限值初始化 RCAP2L 和 RCAP2H。计数器不断减 1,直至计数器中的值等于寄存器 RCAP2L 和 RCAP2H 中预置的值时,计满溢出。0FFH 重装 TL2 和 TH2,进行新一轮的计数操作。

③ 在电平控制重装方式下,无论是减量计数还是增量计数,溢出时,TF2 置"1",EXF2 状态翻转,相当于 17 位计数器的最高位。

2) 捕获方式

当 CP/$\overline{RL2}$＝1 时,选择捕获方式,其结构如图 5-13 所示。

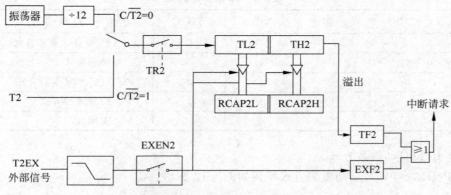

图 5-13　T2 捕获方式逻辑结构图

T2 捕获方式有以下两种情况:

(1) EXEN2＝0,T2 作为定时器/计数器使用,由 C/$\overline{T2}$ 决定是定时还是计数。此时,T2 的计数溢出将置位 TF2,申请中断,TH2、TL2 的内容不会送入捕获寄存器。

(2) EXEN2＝1,T2 除作为定时器/计数器使用外,还具有捕获功能。当 T2EX(P1.1)端的信号有负跳变时,触发捕获操作,将 TH2 和 TL2 的内容自动捕获到寄存器 RCAP2H 和 RCAP2L 中,同时 EXF2 置"1",申请中断。在捕获工作状态,T2 的中断可能由计数溢出申请,也可能由捕获操作申请,T2 的中断入口只有 002BH 一个地址。因此,在中断程序中,应该对中断性质进行判别。

3) 波特率发生器方式

RCLK＝1 或 TCLK＝1 时,T2 选择波特率发生器方式,结构如图 5-14 所示,功能如下所述。

(1) RCLK＝1,T2 为接收波特率发生器;TCLK＝1,T2 为发送波特率发生器。

(2) C/$\overline{T2}$＝0,选用内部脉冲;C/$\overline{T2}$＝1,选用外部脉冲,T2(P1.0)输入负跳变时,计数值增 1。

(3) 计数溢出时,触发自动装载操作,RCAP2H 和 RCAP2L 的内容自动装载到 TH2 和 TL2 中。

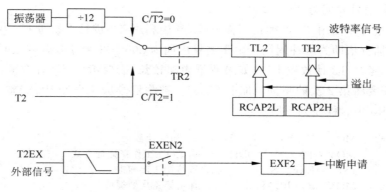

图 5-14 T2 波特率发生器方式逻辑结构图

（4）T2 作为波特率发生器使用时，TH2 的溢出不会将 TF2 置位，不产生中断请求。

（5）T2EX 可以作为一个附加的外部中断源。T2 作为波特率发生器使用时，若 EXEN2＝1，当 T2EX 有负跳变时，EXF2 置"1"，由于不发生重装载或捕获操作，此时 T2EX 引脚可外接一个中断源，T2 中断变成一个外部中断。

4）可编程时钟输出方式

T2OE＝1，C/$\overline{\text{T2}}$＝0 时，T2 工作于时钟输出方式，结构如图 5-15 所示。

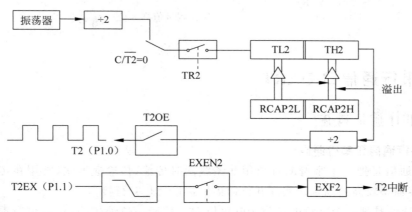

图 5-15 T2 可编程时钟输出方式逻辑结构图

工作过程为：当 T2 计满溢出时，T2(P1.0)引脚状态翻转，输出频率可调、精度很高的方波信号，同时使 RCAP2H 和 RCAP2L 寄存器的内容装入 TH2 和 TL2 寄存器，重新计数。在时钟输出方式下，T2 溢出时，不置位 TF2。

当 EXEN2＝1，T2EX(P1.1)引脚有负跳变时，EXF2 将置"1"。同波特率发生器方式一样，此时 T2EX 可以作为一个附加的外部中断源使用。

从 P1.0 引脚输出的时钟信号频率为

$$方波频率 = \frac{f_{osc}}{4} \times \frac{1}{65536 - 16\ 位重装值}$$

【例 5-4】 设计一个脉冲周期测量子程序。已知单片机晶体振荡器频率 f_{osc}＝

12MHz，被测信号周期为 200～20000μs。

周期测量可以使用 T2 的捕捉工作方式，直接利用 T2 进行 2 次捕捉，第 2 次捕捉值减去第 1 次捕捉值即为脉冲周期。由于测量周期为 200～20000μs，做减法时可以忽略借位因素（即不考虑 T2 计数溢出）。如果测量周期较长，需要考虑 T2 计数溢出的次数，每溢出 1 次，需要将第 2 次的测量值加上 65536。被测信号从 T2EX(P1.1)端输入，返回测量值在 R1、R0 中。程序如下所示：

```
PERIODQ:    MOV     T2MOD, #00H      ;T2 加法计数
            MOV     T2CON, #0DH      ;启动 T2 工作在捕捉方式
            JNB     EXF2, $          ;等待第 1 次捕捉
            MOV     R0, RCAP2L       ;保留第 1 次捕捉值
            MOV     R1, RCAP2H
            CLR     EXF2
            JNB     EXF2, $          ;等待第 2 次捕捉
            MOV     T2CON, #00H      ;关闭 T2
            MOV     A, RCAP2L        ;取第 2 次捕捉值低 8 位
            CLR     C
            SUBB    A, R0
            MOV     R0, A            ;保存测量值低 8 位
            MOV     A, RCAP2H        ;取第 2 次捕捉值高 8 位
            SUBB    A, R1
            MOV     R1, A            ;保存测量值高 8 位
            RET
```

5.3　串行通信口 UART

5.3.1　串行通信概述

1. 并行通信和串行通信

并行通信是把一个字符的各位用几条线同时传输，传输速度快，常用在传输距离较短、数据传输率较高的场合。实现并行通信的接口就是并行接口。

串行通信是把一个字符的各位按顺序依次一位接一位地传输，每一位数据的传输都占据固定的或不定的时间长度。串行通信的速度较慢，但只要少数几条信号线就可以在系统间交换信息，可利用现有的通信手段和通信设备，使用的传输设备成本低，特别适用于计算机与计算机、计算机与外部设备之间的远距离通信。

2. 串行通信的制式

按照数据传送方向，串行通信分为单工(simplex)制式、半双工(half dupiex)制式和全双工(full dupiex)制式，分别如图 5-16 所示。

(1) 单工制式：数据只能按一个固定方向传输。

(2) 半双工制式：允许数据双向传送，但由于只有一个通信回路，数据的接收与发送只能分时进行。

(3) 全双工制式：双方可以同时接收与发送数据。

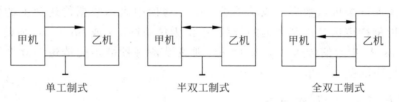

图 5-16　串行通信的线路传输制式示意图

3. 通信协议

通信协议是通信双方的一种约定,对数据格式、同步方式、传送速度、传送步骤、纠错方式以及控制字符定义等问题做出统一规定,通信双方必须共同遵守。

串行通信协议分为同步协议和异步协议。同步协议由 1 个起始同步符、若干个数据位、1 个检验字段组成;传输的数据可以以字符为单位,也可以以二进制位为单位,其中的数据位可达上千位,因此要求收、发时钟严格同步,特点是传输效率较高,传输速度较快。异步协议是指通信双方采用各自的时钟,时钟频率一样,采用起止信号同步每一个字符,每次通信 1 个字符,特点是传送效率较低,但简单可靠,容易实现。起止式异步通信协议中,数据以字符为单位组成字符帧,由发送端逐帧发送,通信中 2 个字符帧之间的时间间隔没有固定的要求。帧格式由起始位、数据位、奇偶校验位、停止位组成,帧与帧之间是空闲位。各位意义如下所述。

(1) 起始位:先发出 1 个逻辑"0"信号,表示传输字符的开始。

(2) 数据位:紧跟在起始位之后。数据位的个数可以是 4、5、6、7、8 等,构成 1 个字符,通常采用 ASCII 码。规定低位在前,高位在后,依靠时钟定位。

(3) 奇偶校验位:数据位加上 D8 这一位后,使得其中"1"的个数为偶数(偶校验)或奇数(奇校验),以此来校验数据传送的正确性。该位还可作为多机通信控制使用,也可以省略。

(4) 停止位:是一个字符数据的结束标志,可以是 1 位、1.5 位、2 位的高电平。

(5) 空闲位:处于逻辑"1"状态,表示当前线路上没有数据传送。

异步通信 11 位帧格式如图 5-17 所示。

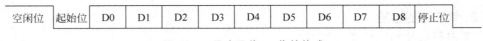

图 5-17　异步通信 11 位帧格式

在异步通信中,每接收 1 个字符,接收方都要重新与发送方同步 1 次,所以接收端的同步时钟信号并不需要严格地与发送方同步,只要它们在 1 个字符的传输时间范围内能保持同步即可。这意味着对时钟信号漂移的要求比同步通信低得多,硬件成本也低得多,但是异步传送 1 个字符,要增加大约 20% 的附加信息位,所以传送效率比较低。

4. 波特率

在串行通信中,发送设备和接收设备之间除了必须采用相同的字符帧格式(异步通信)或相同的同步字符(同步通信)之外,两者之间发送数据的速度和接收数据的速度也必须相同,才能保证被传送数据的成功传送。串行通信中表示数据传送速度的物理量叫作波特率,它指每秒传送二进制数据的位数,单位为位/秒(b/s 或 bps)。若某设备通信波特率为 9600bps,异步通信传送 1 帧为 10 位,则该设备每秒最多能传送 960 个字符。异步通信时,波特率的范围一般为 50～64000bps。

5.3.2 串行接口与工作方式

1. 串行口的结构

80C51 单片机有一个可编程的全双工通信接口,可作为通用异步接收器/发送器 UART,也可以作为同步移位寄存器。它的帧格式有 8 位、10 位和 11 位,可以设置为固定波特率和可变波特率,应用方便灵活。

AT89S51 单片机串行口结构如图 5-18 所示。内部有一个发送数据缓冲器 SBUF 和一个接收数据缓冲器 SBUF,共用一个地址 99H;一个串行口控制寄存器 SCON,用来选择串行口工作方式,控制数据的接收与发送,存放串行口的工作状态等。串行口接收数据时,外部串行信号通过 RXD(P3.0)进入接收数据缓冲器;串行口发送数据时,CPU 将数据写入发送缓冲器,由发送缓冲器将数据通过 TXD(P3.1)发送至外部设备。

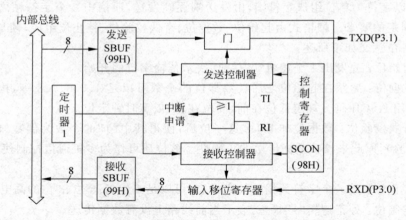

图 5-18　AT89S51 单片机串行口结构图

2. 串行口的控制

1) 串行口控制寄存器 SCON

串行口控制寄存器 SCON 用于定义串行口工作方式,控制数据的接收、发送,标志串行口工作状态,其格式如图 5-19 所示。

(98H)	8FH	8EH	8DH	8CH	8BH	8AH	89H	88H
SCON	SM0	SM1	SM2	REN	TB8	RB8	TI	RI

图 5-19　SCON 寄存器格式

(1) SM0、SM1:串行口的工作方式控制位,不同组合决定串行口的不同工作方式,如表 5-3 所示。

表 5-3 串行口的工作方式

SM0	SM1	工作方式	功　　能	波　特　率
0	0	方式 0	移位寄存器输入输出	$f_{osc}/12$
0	1	方式 1	10 位 UART	由定时器控制,可变
1	0	方式 2	11 位 UART	$f_{osc}/32,f_{osc}/64$
1	1	方式 3	11 位 UART	由定时器控制,可变

(2) SM2、TB8、RB8:多机通信控制位。在方式 2 和方式 3 时,TB8 是发送数据的第 9 位,RB8 是接收端接收的第 9 位,由用户指令进行置"1"或清"0",发送端的 TB8 就是接收端的 RB8。在发送端,若 TB8=1,则表示发送的为地址帧;若 TB8=0,则表示发送的为数据帧。在接收端,若 SM2=1,表示地址接收状态,若接收到的 RB8=1,即接收的为地址帧时,将接收到的地址送入接收 SBUF 中,并置位 RI 产生中断请求;若 RB8=0,即接收到的为数据帧,RI 不置"1",同时将接收到的数据帧丢弃。若 SM2=0,表示数据接收状态,则不论 RB8=1 或 RB8=0,都将接收到的数据送入接收 SBUF 中,并产生中断请求。在方式 2 和方式 3 用于双机通信时,TB8、RB8 可作奇偶校验位用。

(3) REN:REN=1 时,允许接收;REN=0 时,禁止接收。

(4) TI、RI:分别为发送、接收中断标志位。

2) 电源和波特率控制寄存器 PCON

电源和波特率控制寄存器 PCON 中只有 1 位 SMOD 与串行口的工作有关,其格式如图 5-20 所示。

(87H)	D7	D6	D5	D4	D3	D2	D1	D0
PCON	SMOD				GF1	GF0	PD	IDL

图 5-20 PCON 寄存器格式

SMOD 为波特率倍增位。串行口工作在方式 1、方式 2、方式 3 时,如果 SMOD=1,则波特率提高 1 倍;如果 SMOD=0,则波特率不提高。单片机复位时,SMOD=0。

3) 串行工作方式及帧格式

在串行口的 4 种工作方式中,串行通信只使用方式 1、方式 2 和方式 3,方式 0 主要用于扩展并行输入/输出接口。

(1) 方式 0:以 8 位数据为 1 帧,没有起始位和停止位,先发送或接收最低位。主要用于扩展 I/O 口,数据由 RXD 输入或输出,同步移位脉冲由 TXD 端输出。波特率固定为 $f_{osc}/12$。

(2) 方式 1:以 10 位为 1 帧,即 1 个起始位、8 个数据位、1 个停止位,适合于点对点的异步通信。帧格式如图 5-21 所示。

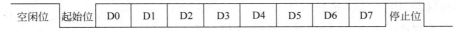

| 空闲位 | 起始位 | D0 | D1 | D2 | D3 | D4 | D5 | D6 | D7 | 停止位 |

图 5-21 串行通信方式 1 帧格式

方式 1 发送数据时，数据由 TXD 输出。CPU 执行一条写入 SBUF 的指令后，就启动串行口开始发送数据。发送波特率由 T1 控制，发送完 1 帧数据时，发送中断标志 TI 置"1"，向 CPU 申请中断。

方式 1 接收数据时，数据由 RXD 输入。当接收允许，REN 置"1"后，SMOD=1 时，接收器以波特率 2 倍速率采样接收端 RXD 的电平。如果检测到起始位，就启动接收器接收。当确认起始位有效后，开始接收本帧其余数据。在 RI=0 的状态下，当 SM2=0 时，RB8 为接收到的停止位；当 SM2=1 时，接收到有效停止位时，RI 才置"1"。

（3）方式 2 和方式 3：以 11 位为 1 帧，比方式 1 增加了 1 个数据位，其余相同。第 9 个数据即 D8 位具有特别用途，适用于多机通信或用于奇偶校验。方式 2 和方式 3 的帧格式如图 5-17 所示。

方式 2 和方式 3 发送数据时，应先根据通信协议要求设置好 TB8，然后将要发送的数据写入 SBUF，启动发送过程。方式 2 和方式 3 接收数据时，应先将 REN 置"1"，允许接收。检测到起始位后，开始接收第 9 位数据。当满足 RI=0 且 SM2=0 或接收到的第 9 位为"1"时，前 8 位数据装入 SBUF，第 9 位数据装入 RB8 并置 RI=1，向 CPU 申请中断。

4）波特率的设置

（1）方式 2：工作在方式 2 下的波特率只有 2 种固定值，即当 SMOD=0 时，波特率为 $f_{osc}/64$；当 SMOD=1 时，波特率为 $f_{osc}/32$。

（2）方式 1 和方式 3：工作在方式 1 和方式 3 下，波特率由定时器 T1 的计数溢出率决定，相应的计算公式为

$$波特率 = \frac{2^{SMOD}}{32} \times 定时器 T1 溢出率$$

式中，SMOD 是电源控制寄存器 PCON 的最高位，SMOD=1 表示波特率加倍。

定时器 T1 作为波特率发生器使用时，一般工作在方式 2，且不允许中断。此时，波特率的计算表达式为

$$波特率 = \frac{2^{SMOD}}{32} \times \frac{f_{osc}}{12} \times \frac{1}{256 - T1 初始值}$$

5.3.3 串行口应用实例

1. 方式 0 的应用

方式 0 是同步移位寄存器方式，主要是与片外移位寄存器一起实现 I/O 口的扩展。

【例 5-5】 利用串行口扩展并行输入、输出接口。

1）并行输出接口的扩展

图 5-22 所示为利用串行口外接串入并出移位寄存器 74HC164 的方式，为系统扩展了一个并行输出接口。串行口设置于工作方式 0 的发送状态，RXD 输出移位数据，TXD 输出移位脉冲，P1.0 输出选通信号。

发送子程序如下所示，待发送数据在 A 中。

```
SEND0:    MOV    SCON, #00H      ;选方式 0
          SETB   P1.0            ;选通 74LS164
```

```
        MOV     SBUF, A          ;数据写入 SBUF 并启动发送
WAIT:   JNB     TI, WAIT         ;1 字节数据发送完了吗
        CLR     TI
        CLR     P1.0             ;关闭 74LS164 选通
        RET
```

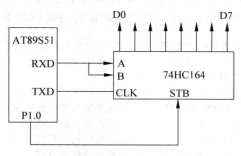

图 5-22　方式 0 扩展并行输出接口

2）并行输入接口的扩展

图 5-23 所示为利用串行口外接并入串出移位寄存器 74HC165 的方式，为系统扩展了一个并行输入接口。串行口设置于工作方式 0 的接收状态，RXD 输入移位数据，TXD 输出移位脉冲，P1.0 输出选通信号。

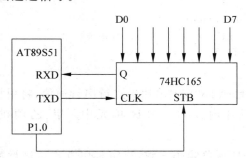

图 5-23　方式 0 扩展并行输入接口

接收子程序如下所示，返回时数据在 A 中。

```
RECE0:  CLR     P1.0             ;允许置入并行数据
        SETB    P1.0             ;允许串行移位
        MOV     SCON, #10H       ;串口方式 0，开放接收允许
        JNB     RI, $            ;等待接收 1 帧数据
        CLR     RI
        MOV     A, SBUF
        RET
```

2. 异步通信应用

方式 1 是 10 位异步通信方式，方式 2、方式 3 是 11 位异步通信方式，工作在方式 1、方式 3 时的波特率由定时器 T1 的溢出率控制。

【例 5-6】 利用串行口方式 1 实现数据块的传送。数据块长度为 16B,存放在内存以 60H 开始的单元中,波特率为 2400bps,晶体振荡频率为 11.0592MHz。数据块采用累加和校验。

串行口处于发送数据的单工状态,SCON 控制字为 40H。晶体振荡频率为 11.0592MHz 时,2400bps 应控制 T1 工作在方式 2,初值为 0F4H。累加和校验值通过计算产生,并在数据块传送结束后发送。采用查询法传送数据的子程序如下所示:

```
TTDATA:   MOV    TMOD,#20H       ;设置 T1 为工作方式 2
          MOV    TL1,#0F4H       ;波特率 2400bps
          MOV    TH1,#0F4H
          SETB   TR1
          MOV    SCON,#40H       ;设置串行口工作方式 1
          MOV    R0,#60H         ;设置数据块首地址
          MOV    R1,#16          ;设置数据块长度
          MOV    R2,#0           ;累加和校验清零
LOOP:     MOV    A,@R0
          MOV    SBUF,A          ;发送数据
          ADD    A,R2            ;累加和校验求和
          MOV    R2,A
          JNB    TI,$            ;等待发送
          CLR    TI
          INC    R0
          DJNZ   R1,LOOP
          MOV    SBUF,A          ;发送校验和
          JNB    TI,$
          RET
```

【例 5-7】 甲、乙两台 AT89S51 单片机进行串行通信,将甲机片内 40H～4FH 单元的数据串行发送到乙机片内 50H～5FH 单元中。甲、乙两机的晶体振荡频率都为 11.0592MHz。

由于甲、乙两机的晶体振荡频率一致,决定采用方式 2 进行数据的发送与接收,TB8 用于偶校验。采用方式 3 进行数据的发送与接收时,波特率可以自行设置。甲机发送子程序如下所示:

```
SENDTT:   MOV    SCON,#80H       ;设置工作方式 2 发送
          MOV    PCON,#00H       ;波特率为 f_osc/64
          MOV    R0,#40H         ;设置数据块首地址
          MOV    R1,#16          ;设置数据块长度
LOOP:     MOV    A,@R0
          MOV    C,PSW.0
          MOV    TB8,C           ;置校验标志
          MOV    SBUF,A          ;发送数据
          JNB    TI,$            ;等待发送
          CLR    TI
          INC    R0
          DJNZ   R1,LOOP
          RET
```

乙机接收子程序如下所示：

```
RECETD:   MOV     SCON,#90H        ;串口方式2,开放接收允许
          MOV     PCON,#00H        ;波特率为 f_osc/64
          MOV     R0,#50H          ;设置数据块首地址
          MOV     R1,#16           ;设置数据块长度
LOOP:     JNB     RI,$             ;等待接收1帧数据
          CLR     RI
          MOV     A,SBUF
          JB      PSW.0,LOOP2      ;接收数据为奇数时,则转移
          JB      RB8,LOOP4        ;奇偶校验出错,则转移
          SJMP    LOOP3
LOOP2:    JNB     RB8,LOOP4        ;奇偶校验出错,则转移
LOOP3:    MOV     @R0,A
          INC     R0
          DJNZ    R1,LOOP
          RET
LOOP4:    SETB    F0               ;置出错标志
          RET
```

5.4　定时器/计数器和串行通信功能的 C51 编程

单片机内部的定时器/计数器和串行通信采用 C51 编程的思路与采用汇编语言基本相同,应用前必须对定时器/计数器或串行口进行初始化;如果使用中断,还需进行中断初始化。

【例 5-8】　单片机晶体振荡器频率 $f_{osc}=12\mathrm{MHz}$,利用定时器 T0 定时,在 P1.0 输出 $100\mathrm{Hz}$ 的方波。

程序功能要求与例 5-1 相同,采用 C51 语言编写的中断应用程序如下所示:

```
# include<reg51.h>                    //包含 SFR 的头文件
sbit  P1_0＝P1^0 ;                     //定义 P1_0 为 P1.0
void  time(void) interrupt 1 using 1  //T0 中断服务程序入口
{  P1_0=!P1_0 ;                       //P1.0 取反 *
   TH0= 60536/256;                    //重新装载计数初值
   TL0= 60536%256 ;
}
void  main( void )                     //主函数
{  TMOD=0x01 ;                        //T0 工作在定时器非门控制方式1
   P1_0=0;
   TH0= 60536/256 ;                   //预置计数初值
   TL0= 60536%256 ;
   EA=1 ;                             //CPU 中断开放
   ET0=1 ;                            //T0 中断开放
   TR0=1 ;                            //启动 T0 开始定时
   do {  } while(1) ;                 //等待中断
}
```

【**例 5-9**】 已知单片机 $f_{osc} = 6\text{MHz}$,试利用 T0 和 P1 口输出如图 5-24 所示的矩形波。矩形波的高电平宽为 $40\mu s$,低电平宽为 $360\mu s$。

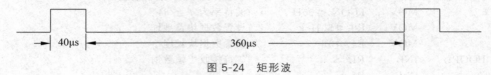

图 5-24 矩形波

分析:例 5-8 要求输出的是方波,所以高、低电平持续时间是一样的,只要用定时器定时周期的一半时间,把 P1.0 引脚的电平持续取反就可以了。但是现在矩形波高电平宽为 $40\mu s$,低电平宽为 $360\mu s$,二者不相等。

观察两个时间,$40\mu s$ 和 $360\mu s$ 刚好是 9 倍的关系,这样,用定时器定时一个基数 $40\mu s$,$360\mu s$ 用循环 9 次 $40\mu s$ 来实现。方式 2 对应的最大定时时间是 $512\mu s$,所以采用方式 2。

$40\mu s$ 定时计数值为 20,方式 2 定时初值为

$$X = 256 - 20 = 236$$

C 语言程序如下所示:

```
#include <reg51.h>
sbit signal=P1^0;
bit level;                      //用来存储产生 T0 中断之前输出何种电平
unsigned char counter;
void main(void)
{
        TMOD=0x02;              //T0 选择工作方式 2,8 位定时器
        TH0=0xec;TL0=0xec;     //定时时间为 40μs
        counter=0;signal=1;level=1;  //初始化全局变量
        EA=1;                  //使能 CPU 中断
        ET0=1;                 //使能 T0 溢出中断
        TR0=1;                 //T0 开始运行
        while(1);              //无限循环
}
void isr_t0(void) interrupt 1   //T0 中断服务函数
{
        if(level==1)            //如果中断产生之前输出的是高电平
        {
                signal=0;       //输出低电平
                level=0;        //保存当前输出的电平(低电平)
        }
        else                    //如果中断产生之前输出的是低电平
        {
        counter++;              //中断次数计数加 1
        if(counter==9)          //如果已经输出低电平 360μs
        {
                counter=0;      //中断次数计数归零
                signal=1;       //输出高电平
                level=1;        //保存当前输出的电平(高电平)
```

```
            }
        }
    }
```

【例5-10】　已知单片机 $f_{osc}=11.0592\mathrm{MHz}$,波特率为9600bps。设计一个单片机串行通信程序,循环发送字符"0"～"9"。如果有接收字符,则将字符接收。

```
#include <reg51.h>              //包含SFR的头文件
void init_uart(void);          //函数声明
unsigned char r_data;          //存放接收到的数据
void main(void)                //主函数
{
    init_uart();               //初始化串行口
    while(1);                  //等待
    { }
}
void init_uart(void)           //串行口初始化函数
{
    TMOD=0x20;                 //T1工作在方式2
    TH1= 0xfd;                 //设置波特率
    TL1= 0xfd;
    SCON= 0x50;                //串行口允许接收
    EA=1;                      //CPU中断开放
    ES=1;                      //串行口中断开放
    TR1=1;                     //启动T1
}
void isr_uart(void) interrupt 4  //串行口中断服务函数
{
    if  (RI==1)                //判断是否接收中断
    {
        RI= 0;                 //清除接收中断标志
        r_data = SBUF;         //接收数据
    }
    else
    {
        static unsigned char t_data='0';
        SBUF = t_data;         //发送一个字符
        TI= 0;                 //清除发送中断标志
        if  (++ t_data >'9')   //如果发送的是"9"
            t_data ='0';       //t_data复位
    }
}
```

5.5　阅读材料：红外遥控解码器设计

　　红外线遥控解码器利用波长 $0.76\sim1.5\mu\mathrm{m}$ 的近红外线来传送控制信号。发送端发送一系列调制到38kHz载波频率上的二进制码,经过空中传播至红外接收头接收,并由接收头内部的解调电路解调,红外接收头数据线端口输出的信号即为发送端发送的二进制码。

5.5.1　红外接收硬件电路

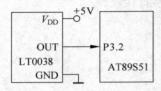

图 5-25　红外接收头与单片机
接口电路

LT0038 是塑封一体化红外线接收器,中心频率为 38kHz。它是一种集红外线接收、放大、整形于一体的集成电路,不需要任何外接元器件,就能完成从红外线接收到输出与 TTL 电平信号兼容的所有工作,其体积和普通的塑封三极管一样。没有 38kHz 载波红外遥控信号时,LT0038 输出高电平;收到红外 38kHz 载波信号时,输出低电平。LT0038 接收器对外只有 3 个引脚:OUT、GND、V_{DD},与单片机接口非常方便。LT0038 与单片机的接口电路如图 5-25 所示,解调信号被送至单片机 $\overline{\text{INT0}}$ (P3.2)端。

5.5.2　红外发射模块及其编码

遥控发射器专用芯片很多,根据编码格式,分成脉冲宽度调制和脉冲相位调制两大类。这里以运用比较广泛,解码比较容易的脉冲宽度调制芯片 LC7461 为例来说明。当发射器按键按下后,即有遥控码发出,按键不同,遥控编码也不同。LC7461 遥控码具有以下特征:采用脉宽调制的串行码,逻辑"0"由 0.56ms 的 38kHz 载波和 0.56ms 的无载波间隔组成,周期为 1.12ms;逻辑"1"由 0.56ms 的 38kHz 载波和 1.68ms 的无载波间隔组成,周期为 2.24ms。经 LT0038 接收转换后的位"0"与位"1"信号如图 5-26 所示。

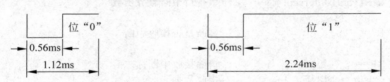

图 5-26　遥控码的位"0"与位"1"信号

当按下遥控器的按键时,遥控器发出一串二进制代码,称之为 1 帧数据。数据帧分为 5 个部分,分别为引导码、用户识别码(地址码)、用户识别码反码(地址码反码)、数据码和数据反码。所有代码均是低位在前,高位在后。

当遥控器上的任意一个按键按下超过 36ms 时,LC7461 芯片的振荡器使芯片激活,将发射一个特定的同步引导码,引导码共 13.5ms,由 9ms 的低电平(有 38kHz 载波信号)和 4.5ms 的高电平(无 38kHz 载波信号)组成。接收到引导码,表示 1 帧数据开始。LC7461 产生的遥控编码是连续的 42 位二进制码组,其中的前 26 位为 13 位用户识别码和 13 位用户识别码反码,能区别不同的红外遥控设备,防止不同机种的遥控码互相干扰。后 16 位为 8 位操作码和 8 位操作码反码。用户识别码反码和操作码反码,用于核对数据是否接收准确。LC7461 发送一遍引导码和 42 位二进制码组共需要 84.4ms。若持续按下遥控器按键,则发送重复码后再次将上述引导码及数据帧发出,直至按键释放。重复码由相同的引导码加 1 个结束位构成。

5.5.3 红外接收软件解码程序设计

解码的关键是如何识别"0"和"1"。从位的定义可以发现,"0""1"均以 0.56ms 的低电平开始,不同的是高电平的宽度不同,"0"为 0.56ms,"1"为 1.68ms,所以必须根据高电平的宽度区别"0"和"1"。从下降沿开始计时,周期时间为 1.12ms 时接收到"0",周期时间为 2.24ms 时接收到"1",周期时间为 13.5ms 时接收到引导码。考虑到遥控发送端的定时误差和红外接收端的整形误差,程序允许位"0"、位"1"周期有 ±0.15ms 偏差,引导码有 ±0.5ms 偏差。

红外解码程序流程如图 5-27 所示,设计思路如下所述。

(1) 设外部中断 0 为下降沿中断,定时器 0 为 16 位计时器,初始值均为 0。

(2) 每次进入遥控中断后,均启动计时器。保存该次计时值后,将计时值复位。如果该次计时值等于引导码的时间,置位引导码标志,初始化接收寄存器,准备接收下面的 1 帧遥控数据;如果计时值不等于引导码的时间,但前面已接收到引导码,则判断是遥控数据"0"还是"1";如果计时时间与引导码时间、位"0"时间、位"1"时间均不符合,则复位引导码标志,退出此次解码。

(3) 当接收到 42 位数据时,说明 1 帧数据接收完毕,此时可停止定时器的计时,并判断本次接收是否有效。如果地址码与数据码通过校验,且地址码等于本系统的地址,则接收的本帧数据码有效,否则丢弃本次接收到的数据。

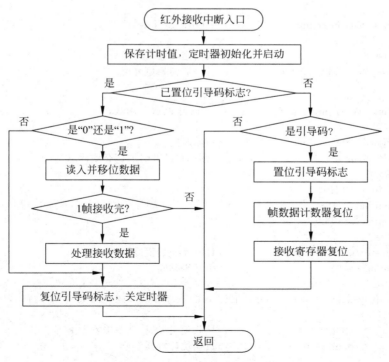

图 5-27 红外解码程序流程图

(4) 任何时候产生定时器中断,则数据接收无效,复位引导码标志,关闭定时器,退出此次解码。

设系统晶体振荡频率为11.0592MHz,解码程序如下所示:

```
#include <reg51.h>
#define    ADDCODE    215            //本机地址码
#define    OFFSET1    138            //位"0"、位"1"周期允许偏差0.15ms
#define    OFFSET2    461            //引导码周期允许偏差0.5ms
bit reflog;                          //接收标志位
unsigned char counter,datacode;      //1帧数据位计数器及最终数据代码
unsigned char datacode1,datacode0;   //移位数据代码及反码
unsigned int addcode1,addcode0;      //移位地址代码及反码

void main(void)
{
    datacode=0;reflog=0;             //初始化全局变量
    TMOD=0x01;                       //T0选择工作方式1,16位定时器
    TH0=0x00;TL0=0x00;               //计时器初始值复位
    IT0=1;                           //INT0下降沿触发
    EA=1;                            //使能CPU中断
    ET0=1;                           //使能T0溢出中断
    EX0=1;                           //使能 INT0 中断
    while(1);                        //无限循环,其他主程序任务
}

void isr_t0(void) interrupt 1        //T0中断服务函数
{
    TR0=0;                           //关闭定时器T0
    TH0=0x00;TL0=0x00;               //计时器初始值复位
}

void isr_int0(void) interrupt 0      //INT0 中断服务函数
{
    unsigned int cycletime;          //周期时间
    bit data0,data1;                 //接收的位"0"、位"1"有效标志
    TR0=0;
    cycletime=TH0;
    cycletime<<=8;
    cycletime&=TL0;
    TR0=1;
    TH0=0x00;TL0=0x00;               //计时器初始值复位
    if(reflog==0)                    //引导码判断
    {
        if(cycletime>12442-OFFSET2 && cycletime<12442+OFFSET2)
        {
            reflog=1;                //接收到引导码,准备接收数据
            counter=0;               //数据位计数器复位
        }
    }
    else                             //此前已经接收到引导码
```

```
    {
        counter++;                          //数据位计数器计数加1
        data0=cycletime>1032-OFFSET1 && cycletime<1032+OFFSET1;
        data1=cycletime>2064-OFFSET1 && cycletime<2064+OFFSET1;
        if(data0 || data1)                  //有效数据位判断
        {
            if(counter<14)
            {
                addcode1>>=1;           //接收地址码
                if(data1)addcode1+=0x8000;
            }
            if(counter>13 && counter<27)
            {
                addcode0>>=1;           //接收地址码反码
                if(data1)addcode0+=0x8000;
            }
            if(counter>26 && counter<35)
            {
                datacode1>>=1;          //接收数据码
                if(data1)datacode1+=0x80;
            }
            if(counter>34)
            {
                datacode0>>=1;          //接收数据码反码
                if(data1)addcode0+=0x80;
            }
            if(counter>=42)
            {
                addcode1>>=3;
                addcode0>>=3;
                datacode0+=datacode1; //校验接收数据
                addcode0+=addcode1;
                TR0=0, reflog=0;
                if(datacode0==0xff && addcode0==0x1fff && addcode1==ADDCODE)
                datacode=datacode1;     //接收数据正确,赋值
            }
        }
        else
        {
            TR0=0, reflog=0;
        }
    }
}
```

习题 5

5.1 80C51 定时器/计数器处于计数器工作模式时,其计数脉冲由哪里提供? 对该脉冲有何要求?

5.2 80C51 定时器/计数器处于定时器工作模式时,实现定时的工作原理是什么?

5.3 定时器/计数器的模式 2 有什么特点? 适用于什么场合?

5.4 AT89S51 定时器的门控信号 GATE 设置为"1"时,定时器如何启动?

5.5 若 80C51 的 TMOD＝A6H,则其 T0、T1 分别工作在什么方式?

5.6 采用 C51 编写定时器中断程序时,如何进行中断保护?

5.7 80C51 定时器初始化时,其计数初值为何用"负值"? 可以避免用"负值"吗?

5.8 80C51 的 T0 工作在方式 0,要求定时 5ms。编程对其初始化(系统时钟 6MHz)。

5.9 使用 80C51 定时器定时,编程在 P1.0 上产生 10kHz 的方波(系统时钟 6MHz)。

5.10 使用 80C51 定时器定时,编程在 P1.1 上产生占空比为 25％、频率为 100Hz 的矩形波(系统时钟 11.0592MHz)。

5.11 使用 80C51 定时器定时,编程在 P1.2 上产生一个宽度为 1800ns 的单脉冲(系统时钟 11.0592MHz)。

5.12 已知 AT89S51 单片机的 $f_{osc}＝6MHz$。编程由 T0 产生 1s 的定时。

5.13 利用 80C51 的 T0 对外部脉冲计数。每计数到 100 个脉冲后,T0 转为定时器模式定时 10ms;定时时间到后,T0 又转为计数器模式计数 100 个外部脉冲,如此循环不止。编写相应的程序(系统时钟 12MHz)。

5.14 单个负脉冲宽度为 100～2000ms,请利用 AT89S52 的定时器对该脉冲宽度精确测量(系统时钟 12MHz)。

5.15 80C51 串行口有哪几种工作方式? 相应的帧格式如何?

5.16 简述串行口接收和发送数据的过程。

5.17 80C51 串行口方式 3 的波特率如何确定?

5.18 简述 80C51 的 SCON 中 SM2、TB8、TR8 的作用。

5.19 AT89S51 的系统时钟为 11.0592MHz,用 T1 作为波特率发生器,要求波特率为 1200bps。编写 T1 的初始化程序。

5.20 设计一个 AT89S51 单片机的双机通信系统,将甲机片外 RAM 3300H～330FH 的数据块传送到乙机的片内 RAM 40H～4FH 单元中。

第 **6** 章

并行接口技术

计算机通信方式分为并行通信与串行通信,本章主要介绍单片机的各种并行通信接口扩展技术,包括显示器接口、键盘接口、A/D 接口、D/A 接口的并行扩展技术和总线扩展技术。

6.1 显示器接口

在单片机应用系统中,显示器是经常使用的输出设备。特别是发光二极管显示器(LED)和液晶显示器(LCD),由于结构简单、价格便宜,得到了广泛的应用,尤其是在单片机系统中大量使用。本节主要介绍 LED 显示器的显示原理及其与 AT89S51 单片机的接口方法和相应的程序设计。

6.1.1 独立 LED 与单片机的接口

独立 LED 显示器多用于信号指示,它实际是一个压降为 1.5～2.5V,电流为 5～10mA 的发光二极管,通过 LED 的电流决定它的发光强度。单个 LED 与 AT89S51 的接口如图 6-1 所示。

在图 6-1 中,7406 是驱动器,用来弥补单片机高电平驱动能力不足的问题。如果 I/O 口采用低电平驱动 LED,7406 驱动器可以不用,但要注意的是,AT89S51 每位口线的灌电流不能大于 10mA,P0 口 8 位的灌电流之和不能大于 26mA,P1、P2、P3 每个端口 8 位的灌电流之和不能大于 15mA,整个 AT89S51 所有 I/O 口线的灌电流之和不能大于 71mA。

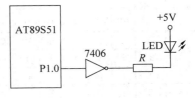

图 6-1　单个 LED 接口

图 6-1 中的 R 是限流电阻,不能省略。假设 7406 的输出低电平是 0.3V,LED 的正向电压降是 1.7V,当 R 选择为 300Ω 时,流过 LED 的电流为 10mA。

6.1.2 LED 数码管与单片机接口

1. LED 数码管及其字形码

1) LED 数码管的结构和分类

通常所说的 LED 数码管是由七个发光二极管组成的,因此也称之为七段 LED 显示器,其排列形状如图 6-2 所示。显示器中有一个圆点形发光二极管(图 6-2 中以 dp 表示),用来显示小数点。通过七段发光二极管亮暗的不同组合,可以显示多种数字、字母以及其他符号。

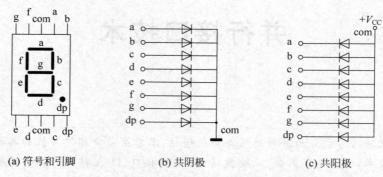

(a) 符号和引脚　　　(b) 共阴极　　　(c) 共阳极

图 6-2　七段 LED 显示器

LED 显示器中的发光二极管有以下两种连接方法。

(1) 共阴极接法:把发光二极管的阴极连在一起构成公共阴极。使用时,公共阴极接地(低电平),阳极端输入高电平的段导通点亮,输入低电平的段不点亮。

(2) 共阳极接法:把发光二极管的阳极连在一起构成公共阳极。使用时,公共阳极接正电源(高电平),阴极端输入低电平的段导通点亮,输入高电平的段不点亮。

2) LED 数码管的字形编码

LED 数码管显示器显示字符时,向其公共端及各段施加正确的电压,即可显示该字符。对公共端加电压的操作称为位选,对各段加电压的操作称为段选。所有段的段选组合在一起称为段选码,也称为字形码。七段数码管字形编码如表 6-1 所示。

表 6-1　七段数码管字形编码表

显示	字形	共阳极									共阴极								
		dp	g	f	e	d	c	b	a	字形码	dp	g	f	e	d	c	b	a	字形码
0	0	1	1	0	0	0	0	0	0	C0H	0	0	1	1	1	1	1	1	3FH
1	1	1	1	1	1	1	0	0	1	F9H	0	0	0	0	0	1	1	0	06H
2	2	1	0	1	0	0	1	0	0	A4H	0	1	0	1	1	0	1	1	5BH
3	3	1	0	1	1	0	0	0	0	B0H	0	1	0	0	1	1	1	1	4FH
4	4	1	0	0	1	1	0	0	1	99H	0	1	1	0	0	1	1	0	66H
5	5	1	0	0	1	0	0	1	0	92H	0	1	1	0	1	1	0	1	6DH
6	6	1	0	0	0	0	0	1	0	82H	0	1	1	1	1	1	0	1	7DH
7	7	1	1	1	1	1	0	0	0	F8H	0	0	0	0	0	1	1	1	07H
8	8	1	0	0	0	0	0	0	0	80H	0	1	1	1	1	1	1	1	7FH
9	9	1	0	0	1	0	0	0	0	90H	0	1	1	0	1	1	1	1	6FH
A	A	1	0	0	0	1	0	0	0	88H	0	1	1	1	0	1	1	1	77H
B	B	1	0	0	0	0	0	1	1	83H	0	1	1	1	1	1	0	0	7CH
C	C	1	1	0	0	0	1	1	0	C6H	0	0	1	1	1	0	0	1	39H
D	D	1	0	1	0	0	0	0	1	A1H	0	1	0	1	1	1	1	0	5EH

续表

显示	字形	共阳极									共阴极								
		dp	g	f	e	d	c	b	a	字形码	dp	g	f	e	d	c	b	a	字形码
E	E	1	0	0	0	0	1	1	0	86H	0	1	1	1	1	0	0	1	79H
F	F	1	0	0	0	1	1	1	0	8EH	0	1	1	1	0	0	0	1	71H
灭	灭	1	1	1	1	1	1	1	1	FFH	0	0	0	0	0	0	0	0	00H

字形码可以根据显示字符的形状和各段的顺序得出。例如，显示字符"0"时，a、b、c、d、e、f点亮，g、dp熄灭。如果在1字节的字形码中，从高位到低位的顺序为dp、g、f、e、d、c、b、a，可以得到字符"0"的共阴极字形码为3FH，共阳极字形仍为C0H。其他字符的字形码通过相同的方法得出。可以看出，共阳极数码管和共阴极数码管的字形编码互为反码。

2. LED 数码管的显示和驱动

实际使用的LED显示器通常有多位。多位LED数码管的控制包括字形控制（显示什么字符）和字位控制（哪一位或哪几位显示）。由LED显示原理可知，要使 N 位 LED显示器的某一位显示出某个字符，必须将此字符转换为相应的段选码（字形码），同时进行字位的控制。这要通过一定的接口来实现。N 位 LED 显示器的接口形式与字形、字位控制线的译码方式以及 LED 显示方式有关。字形、字位控制线的译码方式有软件译码和硬件译码两种。硬件译码可以简化程序，减少依赖 CPU；软件译码能充分发挥 CPU 功能，简化硬件装置。LED 显示方式分为静态显示和动态显示。

1) LED 静态显示

所谓静态显示，就是将 N 位共阴极 LED 显示器的阴极连在一起接地，每一位 LED的 8 位段选线与 8 位并行口相连，当显示某一个字符时，相应的发光二极管恒定地导通或截止。静态显示的各显示位能同时显示不同的数字或字符，CPU 为显示器服务的时间短且软件简单，但硬件接口开销大，接口电路复杂。

2) LED 动态显示

所谓动态显示，就是用扫描方式轮流点亮 LED 显示器的各个位。将多个七段 LED显示器的段选线连接在一起，只用一个 8 位 I/O 输出口控制所有 LED 显示器的显示代码，每个 LED 显示器的公共阴极（或公共阳极）统一由另外的位选端口控制。在位选端口控制显示多个 LED 显示器中的一个的同时，段选码输出端口输出相应显示器的段选码，逐一选通扫描点亮所有的显示器，使每位 LED 显示该位应当显示的字符。尽管多个LED 显示器采用轮流显示方式，当显示刷新频率足够快时，由于视觉暂留现象，人们会感觉所有 LED 同时都亮着。在显示的位数较多时，LED 动态扫描显示接口电路简单，可以节省 I/O 输出口的数量，但它要求 CPU 频繁地为显示服务。

3. LED 数码管静态显示接口电路

在单片机应用系统的静态显示器接口中常采用 MC14495 芯片。采用 MC14495 芯片的 8 位静态七段 LED 显示器接口电路如图 6-3 所示。

MC14495 内部有锁存器、七段 ROM 译码阵列及带有限流电阻的驱动电路，可与七段 LED 直接相连,其引脚功能如下所述。

（1）D、C、B、A：BCD 码或十六进制码输入。

（2）a,b,…,g：七段代码输出。

（3）$\overline{LE}$：锁存控制信号。当 $\overline{LE}$ 为低电平时,输入数据;当 $\overline{LE}$ 为高电平时,将数据锁存。

用 P1 口的低 4 位输出待显示的 BCD 数码到 8 片 MC14495 的 A、B、C、D 公共输入端,由 P1 口的高 4 位控制 74LS138 译码器的输出,$\overline{Y0}$～$\overline{Y7}$ 选择 MC14495 锁存器。

【例 6-1】 要求将存放在内部 RAM 显示缓冲区 30H～37H 单元中的 8 位 BCD 数在图 6-3 所示的电路中从左到右显示出来。

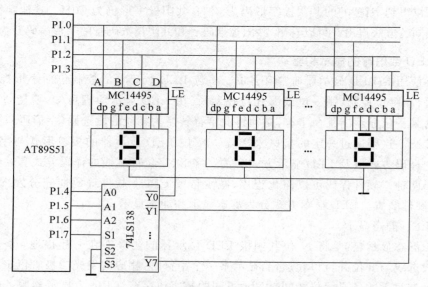

图 6-3 硬件译码 8 位静态 LED 显示接口电路

程序的设计思路很简单,用循环程序将 30H～37H 单元的内容依次送到 8 片 MC14495 进行锁存即可。显示子程序如下所示：

```
JTXSCX:   MOV    R0,#30H        ;设置显示缓冲区首地址
          MOV    R7,#00H        ;设置初始位控码
          CLR    P1.7
LOOP:     MOV    A,@R0          ;取显示数据
          ANL    A,#0FH
          ORL    A,R7
          MOV    P1,A
          SETB   P1.7           ;锁存 1 位数据
          CLR    P1.7
          INC    R0
          MOV    A,#10H
          ADD    A,R7           ;指向下一位位置
          MOV    R7,A
          CJNE   A,#80H,LOOP    ;未完继续
          RET
```

4. LED 数码管动态显示接口电路

采用动态扫描方式的数码管显示接口电路如图 6-4 所示。在图 6-4 中,8 个共阴极 LED 数码管的段选端并联后,经 P0 口通过同相 74LS244 驱动器驱动,字形输出"1"时发光有效。74LS244 的每一位提供超过 25mA 的灌电流驱动能力。图 6-4 中采用的限流电阻是 360Ω,相应的段电流约为 8mA。单片机 P0 口每一位能提供超过 10mA 灌电流驱动能力,因此省略 74LS244。直接采用 P0 口驱动时,每根口线的单独驱动能力没有问题,但是整个 P0 口的灌电流之和不能超过 26mA,因此限流电阻必须加大到 1kΩ,相应的段电流约为 3mA。还要注意,与其他端口一起,不能超过 AT89S51 所有引脚的灌电流总和 71mA。

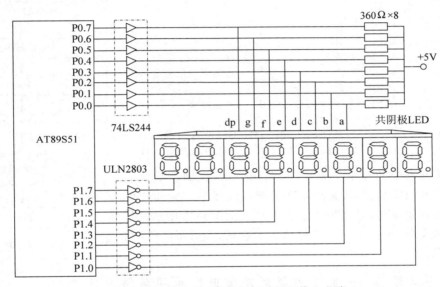

图 6-4 软件译码 8 位动态 LED 显示接口电路

在图 6-4 中,数码管的位选控制由 P1 口经过反相器 ULN2803 实现,P1 口位选输出"1"时,相应的反相器输出"0",对应的数码管点亮。ULN2803 是高压、大电流达林顿阵列,每一片包含 8 个驱动单元,集电极开路输出,它们之间共发射极。ULN2803 内部还集成了一个消线圈反电动势的二极管,用来驱动继电器。ULN2803 的最大驱动电压为 50V,驱动电流为 500mA,饱和压降 V_{CE} 约为 1V。

采用动态扫描显示方式时,每一位数码管的显示间隔时间不能超过 40ms,或者说,刷新显示频率不能低于 25Hz,否则会感觉到数码管的显示有闪烁现象。刷新频率也不能太高,否则每一位数码管每次显示的时间就短,造成显示效率下降。刷新频率一般不超过 200Hz。

【例 6-2】 要求将存放在内部 RAM 显示缓冲区 58H～5FH 单元中的 8 位显示内容 (BCD 数)在如图 6-4 所示的电路中从右到左显示出来。设系统时钟频率为 6MHz。

图 6-4 中的 8 个数码管与显示缓冲区 58H～5FH 的 8 个单元一一对应,显示程序要做的是将缓冲区中的内容依次送到数码管上显示刷新一遍。设每一个数码管的显示时间为 2ms,则所有数码管刷新显示一遍需要 16ms。程序设计思路如图 6-5 所示,显示子程

序如下所示:

```
DTXSCX:  MOV    R0,#58H           ;设置显示缓冲区首地址
         MOV    R7,#01H           ;设置初始位选码
         MOV    DPTR,#TAB         ;指向字形表首址
LOOP:    MOV    A,@R0             ;取显示数据
         MOVC   A,@A+DPTR         ;转换成相应的段选码
         MOV    P0,A              ;段选码输出
         MOV    P1,R7             ;位选码输出
         MOV    R6,#250
LOOP1:   NOP
         NOP
         DJNZ   R6,LOOP1          ;延时 2ms
         INC    R0
         MOV    A,R7
         RL     A                 ;指向下一位位置
         MOV    R7,A
         CJNE   A,#01H,LOOP       ;未完继续
         RET
TAB:     DB     3FH,06H,5BH,4FH,66H,6DH,7DH,07H
         DB     7FH,6FH,77H,7CH,39H,5EH,79H,71H
```

对于此例中的显示子程序,每调用一次,仅刷新显示一遍。要得到稳定的显示,必须不断地调用该程序。如果 CPU 需要执行其他操作,只能插入显示循环。动态扫描显示虽然接口电路简单,但由于必须不停地显示刷新,降低了 CPU 的工作效率。

图 6-5　动态扫描子程序流程图

6.1.3　任务模块3:水温控制系统温度显示子系统设计

1. 任务

水温控制系统的温度控制范围是 20~70℃,要求同时显示温度设定值和温度测量值,显示分辨率为 0.1℃。

2. 显示子系统硬件设计

温度设定值和温度测量值各需要 3 位数码显示,一共 6 位。采用 6 个 LED 数码管动态扫描方式实现系统显示,硬件方案如图 6-6 所示。

LED 选择共阴极数码管。所有数码管的段选线并联起来,由 P0 口经 74HC244 驱动,P0 口上拉电阻为 10kΩ。高速 CMOS 芯片 74HC244 电源电压范围为 2.0~6.0V,每一位的灌电流与拉电流驱动能力都可达到 7.8mA。各位数码管的阴极由 P2 口控制,中间由 74LS06 驱动。74LS06 器件内包含 6 路反相驱动器,带有高压集电极开路输出,可连接高电平电路的接口,驱动高强度电流负载,其额定输出电压为 30V,最大吸取电流为 40mA。按照最大的 40mA 驱动电路计算,允许数码管每一段流过的电流不超过 5mA。图中,限流电阻为 680Ω,控制段电流约为 4.4mA。

3. 显示程序设计

显示程序的任务有两个:一是将待显示的内容(温度设定值和温度测量值)拆分转换

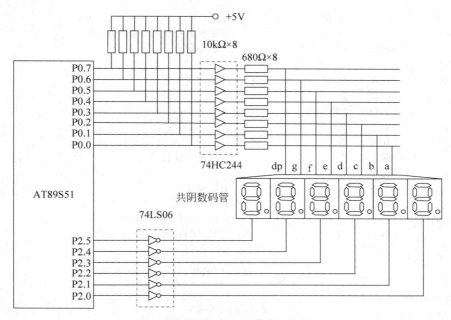

图 6-6　水温控制系统显示电路设计

成显示数码存放至显示缓冲区,该转换程序在任务模块 1 中已编写完成;二是将显示缓冲区中的内容送到数码管上刷新显示一遍,这是本模块的主要任务。显示子程序流程如图 6-7 所示。该子程序需要在主程序中不停地调用,以保证显示效果。显示缓冲区首地址对应数码管显示器的最高位。

```
;程序名:DISPLAY
;功能:将温度设定值与温度测量值送至数码管刷新显示一遍,程序运行时间约 20ms
;占用资源:累加器 A,状态寄存器 PSW,数据指针 DPTR,通用寄存器 00 组(R0、R5、R6、R7)
;入口参数:显示缓冲区 DISBUF(3AH~3FH)
;出口参数:无
DISBUF      EQU     3AH              ;显示缓冲区首地址
SEGOUT      EQU     P0               ;段选码输出端口
DIGOUT      EQU     P2               ;位选码输出端口
DISFLAG     EQU     5EH
DISPLAY:    LCALL   CODECON          ;调用设定值、测量值拆分转换程序
            MOV     R0,#DISBUF       ;设置显示缓冲区首地址
            MOV     R7,#20H          ;设置初始位选码
            MOV     DPTR,#TABDIS     ;指向字形表首址
DIS1:       MOV     DIGOUT,#0        ;关闭显示器
            MOV     A,DISFLAG        ;取消隐控制字
            ANL     A,R7
            JNZ     DIS2             ;该位显示消隐,则转移
            MOV     A,@R0            ;取显示数据
            MOVC    A,@A+DPTR        ;转换成相应的段选码
            MOV     SEGOUT,A         ;段选码输出
            MOV     DIGOUT,R7        ;位选码输出
            MOV     A,#00010010B     ;当前显示位置是否小数点判断
```

```
              ANL      A,R7
              JZ       DIS2              ;不是小数点位置,则转移
              SETB     SEGOUT.7          ;显示小数点
DIS2:         MOV      R6,♯6
DIS3:         MOV      R5,♯250
              DJNZ     R5,$
              DJNZ     R6,DIS3           ;延时 3.3ms
              INC      R0
              MOV      A,R7
              RR       A                 ;指向下一位位置
              MOV      R7,A
              CJNE     A,♯80H,DIS1       ;未完继续
              RET
TABDIS:       DB       3FH,06H,5BH,4FH,66H,6DH,7DH,07H
              DB       7FH,6FH,77H,7CH,39H,5EH,79H,71H,00H
```

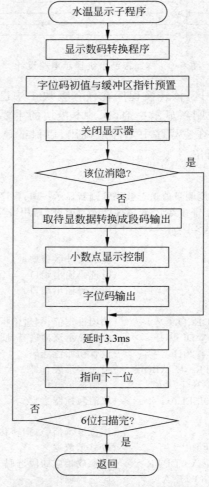

图 6-7 水温控制显示子程序流程图

6.2 键盘接口

键盘是计算机不可缺少的人机对话的组成部分,是人向机器发出指令、输入信息的必需设备。

按键盘的结构形式,分为非编码键盘和编码键盘。前者用软件方法产生键码,后者用硬件方法产生键码。由于非编码键盘结构简单、成本低廉,在单片机应用系统中,一般都是采用这种键盘。本节只介绍非编码键盘的设计。

6.2.1 键盘工作原理

1. 按键输入原理

按键为常开型按钮开关,分为两类:一类是触点式开关按键,如机械式开关、导电橡胶式开关等;另一类是无触点式开关按键,如电气式按键、磁感应按键等。前者造价低,后者寿命长。目前,单片机系统中最常见的是触点式开关按键。

通过按键的接通与断开,产生两种相反的逻辑状态:低电平"0"与高电平"1"。当系统检测到按键电路有电平变化时,通过软件实现键盘信息的输入,完成按键设定的功能任务。

因机械触点的弹性作用,按键在闭合与断开的瞬间均有一个抖动过程,使电压信号也出现抖动。图 6-8(a)所示为单个按键电路,图 6-8(b)所示为其电压输出抖动示意波形。抖动时间长短与开关的机械特性相关,一般不超过 10ms。由于单片机程序运行速度远快于按键的抖动速度,如不加处理,一次按键会被误读为多次。

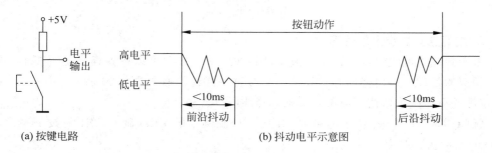

图 6-8 机械按键抖动引起的电压波动

通常,去除按键抖动影响的方法有硬件、软件两种。RS 触发器或单稳态触发器为常用的硬件去抖电路。软件去除抖动影响的基本思想:检测到有键按下,软件延时 10ms后,确认该键是否仍旧按下,如果是,则确认该键按下有效;当检测到有键从按下状态松开,软件延时 10ms 后,确认该键是否仍旧松开,如果是,则确认该键松开有效。采取以上措施,去除了两个抖动期的影响。

2. 键盘接口程序的任务

不管采用何种键盘接口电路,也不管键盘有何具体任务,一个完整的键盘处理程序应该完成下列任务:

（1）测试有没有键被按下。

（2）有键按下时，去抖动影响。

（3）确定按下的按键并执行相应的功能。

（4）等待按键释放。

6.2.2　独立式键盘与单片机接口

1. 独立式键盘接口电路

在独立式键盘中，各按键相互独立，每个按键各接一根 I/O 口线作为输入，每根输入线上的按键工作状态不会影响其他输入线上的工作状态。因此，通过检测输入线的电平状态，可以很容易地判断按键是否被按下。独立式键盘电路配置灵活，软件结构简单，但每个按键需占用一根输入线，在按键数量较多时，输入口浪费大，电路结构显得很繁杂，故这种键盘适用于按键较少或操作速度较快的场合。独立式按键电路如图 6-9 所示。

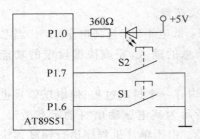

图 6-9　独立式按键接口电路

在图 6-9 所示电路中，按键 S1、S2 分别直接与 AT89S51 的 I/O 口线相接，按键输入都设为低电平有效。按键没有按下时，相应的输入 I/O 口线由内部上拉电阻拉成高电平；按键按下后，相应的输入 I/O 口线变成低电平。单片机通过读 I/O 口，判定各 I/O 口线的电平状态，即可识别出按下的按键。图 6-9 中只有 2 个按键，应用系统可根据实际需要增加或减少按键的数量。各个按键的 I/O 口线也可以分布在不同的 I/O 端口中。

2. 编写独立式键盘的程序

由于独立式键盘中各按键相互独立，编程时，每个按键可以单独查询是否按下，然后做出相应的处理。采用查询方式处理一个按键的程序流程如图 6-10 所示。在一般情况下，按键的第二次确认按下与第二次确认释放可以省略。

【例 6-3】　在图 6-9 所示电路中，S1 用于控制图中的 LED 显示。S1 每按下一次，将 LED 的显示状态改变一次。

按照图 6-10 所示的方法编写的 S1 按键处理程序如下所示：

```
S1        BIT     P1.6
LED1      BIT     P1.0
DLJCL:    JB      S1,JCL2          ;S1 未按下,退出
          LCALL   DELAY10MS        ;延时 10ms(需要另外编写)
          JB      S1,JCL2          ;未能确认 S1 未按,退出
          CPL     LED1             ;改变 LED 显示状态
JCL1:     JNB     S1,JCL1          ;等待 S1 松开释放
          LCALL   DELAY10MS        ;延时 10ms
          JNB     S1,JCL1          ;未能确认 S1 释放,转回继续等待
JCL2:     RET
```

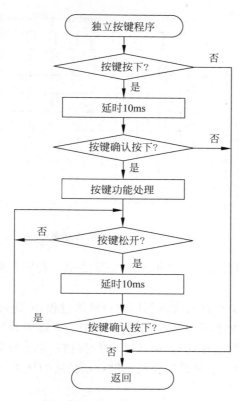

图 6-10 独立按键处理流程图

6.2.3 行列式键盘与单片机接口

1. 行列式键盘工作原理

行列式键盘又叫矩阵式键盘,是用 I/O 口线组成的行、列矩阵结构,在每根行线与列线的交叉处,二线不直接相通,而是通过一个按键跨接接通。采用这种矩阵结构,只需 M 根行输出线和 N 根列输入线,就可连接 $M \times N$ 个按键。通过键盘扫描程序的行输出与列输入,可确认按键的状态;再通过键盘处理程序,便可识别键值。对行列式的键盘进行扫描的时候,先判断整个键盘是否有按键按下。有按键按下,才对那一个按键进行判别扫描。对按键的识别扫描通常有两种方法:一种是逐行(或逐列)扫描法;另一种是线反转扫描法。

现以图 6-11 所示的 4×4 键盘为例,分别说明这两种扫描方法的工作原理。

1)逐行(或逐列)扫描法的工作原理

下面以逐行扫描法为例说明其工作原理。图 6-11 中的 4 根行线 X0～X3 作为输出口线,4 根列线 Y0～Y3 作为输入口线,输入口线上必须接有上拉电阻,确保没有按键闭合时所有输入口线为高电平。

逐行扫描法首先判别整个键盘中有无键按下。将全部行线 X0～X3 置低电平,然后检测列线 Y0～Y3 的状态。只要有一列的电平为低,则表示键盘中有键被按下,而且闭合

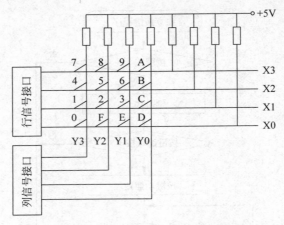

图 6-11　行列式键盘原理示意图

的键位于低电平线与 4 根行线相交叉的 4 个按键之中。若所有列线均为高电平，则键盘中无键按下。

在确认有键按下后，即可进入确定具体闭合键的过程，方法是：依次将行线置为低电平，即在置某根行线为低电平时，其他行线为高电平。再逐列检测各列线的电平状态，若全为高电平，则所按下的键不在此行，进入下一行扫描；若某列为低电平，则该列线与置为低电平的行线交叉处的按钮就是闭合的按键。扫描法的优点是扫描结束即可判别出按下按键所处的位置。

2）线反转扫描法的工作原理

线反转扫描法要求行信号接口与列信号接口既能作为输入接口使用，又能作为输出接口使用，行、列信号经输入、输出两次反转后即可得到键值。其优点是扫描速度比较快，但得到键值后通常要经过查表程序才能进一步确定键号，明确按下按键的位置。由于行、列信号接口都要求能够作为输入接口使用，因此在图 6-11 中，所有行线、列线均接有上拉电阻。

首先，行输出，列输入，将全部行线 X0～X3 置低电平，然后读取列线 Y0～Y3 的状态并保存；接着，列输出，行输入，将全部列线 Y0～Y3 置低电平，然后读取行线 X0～X3 的状态。将两次读入的行数据（设为高 4 位）与列数据（设为低 4 位）组合成一个键值。当没有键按下时，该键值是 0FFH；当有键按下时，将获得的键值与键值表中的数据相对比，确定按键的键号。

在图 6-11 中，按键 7、8、9、A 的键值依次是 77H、7BH、7DH、7EH，按键 2 的键值是 0DBH，其他按键的键值都可采用同样的方法确定。

2. 行列式非编码键盘程序设计

线反转法比逐行扫描法应用更加灵活、方便。下面通过一个实例介绍线反转法的程序设计方法。

【例 6-4】　用 P1 口作为键盘接口，其中 P1.0～P1.3 是列信号接口，P1.4～P1.7 是行信号接口。0～F 共 16 个按键号的分布如图 6-12 所示。编写键盘扫描程序，有键按下

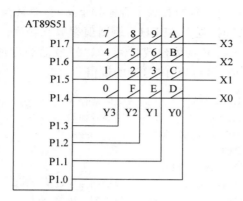

图 6-12 行列式键盘原理图

时,确定按键的键号。

由于 P1 口本身带有内置上拉电阻,因此图 6-12 中的所有行线与列线均未外接上拉电阻。反转法中,键扫描程序主要分为两部分:一是扫描获得键值,程序设计思路如图 6-13(a)所示;二是查表获得键号,程序设计思路如图 6-13(b)所示。

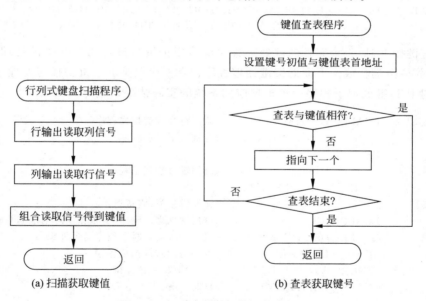

图 6-13 行列式键盘扫描程序流程图

行列式键盘扫描子程序如下所示,有键按下时,程序返回键号;无键按下或按下的是无效键时,返回 0FFH。返回值存放在 A 中。

```
HLSJSM:    MOV    P1,#0FH      ;行输出
           MOV    A,P1         ;列读入
           MOV    P1,#0F0H     ;列输出
           ANL    A,P1         ;行读入并合并,得到键值
           RET
```

根据 A 中的键查找相应键号的查表子程序如下所示,有键按下时,程序返回键号;无键按下或按下的是无效键时,返回 0FFH。返回值存放在 A 中。在子程序键值表中,键值的顺序根据图 6-12 所示键号具体位置排列,即"0"号键的键值在最前面,其后依次为"1"号键键值、"2"号键键值,最后为"F"号键的键值。

```
JHSM:    MOV     B, A            ;键值暂存
         MOV     A, #0           ;置键号初值
         MOV     DPTR, #JZTAB
JSM1:    PUSH    ACC
         MOVC    A, @A+DPTR
         CJNE    A, B, JSM2      ;未找到相应键值,继续
         POP     ACC             ;找到相应键值,返回
         RET
JSM2:    POP     ACC
         INC     A
         CJNE    A, #16, JSM1    ;判断查表是否结束
         MOV     A, #0FFH        ;置无效键值
         RET
JZTAB:   DB      0E7H, 0D7H, 0DBH, 0DDH, 0B7H, 0BBH, 0BDH, 77H
         DB      7BH, 7DH, 7EH, 0BEH, 0DEH, 0EEH, 0EDH, 0EBH
```

当有键按下时,一个完整的键处理程序应该根据键号进行相应的按键处理;处理结束后,要等待按键释放。下面的按键处理程序包含一个完整的按键扫描与处理过程,程序中调用的 JCL 键处理子程序应该根据应用系统的实际情况来编写。

```
HLSJCL:  LCALL   HLSJSM          ;调用行列式键扫描程序
         CJNE    A, #0FFH, JCL1  ;有键按下,继续
         RET
JCL1:    LCALL   JHSM            ;调用键号查找子程序
         CJNE    A, #0FFH, JCL2
JCL2:    JNC     JCL3            ;无效键按下,直接退出
         LCALL   JCL             ;调用键处理子程序(应根据实际情况编写)
JCL3:    LCALL   DELAY10MS       ;延时 10ms(延时子程序需另外编写)
         LCALL   HLSJSM          ;调用行列式键扫描程序
         CJNE    A, #0FFH, JCL3  ;键未释放,继续等待
         LCALL   DELAY10MS       ;延时 10ms
         RET
```

6.2.4 任务模块4:水温控制系统键盘子系统设计

1. 任务

水温控制系统的温度控制范围是 20~70℃,要求温度设定值能够通过按键设定。设定温度时,温度步进值为 1℃。

2. 键盘子系统硬件设计

键盘要求的功能较为简单,只需要能够对设定值进行修改即可。键盘硬件方案如

图 6-14 所示,"模式/确认"键用于在温度正常控制工作模式与温度设定值修改模式之间转换,"+""−"键用于修改温度设定值。

3. 键盘程序设计

键盘程序要求查询键盘的状态,有键按下时,做出相应的处理。温度控制的设定值为 SV,在任何情况下,温度控制程序均根据 SV 值与温度测量值 PV 进行比较,实现控制温度的目的。当系统进入温度设定值修改状态后,键盘程序不直接修改设定值 SV,而是修改设定值备份数据 SVTEMP;退出修改状态时,将修改好的设定值备份数据 SVTEMP 赋给设定值 SV,设定值即修改结束。

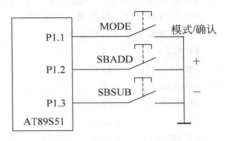

图 6-14 水温控制系统独立式键盘设计

键盘处理程序流程如图 6-15 所示。程序中判断每一个按键的状态时,实际流程应该与图 6-10 所示一致。键盘处理程序与任务模块 3 中的动态扫描显示程序同时放在主程序中执行,可轮流重复调用动态扫描显示程序与键盘处理程序。在有键按下,延时去抖动及等待按键释放的过程中,都应该调用动态扫描显示程序,以达到两个程序运行的统一。

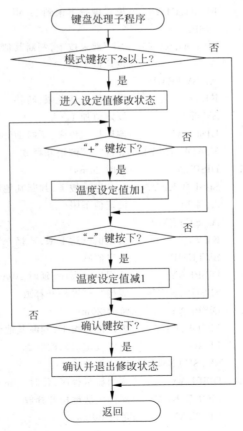

图 6-15 水温控制键盘处理子程序流程图

```
;程序名:KEYPROG
;功能:键盘处理程序,查询键盘状态,修改水温控制设定值
;占用资源:累加器A,状态寄存器PSW,数据指针DPTR,通用寄存器00组
;状态标志:FLAG＝0,正常状态；FLAG＝1,设定值修改状态
;入口参数:设定备份值SVTEMP
;出口参数:修改后设定值SV
FLAG        BIT     F0              ;标志位
MODE        BIT     P1.1            ;模式/确认键
SBADD       BIT     P1.2            ;"＋"键
SBSUB       BIT     P1.3            ;"－"键
SV          EQU     30H             ;设定值单元
SVTEMP      EQU     32H             ;设定值备份单元
KEYPROGL:   JB      MODE,KEY9       ;模式键未按下,退出
            MOV     R3,＃100        ;2s计数初值
KEY1:       LCALL   DISPLAY         ;调用显示程序,延时20ms
            DJNZ    R3,KEY2         ;2s计时
            SETB    FLAG            ;2s到,进入设定值修改状态
KEY2:       JNB     MODE,KEY1       ;等待模式键松开释放
LCALL       DISPLAY                 ;延时20ms
            JNB     FLAG,KEY9       ;模式键按下未到2s,退出
KEY3:       LCALL   DISPLAY         ;延时20ms
            JB      SBADD,KEY5      ;"＋"键未按下,判断其他键
            MOV     A,＃70          ;设定值上限
            XRL     A,SVTEMP
            JZ      KEY4            ;设定值已达上限,转移
            INC     SVTEMP          ;设定值加1
KEY4:       LCALL   DISPLAY         ;调用显示程序,延时20ms
            JNB     SBADD,KEY4      ;等待"＋"键松开释放
            LCALL   DISPLAY         ;延时20ms
KEY5:       JB      SBSUB,KEY7      ;"－"键未按下,判断其他键
            MOV     A,＃20          ;设定值下限
            XRL     A,SVTEMP
            JZ      KEY6            ;设定值已达下限,转移
            DEC     SVTEMP          ;设定值减1
KEY6:       LCALL   DISPLAY         ;调用显示程序,延时20ms
            JNB     SBSUB,KEY6      ;等待"－"键松开释放
            LCALL   DISPLAY         ;延时20ms
KEY7:       JB      MODE,KEY3       ;确认键未按下,判断其他键
            CLR     FLAG            ;退出设定值修改状态
            MOV     SV,SVTEMP       ;确认修改值
KEY8:       LCALL   DISPLAY         ;调用显示程序,延时20ms
            JNB     MODE,KEY8       ;等待确认键松开释放
            LCALL   DISPLAY         ;延时20ms
KEY9:       RET
```

6.3 A/D、D/A 转换及其与单片机的接口

6.3.1 A/D、D/A 转换概述

1. A/D 转换器概述

A/D 转换器又叫模/数转换器,简称 ADC,用于将模拟信号转换成数字信号,便于单片机等数字设备处理。模拟量可以是电压、电流等电信号,也可以是压力、温度、湿度、位移、声音等非电信号,但在 A/D 转换前,输入到 A/D 转换器的输入信号必须经各种传感器把物理量转换成电压信号。A/D 转换后,输出的数字信号可以有 8 位、10 位、12 位和 16 位等。

1) 常用 A/D 转换器的分类

(1) 积分型:积分型 A/D 转换器的工作原理是将输入电压转换成时间(脉冲宽度信号)或频率(脉冲频率),然后由定时器/计数器获得数字值。其优点是用简单电路就能获得高分辨率,缺点是由于转换精度依赖于积分时间,因此转换速率极低。

(2) 逐次比较型:逐次比较型 A/D 转换器由一个比较器和 D/A 转换器通过逐次比较逻辑构成,从最高位开始,顺序地对每一位将输入电压与内置 D/A 转换器输出进行比较,经 n 次比较后输出数字值。其电路规模属于中等。其优点是速度较高、功耗低,在低分辨率(<12 位)时价格便宜。

(3) 并行比较型:并行比较型 A/D 采用多个比较器,仅做一次比较即执行转换,又称 Flash(快速)型。由于转换速率极高,n 位的转换需要 $2n-1$ 个比较器,因此电路规模极大,价格也高,只适用于视频 A/D 转换器等速度特别高的领域。串并行比较型 A/D 在结构上介于并行比较型和逐次比较型之间,这类 A/D 转换器的速度比逐次比较型高,电路规模比并行型小。

(4) Σ-Δ 调制型:Σ-Δ 调制型 A/D 转换器是一种电荷平衡式转换器,由差分放大器、积分器、比较器、1 位 D/A 转换器和数字滤波器等组成,输入信号减去来自 1 位 DAC 的信号,将结果作为积分器的输入。当系统得到稳定工作状态时,积分器的输出信号是全部误差电压之和;同时,积分器可以看作低通滤波器。Σ-Δ 调制型转换器可用较低的成本实现很高的分辨率,并且噪声小、抗干扰能力强,特别适合于低频率、高分辨率、宽动态范围的 A/D 转换。

(5) 电压频率变换型:电压频率变换型 A/D 转换器通过间接转换方式实现模/数转换,其原理是:首先将输入的模拟信号转换成频率,然后用计数器将频率转换成数字量。从理论上讲,这种转换器的分辨率几乎可以无限增加,只要采样的时间能够满足输出频率分辨率要求的累积脉冲个数的宽度。其优点是分辨率高、功耗低、价格低,但是需要外部计数电路共同完成 A/D 转换。

2) A/D 转换器的主要技术指标

(1) 分辨率:表示转换器对微小输入量变化的敏感程度,通常用转换器输出数字量的位数来表示。对于 n 位转换器,其数字量变化范围为 $0\sim2^n-1$,如果是 8 位转换器,5V 满量程输入电压时,分辨率为 $5/(2^8-1)=19.6(\text{mV})$。

（2）精度：A/D 转换器的精度是指与数字输出量对应的模拟输入量的实际值与理论值之间的差值。在 A/D 转换电路中，与每个数字量对应的模拟输入量并非是单一的数值，而是一个范围值 Δ，其大小理论上取决于电路的分辨率。定义 Δ 为数字量的最小有效位 LSB。但在外界环境的影响下，与每一个数字输出量对应的输入量的实际范围往往偏离理论值 Δ。精度通常用最小有效位的 LSB 的分数值表示。目前常用的 A/D 转换集成芯片精度为 $1/4 \sim 2$LSB。

（3）转换速率：是指完成一次 A/D 转换所需时间的倒数。积分型 A/D 的转换时间是毫秒级，属低速 A/D；逐次比较型 A/D 是微秒级，属中速 A/D；全并行/串并行型 A/D 可达到纳秒级。采样时间是另外一个概念，是指两次转换的间隔。为了保证转换的正确完成，采样速率必须小于或等于转换速率，因此有人习惯上将转换速率在数值上等同于采样速率，常用单位是 ksps 和 Msps，表示每秒采样千/百万次。

（4）量化误差：指由于 A/D 的有限分辨率而引起的误差，通常是 1 个或半个最小数字量的模拟变化量，表示为 1LSB、1/2LSB。

（5）线性度：指实际转换器的转移函数与理想直线的最大偏移。

（6）量程：指所能转换的输入电压范围，如 $-5 \sim +5$V、$0 \sim +10$V 等。

2. D/A 转换器概述

D/A 转换器又叫数/模转换器，简称 DAC，用于将数字信号转换成模拟信号，用于对模拟设备进行控制和对模拟量显示设备进行参数显示等。输入至 D/A 转换器的数字量的位数有 8 位、10 位、12 位、16 位等，数码形式有二进制码和 BCD 码。输出的模拟量主要是电流或电压。一般情况下，D/A 转换芯片中都含有数字量输入锁存环节，可以对所接收的一组数字量进行锁存。在 D/A 转换器接收下一组数字量之前，该锁存器的内容保持不变，相应的模拟量输出也保持不变，这就是 D/A 转换器的零阶保持功能。

1）D/A 转换器的类型

（1）电压输出型：电压输出型 D/A 转换器虽有直接从电阻阵列输出电压的，但一般采用内置输出放大器，以低阻抗输出。直接输出电压的器件仅用于高阻抗负载，由于无输出放大器部分的延迟，故常作为高速 D/A 转换器使用。

（2）电流输出型：电流输出型 D/A 转换器很少直接利用电流输出，大多外接电流—电压转换电路得到电压输出。后者有两种方法：一是只在输出引脚上接负载电阻而进行电流—电压转换；二是外接运算放大器。用负载电阻进行电流—电压转换的方法，虽可在电流输出引脚上出现电压，但必须在规定的输出电压范围内使用，而且由于输出阻抗高，所以一般外接运算放大器使用。此外，对于大部分 CMOS 的 D/A 转换器，当输出电压不为零时，不能正确动作，所以必须外接运算放大器。当外接运算放大器进行电流—电压转换时，电路构成基本上与内置放大器的电压输出型相同，这时由于在 D/A 转换器的电流建立时间上加入了运算放大器的延迟，使响应变慢。此外，这种电路中的运算放大器因输出引脚的内部电容而容易起振，有时必须做相位补偿。

2）D/A 转换器的主要技术指标

（1）分辨率：指 DAC 输入数字量最低位变化"1"时，DAC 输出模拟量的变化量。

（2）建立时间：是将一个数字量转换为稳定模拟信号所需的时间，也可以认为是转换时间。D/A 中常用建立时间来描述其速度,而不是 A/D 中常用的转换速率。一般地,电流输出 D/A 建立时间较短,电压输出 D/A 较长。建立时间一般为微秒级,有的可短到几十纳秒。

(3) 线性度:指实际转换器模拟输出量与理想值间的最大偏移。

3. A/D、D/A 转换器的选用原则

1) 选择 A/D 转换器时需要考虑的问题

(1) 分辨率:A/D 转换器输出数据的位数(分辨率)必须满足应用系统的精度要求。

(2) 输入模拟信号:A/D 转换器的输入信号范围、极性、信号的驱动能力满足模拟量要求。

(3) 数字量接口:输出数字量与单片机之间采用并行还是串行接口,串行接口采用哪一种类型;输出代码需要二进制码,还是 BCD 码;是否需要带输出锁存或三态门输出;输出数字量能否满足单片机逻辑电平的要求。

(4) 转换速率:系统是高速应用还是低速应用,ADC 器件转换速率能否满足系统采样速率的要求。

(5) 基准电压:系统是否提供外部基准电压。如果没有提供,需要选择带内部参考基准电压的 ADC 器件。

(6) 转换时钟:系统是否提供外部转换时钟脉冲。如果没有提供,需要选择带内部时钟的 ADC 器件。

(7) 多路开关:需要转换的模拟信号有多路时,是否选择带内部多路开关的 ADC 器件。

(8) 功耗:在电池应用场合,应该注意 ADC 器件的功耗。一般选择带睡眠方式的 ADC 器件。

2) 选择 D/A 转换器时需要考虑的问题

(1) 分辨率:DAC 器件输出模拟量的分辨率(输入数据的位数)必须满足应用系统的精度要求。

(2) 输出模拟信号:输出信号的范围、极性及信号的驱动能力应满足系统要求。

(3) 数字量接口:输入数字量与单片机之间采用并行还是串行接口,串行接口采用哪一种类型;输入代码采用二进制码,还是 BCD 码;数据是采用一级锁存还是二级缓冲锁存(实现多路 DAC 同时转换)。

(4) 建立时间:在视频转换等高速应用场合,需要关心器件建立时间能否满足系统要求。

(5) 基准电压:系统是否提供外部基准电压。如果没有提供,需要选择带内部参考基准电压的 DAC 器件。

(6) 多路输出:当需要输出多路模拟信号时,可以选择带多路输出的 DAC 器件。

6.3.2 双缓冲 8 位并行 D/A 转换器 AD7801 及其与单片机的接口

1. AD7801 简介

AD7801 是一款单通道、8 位电压输出 DAC,采用＋2.7～＋5.5V 单电源供电。它内

置片内精密输出缓冲,能够实现供电电源范围内的输出摆幅。AD7801 具有一个并行微处理器兼容接口。该接口配有高速寄存器和双缓冲接口逻辑,数据在 $\overline{CS}$ 或 $\overline{WR}$ 的上升沿载入输入寄存器。

AD7801 引脚功能说明如下。

(1) D0~D7:8 位数据输入端线,DB7 为最高位。

(2) $\overline{CS}$:片选信号,低电平有效。

(3) $\overline{WR}$:输入寄存器写信号,低电平有效,上升沿锁存数据。

(4) $\overline{LDAC}$:DAC 寄存器写信号。低电平时,将输入寄存器内容写入 DAC 寄存器。

(5) $\overline{CLR}$:清零信号。低电平时,将输入寄存器内容清零。

(6) $\overline{PD}$:低功耗控制输入端。低电平时,器件工作在低功耗模式,功耗可低于 $3\mu W$。

(7) REFIN:参考电压输入。

(8) V_{OUT}:模拟电压输出端。

(9) V_{DD}:$+2.7\sim+5.5V$ 电源。

(10) DGNG:数字地。

(11) AGND:模拟地。

2. AD7801 的电压输出

AD7801 是一款电压输出 DAC 器件,输出电压为

$$V_o = 2 \times V_{REFIN} \times \frac{N}{256}$$

其中,V_{REFIN} 为参考电压;N 为 DAC 寄存器的 8 位二进制数据。参考电压可以使用片内电压,也可以外加精密电源。使用片内电压时,V_{REFIN} 为芯片供电电压 V_{DD} 的一半,此时器件输出电压范围是 $0\sim V_{DD}$;使用片外精密电源时,精密电源电压范围应该在 $1\sim 0.5V_{DD}$。

3. AD7801 的双缓冲控制

双缓冲方式用于多路 D/A 转换系统,以实现多路模拟信号同步输出的目的,例如使用单片机控制 X-Y 绘图仪。X-Y 绘图仪由 X、Y 两个方向的步进电机驱动,其中一个电机控制绘图笔沿 X 方向运动,另一个电机控制绘图笔沿 Y 方向运动,从而绘出图形。因此,对 X-Y 绘图仪的控制有两点基本要求:一是需要两路 D/A 转换器分别给 X 通道和 Y 通道提供模拟信号;二是两路模拟量要同步输出。

多个 AD7801 使用双缓冲方式时,每个 AD7801 的输入寄存器仍需单独控制,以分别将各自的数据锁存在各自的输入寄存器中。需要同步输出的所有 AD7801 的 DAC 寄存器控制信号 $\overline{LDAC}$ 应该并联在一起,信号有效时,所有器件同时将输入寄存器的内容锁存至 DAC 寄存器。

如果没有同步输出的要求,LDAC 信号输入端应该接地,器件工作在通常的单缓冲方式。

4. AD7801 与单片机接口及编程

AD7801 与单片机接口电路如图 6-16 所示。

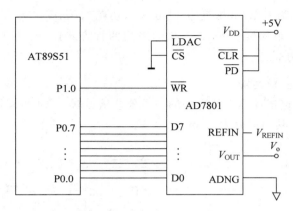

图 6-16 AD7801 与单片机的并行 I/O 口接口电路

在图 6-16 中,$\overline{\text{LDAC}}$ 与片选信号 $\overline{\text{CS}}$ 直接接地,器件工作在单缓冲方式。参考电压由内部分压电路提供,在精度要求不高时较常采用。

D/A 转换程序较简单,转换子程序如下所示:

```
;将累加器 A 中内容送至 AD7801 进行 D/A 转换
DAWR        EQU     P1.0
DADATA      EQU     P0
AD7801DA:   SETB    DAWR
            MOV     DADATA, A
            CLR     DAWR                ;锁存数据
            SETB    DAWR
            RET
```

6.3.3 并行 12 位 A/D 转换器 ADS574 及其与单片机的接口

1. ADS574 性能说明

ADS574 是美国 BURR-BROWN 公司推出的单片高速 12 位逐次比较型 A/D 转换器,内置双极性电路构成的混合集成转换芯片,具有外接元件少,功耗低,精度高等特点,并且具有自动校零和自动极性转换功能,只需外接少量的阻容件即可构成一个完整的A/D 转换器,功能与美国 Analog Devices 公司的 AD574 相同,但采用单电源供电,其主要功能特性如下所述。

(1) 分辨率:12 位二进制。

(2) 数字输出接口:采用并行 8 位或 12 位三态输出与微处理器接口。

(3) 转换速率:转换时间最大 $25\mu s$。

(4) 基准电压:内部提供 $+2.5V$ 参考基准电压输出,最小有 $0.5mA$ 负载能力。

(5) 输入模拟信号:单极性 $0\sim10V$、双极性 $\pm5V$ 和单极性 $0\sim20V$、双极性 $\pm10V$两档四种。

(6) 转换时钟:片内提供。

(7) 线性误差:±0.5LSB。

(8) 电源：单电源工作，电压范围 3～6.5V，功耗 100mW。

并行接口器件与单片机 AT89S51 之间采用两种方式接口：一种是三总线方式；另一种是并行 I/O 口方式。

2. AT89S51 的三总线接口

所谓总线，就是连接计算机各部件的一组公共信号线。AT89S51 单片机的三总线结构如图 6-17 所示，按其功能分为 3 类。

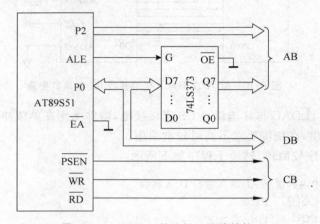

图 6-17　AT89S51 单片机三总线结构

1) 数据总线 DB

数据总线用于在单片机与扩展存储器之间或单片机与扩展 I/O 之间传送数据。单片机系统数据总线的位数与单片机处理数据的字长一致。80C51 单片机数据总线的位数是 8 位，由 P0 口提供，可实现双向三态控制输入/输出。

2) 地址总线 AB

地址总线用于传送单片机发出的地址信号，以便进行存储单元和 I/O 端口的选择。地址总线是单向的，只能由单片机向外送出，地址总线的数目决定了可以直接访问的扩展存储单元或扩展 I/O 端口的数目。80C51 系列单片机地址总线宽为 16 位，所以可寻址范围为 64KB。其中，P2 口用作地址总线高 8 位，P0 口用作地址总线低 8 位。由于 P0 口是地址/数据分时使用的输入/输出口，所以 P0 提供的低 8 位地址线需由外加的地址锁存器锁存。地址锁存器一般采用 74LS373，单片机在 ALE 正脉冲信号的下降沿锁存地址，输出地址总线低 8 位。

3) 控制总线 CB

控制总线实际上就是一组控制信号线。80C51 单片机的控制信号有以下几个。

(1) ALE：低 8 位地址的锁存控制信号。

(2) $\overline{PSEN}$：扩展程序存储器的读选通信号。

(3) $\overline{EA}$：内、外程序存储器的选择控制信号。

(4) $\overline{RD}$、$\overline{WR}$：扩展数据存储器和 I/O 口的读选通、写选通信号。

3. ADS547 与单片机总线接口电路

ADS574 与单片机的总线接口电路如图 6-18 所示,引脚功能说明如下。

(1) DB0～DB11: 12 位数据输出线,DB11 为最高位。

(2) $\overline{CS}$: 片选信号。

(3) R/$\overline{C}$: 读/转换选择。当为高电平时,将转换后的数据读出;当为低电平时,允许 A/D 转换。

(4) CE: 芯片允许信号。只有当它为高电平,并且 $\overline{CS}=0$ 时,R/C 信号的控制才起作用。

(5) 12/$\overline{8}$: 输出数据选择。高电平时,12 位;低电平时,两个 8 位字输出。

(6) A0: A0 为低时,启动 A/D 进行 12 位转换,读数据时输出高 8 位数据;A0 为高时,启动 A/D 进行 8 位转换,读数据时输出低 8 位数据。

(7) STS: 状态输出信号,转换时为高电平,转换结束时为低电平。

(8) $10V_{IN}$: 单极性输入 0～10V,双极性输入 ±5V。

(9) $20V_{IN}$: 单极性输入 0～20V,双极性输入 ±10V。

(10) REFOUT: +2.5V 参考输出,有 0.5mA 负载能力。

(11) REFIN: 参考电压输入。

(12) BIPOFF: 双极性偏移。当单极性或双极性输入时,该端加相应的偏移电压,做零点调整。

(13) V_{EE}: 模式控制端。V_{EE} 接 0～-15V 时,ADS574 与 AD574 的工作模式完全一样,启动转换后,有一个采样与保持时间;V_{EE} 接 +5V 时,ADS574 接到转换命令就立即开始转换,可以提高器件转换速率。

(14) V_{DD}: +5V 电源。

(15) DG: 数字地。

(16) AG: 模拟地。

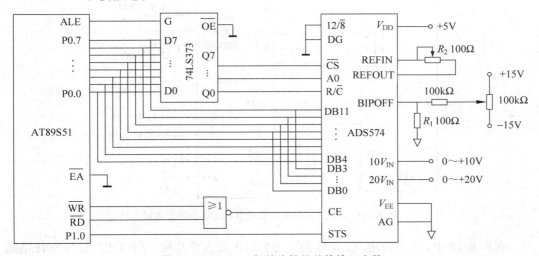

图 6-18 ADS574 与单片机的总线接口电路

在图 6-18 中,12/$\overline{8}$ 接地,12 位数据应该分两次读入单片机。首先读入的是高 8 位,第二次读入的是低 4 位(但接在数据总线高 4 位)。BIPOFF 经 100Ω 电阻接至模拟地,此时器件可对单极性信号进行转换,0~10V 从 10V_{IN} 输入,或者是 0~20V 从 20V_{IN} 输入,电位器 R_1 用于零位校准。输出数字量 D 为无符号二进制码,计算公式为

$$D = 4096 \times \frac{V_{IN}}{V_{FS}}$$

其中,V_{IN} 为输入模拟量(V);V_{FS} 是满量程。如果从 10V_{IN} 引脚输入,$V_{FS}=10$V;若信号从 20V_{IN} 引脚输入,$V_{FS}=20$V。

采用查询方式编写的 ADS574 的转换子程序如下所示:

```
;启动 ADS574 转换并读取转换值。返回时,高 8 位内容在 R6 中,低 4 位内容在 R7 高 4 位中
        STS     EQU     P1.0
        ADS574: MOV     R0,#0F8H        ;送端口地址
                MOVX    @R0,A           ;启动 ADS574
                SETB    STS             ;置状态读入为输入方式
                JB      STS,$           ;等待转换结束
                INC     R0              ;使 R/C 为"1"
                MOVX    A,@R0           ;读取高 8 位数据
                MOV     R6,A            ;高 8 位内容存入
                MOV     R0,#0FBH        ;使 R/C、A0 均为"1"
                MOVX    A,@R0           ;读取低 4 位
                MOV     R7,A            ;低 4 位内容存入
                RET
```

4. ADS547 与单片机并行 I/O 口接口电路

若需要扩展的并行接口器件不多,AT89S51 也可以采用并行 I/O 接口的方式与 ADS574 接口,如图 6-19 所示。

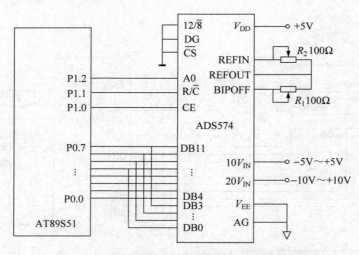

图 6-19　ADS574 与单片机的并行 I/O 口接口电路

在图 6-19 中,12/$\overline{8}$ 接地,12 位数据也需分两次读入单片机。BIPOFF 经约 50Ω 电阻接至+2.5V 参考输出,对输入量偏移,此时器件可对双极性信号进行转换。−5~+5V

从 $10V_{IN}$ 输入,或者 $-10 \sim +10V$ 从 $20V_{IN}$ 输入。电位器 R_1 用于调整双极性输入电路的零点。双极性输入时,输出数字量 D 与输入模拟电压 V_{IN} 之间的关系为

$$D = 2048 \times \left(1 + 2 \times \frac{V_{IN}}{V_{FS}}\right)$$

其中,V_{FS} 的定义与单极性输入情况下对 V_{FS} 的定义相同。由上式求出的数字量 D 是 12 位偏移二进制码,把 D 的最高位求反便得到补码,补码对应模拟量输入的符号和大小。

图 6-19 中未对 STS 状态进行查询。启动器件 A/D 转换后,应等待 $25\mu s$ 再开始读入转换结果。采用 ADS574 的转换子程序如下所示:

```
;启动 ADS574 转换并读取转换值。返回时,高 8 位内容在 R6 中,低 4 位内容在 R7 高 4 位中
CE        EQU     P1.0
RC        EQU     P1.1
A0        EQU     P1.2
ADS574A:  SETB    CE              ;使能 ADS574
          CLR     A0              ;12 位转换模式
          SETB    RC
          CLR     RC              ;启动 A/D 转换
          SETB    RC
          MOV     R6,#13
          DJNZ    R6, $           ;等待转换结束
          MOV     R6,P0           ;读取高 8 位数据
          SETB    A0
          MOV     R7,P0           ;读取低 4 位
          CLR     CE
          RET
```

6.4 开关量 I/O 接口电路

在单片机应用系统中有很多开关量的输入与输出。例如在工业控制系统中,输入信号用于检测工业现场的工作状态,为系统提供控制的依据;输出信号用于系统执行机构发布控制命令,使系统按照设定的程序正常运行。

6.4.1 开关量输入接口

1. 有触点开关量接口

在工业控制系统中大量使用的机械开关,如按钮、行程开关、继电器和接触器的触点等,都属于有触点开关,它们结构简单,运行可靠,应用广泛。

普通有触点开关与单片机的接口电路如图 6-20(a)所示。由于机械触点开关都存在抖动现象,势必对单片机读入该类信号造成影响。抖动可以采用软件延时的方法进行处理,但在工业应用中可能影响到单片机的运行速度。常用硬件抗抖动措施主要有 RS 触发器抗抖动法和硬件延时抗抖动法。

利用 RS 触发器抗抖动的电路如图 6-20(b)所示。在开关 S3 处在常态时,RS 触发器

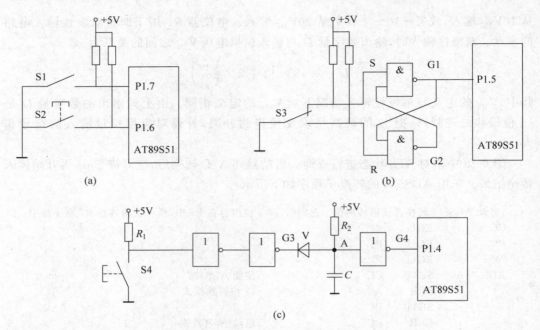

图 6-20 机械开关 RS 触发器抗抖动电路

的输入为 S=0,R=1,此时触发器输出 G1=1。开关 S3 属于先断后合类型,按下时,其动作分为两步:第一步,S3 动触点与常闭触点断开,在触点断开的过程中产生抖动,此时RS 触发器的输入因为抖动而在 S=0、R=1 和 S=1、R=1 之间变化,触发器分别工作在置"1"和保持状态,触发器维持输出 G1=1 不变。第二步,S3 动触点与常闭触点稳定断开后,经过一段行程与常开触点闭合。首次接触时,RS 触发器的输入为 S=1,R=0,触发器翻转,输出 G1=0。在触点闭合的过程中也会产生抖动,此时 RS 触发器的输入因为抖动而在 $\overline{S}=1$、$\overline{R}=0$ 和 S=1、R=1 之间变化,触发器分别工作在置"0"和保持状态,触发器维持输出 G1=0 不变。稳定下来后,RS 触发器的输入为 $\overline{S}=1$,$\overline{R}=0$,输出 G1=0。由此可知,在开关 S3 按下的过程中,触发器输出 G1 只有一次负跳变,开关抖动的影响被消除。由于 RS 触发器是一种完全对称的结构,因此在释放开关 S3 时,与上述按下过程类似,触发器的输出 G1 只产生一次正跳变,抖动的影响也被消除。由此看出,开关动作一次,RS触发器的输出只产生一个脉冲。

利用硬件延时抗抖动的电路如图 6-20(c)所示。在按钮没有按下时,门电路 G3 输出高电平,二极管 V 截止,电容 C 上充电,使 A 点保持高电平。按钮按下时,G3 输出低电平,通过二极管 V 使电容 C 迅速放电,A 点变成低电平。按下的过程中触点抖动,门电路G3 在一定时间内(通常不超过 10ms)输出若干脉冲。应合理选择电阻 R_2 与电容 C 的数值,使充电时间常数为 20~30ms。而 G3 输出低电平时,电容通过二极管 V 的放电过程非常快,在按钮按下的抖动时间内,A 点电位有轻微波动,但可以稳定地保持在低电平。按钮按下并稳定后,G3 和 A 点稳定在低电平。按钮从按下状态释放时,只有在按下并稳定在释放状态一定时间(20~30ms)后,A 点电位才由低电平变为高电平。电路图中的G4 用于对 A 点信号整形,保证输入至单片机中的开关信号的质量。

2. 无触点开关量接口

光电开关、接近开关等无触点开关有检测距离长，检测对象广泛，响应速度快，分辨能力高，不受磁场和振动的影响，寿命长，可以非接触检测等特点，在单片机应用系统中得到广泛应用，有逐步取代机械开关的趋势。

大多数集成式光电开关、接近开关可以输出标准 TTL 电平，其输出可以直接接至单片机输入 I/O 口线。但在很多单片机应用系统中，因为成本、体积等问题，会直接使用光敏器件、电磁器件来检测一些开关量，此时必须对敏感元件的输出进行一定的处理，才能将其与单片机接口。

图 6-21 所示是一个利用光敏电阻对白天、黑夜进行检测判断的电路。光敏电阻采用半导体材料制作，在光线的作用下其电阻率变小，造成光敏电阻阻值下降。光照越强，阻值越低。光敏电阻在室温和全暗条件下测得的稳定电阻值称为暗电阻，在室温和一定光照条件下测得的稳定电阻值称为亮电阻。显然，光敏电阻的暗阻越大越好，而亮阻越小越好，也就是说，暗电流要小，亮电流要大，光敏电阻的灵敏度就高。例如，MG41-21 型光敏电阻的暗阻大于等于 $0.1\text{M}\Omega$，亮阻小于等于 $1\text{k}\Omega$。

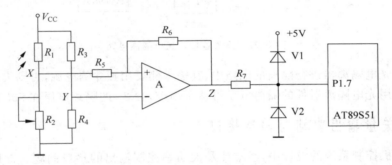

图 6-21　光敏电阻黑夜检测电路

光敏电阻没有极性，纯粹是一个电阻器件，使用时既可加直流电压，也可以加交流电压。在图 6-21 中，光敏电阻 R_1 与电位器 R_2 分压，白天时 R_1 阻值小，X 点电位高，与 Y 点电位比较后，Z 点输出高电平；黑夜时，R_1 阻值大，X 点电位低，与 Y 点电位比较后，Z 点输出低电平。白天与黑夜的判断实际上是一个模糊的概念。清晨或黄昏时，X 点电位是渐变的，甚至是波动的。如果将 X 点电位直接与比较点电位 X 相比较，在清晨或黄昏时，与人们的期望不同，Z 点可能输出若干脉冲。解决此类问题的方法是采用施密特比较器，即图 6-21 中运放 A 和电阻 R_5、R_6 组成的电路。施密特电路可以将缓慢变化的电压信号转换为脉冲，消除缓慢变化电压中的小抖动信号，其抗抖动能力与回差电压有关，回差电压由电阻 R_5、R_6 决定。回差电压大，抗抖动能力强，但灵敏度下降。

图 6-21 中的 R_7、V1、V2 组成钳位限幅电路。当 Z 点电位超出 TTL 电平范围时，钳位限幅电路将输入至 P1.7 的电位限制在 $-0.7\sim+5.7\text{V}$ 范围之内，对单片机的输入口线形成保护。图 6-21 中的施密特电路和钳位限幅电路可以共同或单独使用在其他场合。

3. 开关量输入隔离电路

单片机系统的可靠性由多种因素决定。其中，系统抗干扰性能是可靠性的重要指标。

工业环境有强烈的电磁干扰,因此必须采取抗干扰措施,否则难以稳定、可靠地运行。工业环境中的干扰一般以脉冲形式进入单片机控制系统,渠道主要有三条:空间干扰(场干扰)、过程通道干扰和供电系统干扰。一般情况下,空间干扰在强度上远小于其他两种,故在单片机控制系统中应重点防止过程通道与供电系统的干扰。

在输入和输出通道上采用光电隔离器传输信息是防止过程通道干扰的最主要措施,它将单片机控制系统与各种传感器、开关、执行机构从电气上隔离开来,很大一部分干扰将被阻挡。典型的开关量输入光电隔离电路如图 6-22 所示。当输入端有脉冲(低电平)信号时,光耦器件 4N25 内部的发光二极管流过电流并发光,光敏三极管饱和导通,送至单片机的输入信号为"0";当输入端为高电平时,光耦器件 4N25 内部的发光二极管不发光,光敏三极管截止,送至单片机的输入信号为"1"。

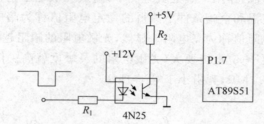

图 6-22　开关量输入光电隔离电路

在采用光电隔离器进行隔离的电路中,其输入侧要用独立的电源,否则失去电气隔离的作用。常用光电隔离器件的隔离电压可达 1600V,4N25 的隔离电压在 5000V 以上。

6.4.2　开关量输出驱动与隔离接口

在单片机控制系统的设计中,经常涉及大功率控制输出的接口问题。常用的隔离输出器件有继电器、固态继电器(SSR)和一些专用光电耦合隔离元件,不同的应用场合有不同的选择。

1. 继电器隔离驱动

继电器、接触器广泛用于生产过程控制及电力控制系统中。直接利用继电器进行隔离驱动,无疑是工程技术人员最熟悉的方式。继电器驱动的优点是隔离可靠,可适应各种交直流负载;缺点是反应迟缓,寿命短(电气寿命一般为 10^5 次),因此继电器不宜用在需要快速响应和频繁开关的场合。

小型继电器与单片机之间接口时,通常选择三极管驱动继电器。图 6-23 所示是采用

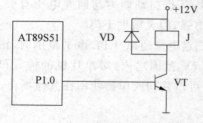

图 6-23　继电器输出隔离驱动电路

继电器输出的隔离驱动电路。图中,J 是继电器线圈,VT 是驱动三极管,继电器线圈两端并联的续流二极管 VD 用来保护三极管。

当 P1.0 输出低电平时,VT 截止,继电器不动作;P1.0 输出高电平时,直接驱动 VT 饱和导通,继电器动作。AT89S51 输出高电平直接驱动 NPN 三极管时,能够提供的驱动电流为 $200\sim300\mu A$;VT 选用

9013时,允许继电器线圈流过的电流不超过 20mA。若要增大驱动能力,可以采用下述方法。

(1) VT 选择 NPN 型达林顿三极管。该方法电路同图 6-23,简单、方便,缺点是达林顿管饱和压降较大,达到 1V 左右。

(2) 在单片机输出口线和三极管之间增加一个同相或反相驱动器。该方法增加了硬件资源。

(3) 使用 PNP 三极管,由单片机口线输出低电平驱动。该方法需要在单片机输出口线与三极管之间串联一个基极限流电阻,将基极电流限制在 1~10mA 之间。

(4) 在单片机输出口线上增加一个上拉电阻。该方法在增加三极管的基极驱动电流的同时,会无端地增加单片机的输入灌电流。

(5) 选择具有强上拉能力的 80C51 单片机兼容产品,如 STC12C5410AD 系列单片机的强上拉能够提供 2mA 的拉电流。

选择继电器时,应注意满足以下要求:

(1) 体积小,重量轻,能直接焊在印制电路板上。

(2) 耗电少,最好能由集成电路、半导体器件直接驱动。

(3) 线圈电压与控制系统电压兼容,如+5V、+24V 等。

(4) 有较高的可靠性和环境适应能力。

2. 固态继电器隔离驱动

固态继电器是由固体元件组成的无触点电子开关,利用电子元件的开关特性来控制电路断开或接通。固态继电器输入端只需要很小的电流来控制,输出部分则用大功率晶体管、VMOS 场效应管、晶闸管来接通或切断负载与电源。与电磁继电器相比,固态继电器具有工作可靠、寿命长、对外界干扰小、抗干扰能力强、开关速度快、能与集成电路兼容等特点,因此,它在自动控制领域应用广泛。

1) 固态继电器的输入控制

固态继电器的隔离手段主要是光电隔离,输入部分采用发光二极管作为光源。直流输入有电压控制(恒流型)和电流控制(限流型)两种。固态继电器的额定输入控制电流 I_s 一般为 2~25mA,限通型输入是通过限流电阻 R 控制输入端电流 I_s,电流的大小随输入电压的变化而线性变化。输入电压确定的情况下,通常选择 R 使 I_s 为 10mA 左右。

电压控制型固态继电器内的输入部分有一个恒流电路。当输入电压在有效范围之内(如 DC 3~32V)时,工作电流基本上稳定在一个数值上。这种方式给固态继电器的应用提供了极大的方便。

2) 交流固态继电器

交流输出固态继电器(AC-SSR)的输出器件采用晶闸管或场效应管。对由晶闸管输出的继电器,按其触发方式的不同,又分为过零型和随机(移相)型两种。随机型产品在输入端加入信号后,输出器件瞬时导通;过零型产品在输出部分外加一级过零检测电路,输出器件接收到信号后,要延迟至正弦交流电压的过零处才会开启或关断,从而把通断瞬间的峰值和干扰都降到最低程度。在没有特殊情况时,应优先选用高次谐波干扰小的过零型固态继电器。

图 6-24 所示是电压控制型交流固态继电器在单相电路中的典型应用接口,压敏电阻 RU 的作用是吸收浪涌电压。如果应用在三相电路中,三个固态继电器的输入端采用并联(控制电压较低时)或串联(控制电压较高时)的接法。

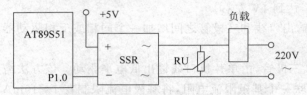

图 6-24　电压型交流固态继电器接口电路

3) 直流固态继电器

直流输出固态继电器(DC-SSR)的输出器件采用大功率晶体管或场效应管,有二线制和三线制两种不同的输出形式。图 6-25 所示是三线制的应用接口电路,V″是辅助电源,其作用是使输出元件达到深度饱和状态,减小压降损失。辅助电压一般小于 15V,当负载电压 V+ 不高时,辅助电源与负载电源可合二为一。二线制的优点是无辅助电源,使用方便;缺点是输出元件压降大,另外,受光电接收管耐压的限制,负载电压不能太高。

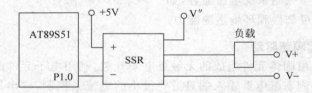

图 6-25　电压型直流固态继电器接口电路

如果直流负载为电感性,负载两端应并联一个反向续流二极管,防止过高的感应电压击穿输出元件。

3. 光电耦合元件隔离驱动

如果交流功率负载的工作电流很小(小于 100mA)或很大(超过 SSR 的额定电流),也可以直接采用光电耦合元件来进行隔离驱动。MOC3021 与 MOC3041 是两种常用的光隔离三端双向晶闸管驱动器芯片,MOC3021 是移相型,MOC3041 是过零触发型。器件内部包含一个砷化镓红外发光二极管和一个光敏硅双向开关,该开关具备跟三端双向晶闸管一样的功能,耐压 400V,额定电流 100mA。在图 6-26 所示的典型应用中,隔离器件输入由 P1.0 控制。P1.0 输出低电平时,内部发光二极管发光,光控双向晶闸管导通,通过一个 51Ω 的门极限流电阻给双向晶闸管 KS 提供触发电流,双向晶闸管 KS 导通,负载得电。P1.0 输出高电平时,双向晶闸管 KS 截止,负载失电。图中的 KS 也可以用两个反向并联的单向晶闸管代替,此时 MOC3021/3041 应该串接在两个单向晶闸管的门极之间。

系统设计时,应根据不同的情况分别选用,通常情况下推荐使用固态继电器。由于固态继电器是电子元件,在选择其额定电压与额定电流(特别是电感性负载时),应保证留有足够的裕量。此外,大功率器件应该加上规定的散热器,否则器件应降额使用。

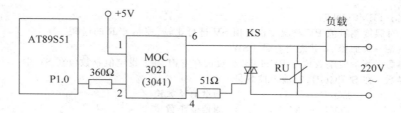

图 6-26　光电耦合元件隔离驱动接口电路

6.4.3　任务模块5：水温控制系统加热控制子系统设计

1. 任务

设计制作一个水温控制系统加热电路,控制对象水箱容量为 1L,加热功率为 1kW。

2. 加热控制电路硬件设计

要求设计制作的水温自动控制系统水箱容量不大(1L),其加热功率较小(1kW),主回路可以采用单相 220V 交流供电,较合理的方案是采用交流固态继电器进行隔离驱动。图 6-27 所示为水温控制系统的加热控制电路,隔离驱动器件选择固态继电器 E1042-32K,输出额定电流 10A,额定电压 AC 420V,输入 3~32V(4~15mA)直流 DC 控制。单片机通过 P1.7 控制 SSR 通断。P1.7 输出高电平时,SSR 截止,负载冷却;P1.7 输出低电平时,给 SSR 提供 8mA 输入控制电流,SSR 导通,负载加热。

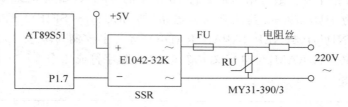

图 6-27　水温控制系统加热控制电路

SSR 属于电力电子器件,极易受到浪涌电压与短路电流的破坏。图中,压敏电阻 RU 起浪涌电压吸收保护作用。压敏电阻电压一般要求超过交流负载有效值的 2.2 倍,这里选择的压敏电阻型号为 MY31-390/3,其额定电压 470V,通流量 3kA。快速熔断器 FU 起短路保护作用,选择的型号是 RS31-10A,额定电流 10A。

3. 水温控制程序设计

水温控制程序的要求是在每一个温度采样时刻(本设计采样周期为 1s),对温度测量值与温度设定值进行比较,根据两者之间的差值计算输出控制量,由输出控制量控制加热丝的加热功率,实现温度的控制。

常用的温度控制方式有 PID 控制和位式控制。PID 控制算法较复杂,但控制效果好,通过 PID 算法控制 SSR 的周期导通百分比,实现加热丝的功率调节,进而实现温度的精确控制。位式控制算法简单,它通过对温度测量值与温度设定值进行简单比较,直接控制 SSR 的通断,控制效果较差,水箱温度会在小范围内波动。下面的程序采用位式控制方式。

```
;程序名：TEMCONT
;功能：对温度测量值 PV 与温度设定值 SV 进行比较,控制 SSR 的通断
;占用资源：累加器 A,状态寄存器 PSW
;入口参数：测量值整数位在 PVH 中,小数位在 PVL 中；设定值整数位在 SV 中
;出口参数：在 SSRC(P1.7)输出控制量
PVH         EQU      34H          ;测量值整数位
PVL         EQU      35H          ;测量值小数位
SV          EQU      30H          ;设定值整数位
SSRC        BIT      P1.7         ;SSR 控制输出口线
TEMCONT:    MOV      A,SV         ;取设定值
            CLR      C
            SUBB     A, PVH       ;设定值－测量值
            MOV      SSRC,C       ;SSR 控制
            RET
```

6.5　阅读材料：字符型 LCD 显示器应用

6.5.1　字符型液晶显示器 1602A 概述

字符型液晶是一种用 5×7 点阵图形来显示字符的液晶显示器,每个点阵块为一个字符位,字符间距和行距都为一个点的宽度。根据显示的容量,分为 1 行 16 个字、2 行 16 个字、2 行 20 个字等。最常用的是 2 行 16 个字的 1602A,如图 6-28 所示。1602A 的控制芯片电路为 HD44780 或其他全兼容电路,如 SED1278(SEIKO EPSON)、KS0066(SAMSUNG)、NJU6408(NER JAPAN RADIO)等。主控制可驱动 192 种字符,具有 64 字节的自定义字符 RAM,可自定义 8 个 5×8 点阵字符或 4 个 5×11 点阵字符,采用单＋5V 电源供电。

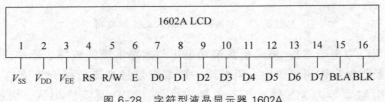

图 6-28　字符型液晶显示器 1602A

1. 引脚功能

(1) V_{SS}：电源地,接 GND。

(2) V_{DD}：＋5V 电源。

(3) V_{EE}：液晶显示偏压信号,在 0～＋5V 之间调节。

(4) RS：数据/命令选择端。高电平,选择数据寄存器；低电平,选择指令寄存器。

(5) R/W：读/写选择端。高电平,选择读操作；低电平,选择写操作。

(6) E：使能信号。当 E 端由高电平跳变为低电平时,向液晶模块写入命令或数据；当 E 端为高电平时,读数据与标志。

(7) D0～D7：8 位双向数据线。

（8）BLA：背光电源正极（＋5V）。

（9）BLK：背光电源负极（GND）。

2．时钟

HD44780 的工作时钟频率范围是 125～350kHz，典型时钟范围是 250kHz。

3．字符发生器 CGROM 与 CGRAM

CGROM 中存储有出厂时就固化好的字模库，包含 160 种 5×7 点阵的字模和 32 种 5×10 点阵的字模。在内部时序的控制下，显示缓冲区 DDRAM 中的字符代码与行计数器合成 CGROM 的地址。固化字模代码为标准 ASCII 代码。

1602A 提供了 64 字节的 CGRAM，地址为 00～3FH。它可以生成 8 个 5×8 点阵的自定义字符或 4 个 5×11 点阵的字模库。由于 1602A 仅使用 1 行 5 位数据作为字符点阵，所以作为主 CGRAM 字模库时，仅使用存储单元字节的低 5 位，高 3 位虽然存在，但并不作为字模数据使用。

1602A 的控制 IC 提供给 CGRAM 的字符码为 00～07H 或 08～0FH。作为 5×8 点阵字符的字模库时，CGRAM 每 8 字节为 1 个字符的字模数据，字模数据从上至下排列。每个字符代码都对应 CGRAM 的 8 字节单元；作为 5×11 点阵的字符的字模库，CGRAM 每 16 字节为 1 个字符的字模数据，其中前 11 字节为字模数据存储单元，后 5 字节与字模无关。当然，一般 1602A LCD 模块的字符点阵都为 5×8 的居多，可以在指令中设置，但如 LCD 屏上的字符点阵本来就为 5×8 而无 5×11 时，选用 5×11 是没有意义的，或者会出现意想不到的情况。

4．地址计数器 AC

地址指针计数器 AC 是可读可写的，它是 DDRAM（显存）和 CGRAM 的地址指针计数器，指示当前 DDRAM 或 CGRAM 的地址。而指示哪种存储器的地址，由 MCU 对 1602A 最近写入的地址设置指令的标识码决定。地址指针计数器 AC 可以设置成自动加 1 计数器或自动减 1 计数器。地址指针计数器 AC 有两个作用：一是指示当前的 DDRAM 或 CGRAM 地址；二是作为光标和闪烁的位置地址指针，指示当前光标和闪烁的位置地址。

5．显示缓冲区 DDRAM

显示缓冲区 DDRAM 用于存储显示字符的代码，共有 80 字节。地址计数器 AC 的数值是 DDRAM 的地址，DDRAM 中的代码是字符发生器 CGRAM 或 CGROM 地址的高 8 位，而地址的低 3 位或 4 位由行计数器提供。DDRAM 中的各个单元对应显示屏上的各个字符位，对应关系如下：第 1 行的 16 个字符对应地址 00～0FH；第 2 行的 16 个字符对应地址 40～4FH。

6.5.2 液晶显示器 1602A 指令

1．1602A 指令

1602A 液晶模块的内部控制器共有 11 条指令，它的读写操作、屏幕和光标的操作都是通过指令编程实现的。1602A 指令如表 6-2 所示（"1"为高电平，"0"为低电平，"×"为任意电平）。

表 6-2 1602A 指令

指 令 功 能	指 令								
	RS	R/W	D7	D6	D5	D4	D3	D2	D1	D0
清除显示屏	0	0	0	0	0	0	0	0	0	1
光标回到原点	0	0	0	0	0	0	0	0	1	×
设定进入模式	0	0	0	0	0	0	0	1	I/D	S
显示器开关控制	0	0	0	0	0	0	1	D	C	B
移位方式	0	0	0	0	0	1	S/C	R/L	×	×
功能设定	0	0	0	0	1	DL	N	F	×	×
CGRAM 地址设定	0	0	0	1	CGRAM 地址					
DDRAM 地址设定	0	0	1	DDRAM 地址						
忙碌标志 BF 查询	0	1	BF	地址计数器内容						
写入数据	1	0	8 位数据							
读取数据	1	1	8 位数据							

1）清除显示屏

把空码 20H 写入 DDRAM 的全部单元,清除显示屏幕,地址计数器 AC 清零,光标归位。设置 I/D=1,使 AC 处于自动加 1 模式。指令执行时间约 1.64ms。

2）光标回到原点

使 AC 清零,使发生位移的画面返回 00H 处显示,光标或是闪烁将回到原点 00H 处。

3）设定进入模式

该指令设置单片机读、写 DDRAM 或 CGRAM 后,AC 的变化方向。

(1) I/D：I/D=1,AC 自动加 1,光标右移；I/D=0,AC 自动减 1,光标左移。

(2) S：设置在写入 DDRAM 数据后,显示屏上的画面全部向左或向右平移 1 个字符位。S=0,无效；S=1,有效；S=1,I/D=1,画面左移；S=1,I/D=0,画面右移。

4）显示开关控制

该指令控制显示效果,带有如下 3 个参数。

(1) D：显示开关。D=1 时,允许显示屏显示；D=0,不允许显示屏显示。

(2) C：光标开关。C=1 时,允许显示屏显示光标；C=0 时,不允许显示光标。光标位置由 AC 控制。

(3) B：闪烁开关,使 1 个字符位交替全亮或是全暗,闪烁频率为 2.4Hz,闪烁位置由 AC 控制。B=1,闪烁；B=0,不闪烁。

5）光标或画面移位方式

执行该指令,光标或显示屏上的画面将左移或右移 1 个字符位置。

(1) S/C：位移对象选择。S/C=1 时,画面位移；S/C=0 时,光标位移。

(2) R/L：位移方向选择。R/L=1 时,右移；R/L=0 时,左移。画面位移是在一行连续循环进行的,也就是说,一行的第一个单元和最后一个单元连接起来,形成闭环式的移位,移位时两行同时进行。假如首先第 1 行 1~16 位置显示的是 DDRAM 中 00~0FH

的内容,左移 1 位,第 1 行 1~16 位置显示的将是 DDRAM 中 01~10H 的内容;右移 1 位,第 1 行 1~16 位置显示的将是 DDRAM 中 27H~0EH 的内容。

6) 功能设定

该指令是 HD44780 的初始化设置指令,单片机必须使用这条指令初始化 HD44780。指令有以下 3 个参数:

(1) DL:总线数据位数。DL=0,总线为 4 位;DL=1,总线为 8 位。使用 4 位总线时,D3~D0 无效。单片机通过 D7~D4 向 HD44780 发送指令和数据时,先传输高 4 位,再传输低 4 位。

(2) N:显示屏显示行数。N=0,为 1 行;N=1,为 2 行。

(3) F:字符格式。F=0,为 5×7 点阵;F=1,为 5×10 点阵。

7) CGRAM 地址设定

该指令将 CGRAM 的 6 位地址码 00H~3FH 写入地址计数器 AC,随后单片机对 CGRAM 操作。

8) DDRAM 地址设定

该指令将 DDRAM 的 7 位地址码送入地址计数器 AC,随后单片机对 DDRAM 操作。DDRAM 的地址范围是:N=0(1 行字符),00H~4FH;N=1(2 行字符),第 1 行为 00H~27H,第 2 行为 40H~67H。

9) 忙碌标志 BF 查询

当单片机读操作时(RS=0,R/W=1),读出 1 位忙标志(BF)和 7 位地址计数器 AC 的组合。其中,AC 的值可以是 DDRAM 的地址,也可以是 CGRAM 的地址。BF=1,忙;BF=0,空闲。

10) 写入数据

单片机把要写入 DDRAM 或 CGRAM 的数据写入 HD44780,需要首先写入地址设置指令,选择 DDRAM 或 CGRAM,然后设置地址计数器 AC 的自动修改方式。

11) 读取数据

单片机读取当前 AC 计数值所指 DDRAM 或 CGRAM 单元的内容。

2. 1602A 初始化

1602A 上电时,如电源能满足 LCD 控制器件电路复位的要求,则器件可以自动复位,单片机只需要对 LCD 进行功能的初始化。但大多数情况下,电源不能满足 LCD 控制器件电路复位的要求,此时需要用指令程序进行初始化。初始化过程如下所述。

(1) 上电后延时 15ms。

(2) 写指令 38H 后(不检测忙信号),延时 5ms。

(3) 写指令 38H 后(不检测忙信号),延时 5ms。

(4) 写指令 38H 后(不检测忙信号),延时 5ms。

(5) 检测到 BF=0 后,写指令 38H,显示功能设定为 2 行,5×7 点阵。

(6) 检测到 BF=0 后,写指令 08H,显示关闭。

(7) 检测到 BF=0 后,写指令 01H,显示清屏。

(8) 检测到 BF=0 后,写指令 06H,显示光标移动设置。

(9) 检测到 BF＝0 后，写指令 0CH，显示开及光标设置。

6.5.3 1602A C51 参考程序代码

AT89S52 与 1602A 的硬件接口如图 6-29 所示。下面给出 C51 应用范例。

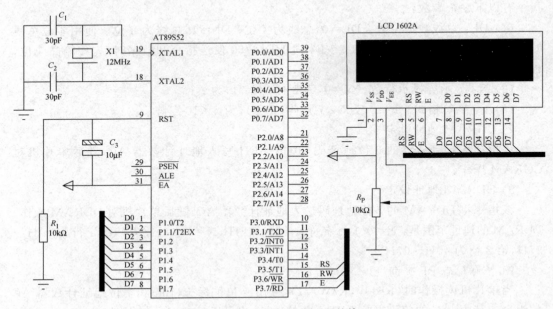

图 6-29 单片机与 1602A 硬件接口

```
# include "REG51.h"
# include "intrins.h"
//this file for MCU I/O port or the orthe's hardware config
//for LCD Display
//Define for the port use by LCD Driver
sbit LCD_EP＝P3^7;
sbit LCD_RW＝P3^6;
sbit LCD_RS＝P2^5;
# define LCD_Data_BUS_Out P1
# define LCD_Data_BUS_In P1
code unsigned char LCD_InitialCode[]＝{0x30,0x30,0x30,0x38,0x01,0x06,0x0c};
//=========================================
//函数: void LCD_DataWrite(unsigned char Data)
//描述: 写1字节的显示数据至 LCD 的显示缓冲 RAM 当中
//参数: Data 写入的数据
//返回: 无
//=========================================
void LCD_DataWrite(unsigned char Data)
{
        unsigned int Read_Dat＝0;
        LCD_EP ＝ 0;                        //EP、RS 端口为低,RW 为高
        LCD_RS ＝ 0;
```

```
        LCD_RW = 1;
        do
        {
            LCD_Data_BUS_In = 0xff;
            LCD_EP = 1;
            Read_Dat = LCD_Data_BUS_In&0x80;
            LCD_EP = 0;
        }
        while(Read_Dat!=0);              //读状态字并判断是否可进行读写操作
        LCD_RW = 0;                      //EP、RW 置低
        LCD_RS = 1;                      //RS 置高
        LCD_Data_BUS_Out = Data;
        LCD_EP = 1;                      //EP 置高
        LCD_EP = 0;                      //EP 置低
}
//===============================================
//函数: void LCD_RegWrite(unsigned char Command)
//描述: 写 1 字节的数据至 LCD 的控制寄存器当中
//参数: Command 写入的数据(byte)
//返回: 无
//===============================================
void LCD_RegWrite(unsigned char Command)
{
        unsigned int Read_Dat=0;
        LCD_EP = 0;                      //EP、RS 置低,RW 置高,表为读状态字
        LCD_RS = 0;
        LCD_RW = 1;
        do
        {
            LCD_Data_BUS_In = 0xff;
            LCD_EP = 1;
            Read_Dat = LCD_Data_BUS_In&0x80;
            LCD_EP = 0;
        }
        while(Read_Dat!=0);              //读状态字并判断是否可进行读写操作
        LCD_RW = 0;                      //RW 置低,表为写指令
        LCD_Data_BUS_Out = Command;
        LCD_EP = 1;                      //EP 置高
        LCD_EP = 0;
}
//===============================================
//函数: void LCD_IntWrite(unsigned char Command)
//描述: 初始化时写 1 字节的数据至 LCD 的控制寄存器中,不检测忙标志
//参数: Command 写入的数据(byte)
//返回: 无
//===============================================
void LCD_IntWrite(unsigned char Command)
```

```
{
    unsigned int Read_Dat=0;
    LCD_EP = 0;                            //EP、RS置低,RW置高,表为读状态字
    LCD_RS = 0;
    LCD_RW = 0;                            //RW置低,表为写指令
    LCD_Data_BUS_Out = Command;
    LCD_EP = 1;                            //EP置高
    LCD_EP = 0;
}
//===========================================
//函数: unsigned char LCD_DataRead(void)
//描述:从LCD中的显示缓冲RAM当中读1字节的显示数据
//参数:无
//返回:读出的数据,低8位有效(byte)
//===========================================
unsigned char LCD_DataRead(void)
{
    unsigned char Read_Dat=0;
    LCD_EP = 0;                            //EP、RS置低,RW置高,表为读状态字
    LCD_RS = 0;
    LCD_RW = 1;
    do
    {
        LCD_Data_BUS_In = 0xff;
        LCD_EP = 1;
        Read_Dat = LCD_Data_BUS_In&0x80;
        LCD_EP = 0;
    }
    while(Read_Dat!=0);                    //读状态字并判断是否可进行读/写操作
    LCD_RS = 1;                            //RS置高,表为读数据
    LCD_EP = 1;                            //EP置高
    Read_Dat = LCD_Data_BUS_In;           //读出数据
    LCD_EP = 0;
    return Read_Dat;
}
//===========================================
//函数: unsigned char LCD_StatusRead(void)
//描述:从LCD中的显示缓冲RAM当中读1字节的显示数据
//参数:无
//返回:读出的数据,低8位有效(byte)
//===========================================
unsigned char LCD_StatusRead(void)
{
    unsigned char Read_Dat=0;
    LCD_EP = 0;                            //EP、RS置低,RW置高,表为读状态字
    LCD_RS = 0;
    LCD_RW = 1;
```

```
    LCD_Data_BUS_In = 0xff;
    LCD_EP = 1;
    Read_Dat = LCD_Data_BUS_In;        //读状态字
    LCD_EP = 0;
    return Read_Dat;
}
//=========================================
//函数：void TimeDelay(int Time)
//描述：延时程序
//参数：延时时间(ms)
//返回：无
//=========================================
void TimeDelay(int Time)
{
    int i;
    while(Time > 0)
    {
        for(i = 0;i < 800;i++)
        {
            _nop_();
        }
        Time --;
    }
}
//=========================================
//函数：void LCD_Init(void)
//描述：1602A 程序初始化
//参数：无
//返回：无
//=========================================
void LCD_Init(void)
{
    TimeDelay(15);                 //延时 15ms
    LCD_IntWrite(0x38);
    TimeDelay(5);                  //延时 5ms
    LCD_IntWrite(0x38);
    LCD_IntWrite(0x38);
    TimeDelay(5);                  //延时 5ms
    LCD_IntWrite(0x38);
    TimeDelay(5);                  //延时 5ms
    LCD_RegWrite(0x38);            //显示功能设定为 2 行,5×7 点阵
    LCD_RegWrite(0x08);            //显示关闭
    LCD_RegWrite(0x01);            //显示清屏
    LCD_RegWrite(0x06);            //显示光标移动设置
    LCD_RegWrite(0x0c);            //显示开及光标设置
}
```

```
//==========================================
//主函数
//描述:在1602A写入两串字符
//==========================================
void main()
{
    unsigned char uiTemp=0;
    unsigned char * String_s;
    LCD_Init();
    uiTemp = LCD_StatusRead();          //无意义,只是测试读状态字的子程序
    String_s = "LCD1602A Demo";
    LCD_RegWrite(0x80);                 //设置地址为第1行第1个字符的位置
    while( * String_s!=0)               //显示字符串
    {
        LCD_DataWrite( * String_s);
        String_s++;
    }
    String_s = "Ling Yun";
    LCD_RegWrite(0xc4);                 //设置地址为第2行第5个字符的位置
    while( * String_s!=0)
    {
        LCD_DataWrite( * String_s);
        String_s++;
    }
}
```

习题 6

6.1　在电路图 6-1 中,编程使发光二极管亮 0.5s、灭 1s 交替进行。

6.2　设计一个 4 位 LED 数码管动态扫描显示电路,并编写显示程序。要求采用共阳极数码管。

6.3　编写图 6-4 的显示子程序,要求该子程序每执行 1 次,将显示缓冲区中的 1 位数据送至相应的数码管显示;连续调用执行 8 次,则将显示缓冲区的内容送出显示一遍。显示缓冲区为 68H～6FH。

6.4　编写子程序,当图 6-9 中 S1 键每按下一次时,单片机 30H 单元的内容在 20～40 的数值范围内循环递增加 1。

6.5　设计一个 2 个按键的去抖动电路。

6.6　编写子程序,当图 6-9 中按键 S1 持续按下时间超过 2s 时,将标志位 F0 置"1"。

6.7　编写子程序,当图 6-9 中 S2 键每按下一次时,单片机 30H 单元的内容在 40～20 的数值范围内循环递减 1;当 S2 键按下时间超过 2s 并持续按下时,每隔 0.5s 将 30H 单元的内容在 40～20 的数值范围内循环递减 1。

6.8　A/D 转换器的主要性能指标有哪些?

6.9 D/A 转换器的主要性能指标有哪些？

6.10 选择 A/D 转换器主要的原则有哪些？

6.11 使用 AD7801 设计一个 2 路输出 D/A 转换电路,要求采用双缓冲结构,实现 2 路 D/A 同时输出。编写相应的程序。

6.12 查找资料,选择两种不同的 A/D 转换器,实现水温测量与转换。要求测量分辨率为 0.1℃。

6.13 在图 6-16 所示电路中,要求输出一个周期为 1s 的三角波。请编程实现。

6.14 设计一个采用 PNP 三极管驱动继电器的电路。

6.15 设计一个采用 4N25 进行光电隔离的输出隔离电路。

6.16 能否把继电器直接接在 AT89S51 的某一口线上来用？为什么？

第 7 章

CHAPTER 7

串行总线接口技术

> 总线是一种描述电子信号传输线路的结构形式。它采用一组线路,配置适当的接口电路,与外围部件、外围设备相连接。串行总线技术是当前计算机总线的主导技术。电子技术的迅速发展使得许多新的数据传输接口标准不断涌现,大多数单片机并没有在硬件中集成这些新的数据传输接口。为了使单片机适应不同标准的数据传输协议,必须对单片机的数据传输接口进行扩展。本章主要介绍 MCS-51 系列单片机串行总线接口的扩展技术,涉及的串行总线包括 SPI、I^2C、1-Wire 等。

7.1 SPI 总线接口及应用

7.1.1 SPI 总线概述

串行外围设备接口 SPI(serial peripheral interface)总线技术是 Motorola 公司推出的一种同步串行接口。Motorola 公司生产的绝大多数 MCU(微控制器)都配有 SPI 硬件接口,如 68 系列 MCU。SPI 总线是一种三线同步总线,因其硬件功能很强,所以与 SPI 有关的软件相当简单,使 CPU 有更多的时间处理其他事务。SPI 应用的典型系统框图如图 7-1 所示。

图 7-1　SPI 总线系统框图

SPI 只需 4 条线就可以完成单片机与各种外围器件间的全双工、同步串行通信。这4 条线是:串行时钟线(SCK)、主机输入/从机输出数据线(MISO)、主机输出/从机输入数据线(MOSI)、低电平有效从机选择控制线 $\overline{CS}$。这些外围器件可以是简单的移位寄存器,复杂的 LCD 显示驱动器,A/D、D/A 转换子系统或其他 MCU。当 SPI 工作时,在移位寄存器中的数据逐位从输出引脚(MOSI)输出(高位在前),同时从输入引脚(MISO)接收的数据逐位移到移位寄存器(高位在前)。发送 1 字节后,从另一个外围器件接收的字节数据进入移位寄存器。主设备 SPI 的时钟信号(SCK)使传输同步。图中的主设备即主机、主控制器,提供同步时钟,控制数据的传输和速率。从设备即从机,是总线上除主机之外的设备。

7.1.2　SPI 模块的接口信号及时序要求

SPI 总线接口的时序如图 7-2 所示。

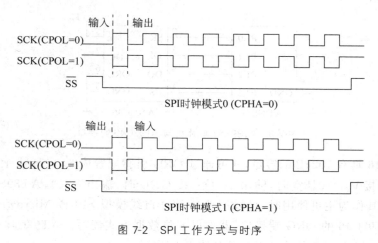

图 7-2　SPI 工作方式与时序

SPI 主设备为了和从设备交换数据,根据从设备工作要求,其输出的串行同步时钟极性(CPOL)和相位(CPHA)可以进行配置。如果 CPOL=0,串行同步时钟的空闲状态为低电平;如果 CPOL=1,串行同步时钟的空闲状态为高电平。时钟相位(CPHA)能够配置用于选择两种不同的时钟模式之一进行数据传输。如果 CPHA=0,数据在 SS 为低时被驱动,在 SCK 的后时钟沿被改变,并在前时钟沿被采样;如果 CPHA=1,数据在 SCK 的前时钟沿被驱动,并在后时钟沿被采样。SPI 主设备和与之通信的从设备时钟的相位与极性应该一致。

SPI 标准中没有定义最大数据传输速率。外部设备(器件)定义了自己的最大数据传输速率,通常为 MHz 量级。主设备(微处理器)应该根据外设的要求确定 SPI 数据传输速率。

7.1.3　三总线接口 Microwire 简介

Microwire 总线也是三线同步串行总线,是 National Semiconductor 公司为扩展 COP400 系列 4 位单片机接口而提出的。它由一根数据输出线 SO、一根数据输入线 SI 和一根时钟信号线 SK 组成。Microwire 总线系统中,主机向 SK 线发送时钟脉冲信号,从机设备在时钟信号的同步沿输出/输入数据。主机和被选中从机的接口内 8 位移位寄存器依照数据高位(MSB)在前、数据低位(LSB)在后的原则,在时钟的下降沿从 SO 线输出,时钟的上升沿从 SI 端读入。

Microwire 标准和 SPI 标准非常相似。一般情况下,带 SPI 接口的 MCU 可以实现与 Microwire 接口设备之间的通信,即 Microwire 接口可以看成是时钟极性和时钟相位固定的(CPOL=0 和 CPHA=0)SPI 接口。

7.1.4　SPI 总线接口编程

AT93C46 是 Atmel 公司推出的 CMOS 低功耗、低电压、电可擦除、可编程只读存储器,带有三线串行接口,可与 SPI 总线或 Microwire 总线接口实现同步串行通信。AT89S51 单片机与 AT93C46 的接口原理如图 7-3 所示。

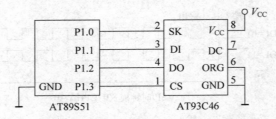

图 7-3　AT89S51 单片机与 AT93C46 的接口

AT93C46 具有 1024B 的容量,并可通过 ORG 引脚配置成 64×16 或 128×8 两种结构。ORG 端接 V_{CC} 或悬空时,输出 16 位;接 GND 时,输出 8 位。AT89S51 本身不含 SPI 接口,将其作为主机使用时,可采用普通 I/O 口线模拟 SPI 或 Microwire 总线功能。图 7-3 中 AT93C46 的 ORG 端接地,器件以 8 位数据方式读写。AT93C46 片选信号 CS 高电平有效。AT93C46 的指令及功能如表 7-1 所示。

表 7-1　AT93C46 系统指令功能表

指　令	起始位	操作码	地　址　位		数　据　位		指　令　功　能
			$\times 8$	$\times 16$	$\times 8$	$\times 16$	
READ	1	10	A6~A0	A5~A0			从指定的单元读数
EWEN	1	00	11××××	11××××			允许擦/写操作指令
ERASE	1	11	A6~A0	A5~A0			擦除指定单元
WRITE	1	01	A6~A0	A5~A0	D7~D0	D15~D0	写入指定存储单元
ERAL	1	00	10××××	10××××			擦除存储器所有单元
WRAL	1	00	01××××	01××××	D7~D0	D15~D0	写入存储器所有单元
EWDS	1	00	00××××	00××××			禁止擦/写操作指令

在上电复位或执行禁止擦/写操作 EWDS 指令后,AT93C46 禁止擦/写存储单元,因此在编程前应先执行允许擦/写操作 EWEN 指令,一旦该指令执行后,只要外部没有断电,就可以对芯片编程。在执行地址擦指令 ERASE 或芯片擦指令 ERAL 的过程中,DO 端输出指示"忙"标志。DO 为"0",表示编程正在进行;DO 为"1",表示擦除工作完成,可以执行下一条指令。地址写指令 WRITE 每写入 1 字节需耗时 4ms,芯片写指令 WRAL 花费时间的最大值为 30ms。

用汇编语言模拟 SPI 总线对 AT93C46 器件进行读写操作的部分程序如下所示：

```
SK          BIT      P1.0               ;引脚定义
DI          BIT      P1.1
DO          BIT      P1.2
CS          BIT      P1.3
;启动片选子程序 START,做好读写数据的准备
START:      SETB     DO
            CLR      SK
            SETB     CS
            JNB      DO, $              ;器件繁忙,等待
            CLR      CS
            CLR      DI
            SETB     CS                 ;启动片选 CS,做好读写数据的准备
            RET
;停止对 AT93C46 操作程序 STOP
STOP:       CLR      SK
            CLR      DI
            CLR      CS                 ;停止器件操作
            RET
;数据发送子程序 SENDDATA,将 A 中的前几位数据发送至 DI,发送的位数在 B 中
SENDDATA:   RLC      A                  ;移位 1 位数据
            MOV      DI, C              ;输出 1 位数据
            NOP
            SETB     SK                 ;产生移位时钟信号发送数据
            CLR      SK
            DJNZ     B, SENDDATA
            RET
;读数据(READ)指令。把 R7 指向的存储器的数据读到累加器 A 中
READ:       LCALL    START
            MOV      A, #0C0H           ;发送读操作指令
            MOV      B, #3              ;发送前 3 位数据
            LCALL    SENDDATA
            MOV      A, R7              ;发送数据单元地址
            RL       A                  ;移到前 7 位
            MOV      B, #7
            LCALL    SENDDATA
            SETB     DO                 ;准备读入数据
            MOV      B, #8
READ1:      SETB     SK                 ;产生 1 个时钟信号
            CLR      SK
            NOP
            MOV      C, DO              ;读取 DO 的信息
            RLC      A                  ;送 1 位数据到 A 中
            DJNZ     B, READ1
            LCALL    STOP
            RET
;写数据(WRITE)指令,把 A 中的数据写到 R7 指向的存储器中
WRITE:      PUSH     ACC                ;保存待写入的内容
            LCALL    EWEN               ;允许写数据
```

```
            LCALL    START            ;启动
            MOV      A,#0A0H          ;发送写操作指令
            MOV      B,#3             ;发送前3位数据
            LCALL    SENDDATA
            MOV      A,R7             ;发送写入地址
            RL       A                ;移到前7位
            MOV      B,#7
            LCALL    SENDDATA
            POP      ACC              ;取出待写入的内容
            MOV      B,#8             ;发送1字节的数据
            LCALL    SENDDATA         ;写入数据
            LCALL    STOP
            LCALL    EWDS             ;禁止数据擦/写
            RET
;功能操作写入程序,将A中功能指令及地址写入
WRITE_E:    LCALL    START
            MOV      B,#8
            LCALL    SENDDATA         ;调用发送子程序
            MOV      B,#2             ;继续发送2位地址(任意值)
            LCALL    SENDDATA
            LCALL    STOP
            RET
;写允许(EWEN)指令
EWEN:       MOV      A,#98H           ;发送开始位、操作码和地址
            LCALL    WRITE_E          ;调用发送子程序
            RET
;禁止擦/写(EWDS)指令
EWDS:       MOV      A,#80H           ;发送开始位、操作码和地址
            LCALL    WRITE_E          ;调用发送子程序
            RET
;擦除所有单元(ERAL)指令
ERAL:       LCALL    EWEN
            MOV      A,#90H           ;发送开始位、操作码和地址
            LCALL    WRITE_E          ;调用发送子程序
            LCALL    EWDS
            RET
;将A中内容写入所有单元(WRAL)指令
WRAL:       PUSH     ACC              ;保存待写入内容
            LCALL    EWEN
            MOV      A,#88H           ;发送开始位、操作码和地址
            LCALL    WRITE_E          ;调用发送子程序
            POP      ACC              ;取出待写入内容
            MOV      B,#8             ;发送1字节的数据
            LCALL    SENDDATA         ;写入数据
            LCALL    STOP
            LCALL    EWDS             ;禁止数据擦/写
            RET
```

7.1.5 单片机 P89LPC93x 的 SPI 接口及应用

恩智浦(原 Philips)公司的 LPC93x 和 LPC91x 系列、Atmel 公司的 AT89C51RD2/ED2 系列、宏晶公司的 STC12C5410AD 系列和 STC12C5A60AD 系列等单片机集成有高速 SPI 总线接口,具备主模式和从模式两种操作模式,可以方便地实现多机串行通信。

1. P89LPC93x 单片机 SPI 模块特殊功能寄存器

P89LPC93x 通过 SPTCL、SPSTAT、SPDAT 等 3 个 SFR 来完成 SPI 设定及对其他器件的访问。下面将简单介绍。

1) 控制寄存器 SPTCL(0E2H)

SPTCL 用于设置 SPI 通信接口,其数据格式如图 7-4 所示。

	D7	D6	D5	D4	D3	D2	D1	D0
SPTCL	SSIG	SPEN	DORG	MSTR	CPOL	CPHA	SPR1	SPR0
SPSTAT	SPIF	WCOL	—	—	—	—	—	—
SPDAT	D7	D6	D5	D4	D3	D2	D1	D0

图 7-4 P89LPC93x 特殊功能寄存器

(1) SPR1、SPR0:选择控制 SPI 的时钟速率。其值取 00、01、10、11 时,SPI 时钟速率分别为 CPU 时钟频率的 4、16、64、128 分频。

(2) CPHA:SPI 时钟相位选择。CPHA=1 时,数据在 SCK 的前时钟沿驱动,并在后时钟沿采样;CPHA=0 时,数据在 $\overline{SS}$ 为低(SSIG=0)时被驱动,在 SCK 的后时钟沿被改变,并在前时钟沿被采样。

(3) CPOL:SPI 时钟极性。CPOL=1 时,SCK 空闲时为高电平,SCK 的前时钟沿为下降沿而后沿为上升沿;CPOL=0 时,SCK 空闲时为低电平,SCK 的前时钟沿为上升沿而后沿为下降沿。

(4) MSTR:主/从模式选择。

(5) DORG:SPI 数据顺序。DORG=1 时,数据字的 LSB(最低位)最先发送;DORG=0 时,数据字的 MSB(最高位)最先发送。

(6) SPEN:SPI 使能。SPEN=1 时,SPI 开放;SPEN=0 时,SPI 被禁止,所有 SPI 引脚都作为 I/O 口使用。

(7) SSIG:$\overline{SS}$ 忽略。SSIG=1 时,MSTR(位 4)确定器件为主机还是从机;SSIG=0 时,$\overline{SS}$ 脚用于确定器件为主机还是从机。

2) 状态寄存器 SPSTAT(0E1H)

(1) SPIF:SPI 传输完成标志。当一次串行传输完成时,SPIF 置位,并且当 ESPI(SPI 中断允许标志)和 EA 都置位时产生中断。通过软件向该位写入"1",可将 SPIF 标志清零。

(2) WCOL:SPI 写冲突标志。在数据传输的过程中,如果对 SPI 数据寄存器 SPDAT 执行写操作,WCOL 将置位。在这种情况下,当前发送的数据继续发送,而新写入的数据将丢失。通过软件向该位写入"1",可将 WCOL 标志清零。

3) 数据寄存器 SPDAT(0E3H)

SPDAT 是发送/接收一个数据字节的寄存器。主机对 SPDAT 的写操作将启动数据传输过程,在数据写入 SPDAT 之后的半个到一个 SPI 位时间后,数据将出现在 MOSI 口线。传输完 1 字节后,SPI 时钟发生器停止,传输完成标志(SPIF)置位并产生一个中断

（如果 SPI 中断已开放）。

2. 10 位 SPI 接口 ADC 器件 AD7810

AD7810 是美国模拟器件公司（Analog Devices）生产的一种低功耗 10 位高速串行 A/D 转换器，带内部时钟，外围接线极其简单，转换时间 $2\mu s$，采用 SPI 同步串行接口输出，单一电源（$+2.7\sim+5.5$V）供电。在自动低功耗模式下，转换吞吐率 1ksps 时仅消耗功率 27μW，特别适合用在便携手持式仪表及各种电池供电的场合。

AD7810 有高速和低速两种工作模式，如图 7-5 所示。在高速模式下，启动信号 CONVST 一般处于高电平状态。在 CONVST 端输入一个负脉冲，其下降沿将启动一次转换，在内部时钟的控制下，转换需要 $2\mu s$ 的时间，启动信号 CONVST 应在转换结束前变为高电平。转换结束时，AD7810 自动将转换结果锁存到输出移位寄存器中。此后，在每一个 SCLK 脉冲的上升沿，10 位数据按由高到低的原则依次出现在 DOUT 上。如果在转换还未结束之前就发出 SCLK 信号启动数据输出，在 DOUT 上出现的将是上一次转换的结果。在自动低功耗模式下，启动信号 CONVST 为低电平时，器件处于低功耗休眠状态。在 CONVST 端输入一个正脉冲，其上升沿将器件从休眠状态唤醒，唤醒过程需要 $1\mu s$ 的时间。器件被唤醒后，将自动启动一次转换，转换时间也为 $2\mu s$。转换结束时，AD7810 将转换结果锁存到输出移位寄存器中，同时自动将器件再一次置于低功耗状态。启动信号 CONVST 正脉冲的宽度应小于 $1\mu s$，否则器件被唤醒后不会自动启动转换，A/D 转换的启动时间将顺延至 CONVST 的下降沿处。

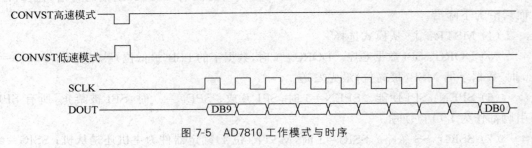

图 7-5 AD7810 工作模式与时序

AD7810 串行时钟 SCLK 的最高频率不能超过 20MHz，与其接口的 SPI 总线应工作在时钟模式 0，且空闲状态为低电平。

AD7810 的典型应用几乎不需要外围元件。AD7810 与 P89LPC933 单片机的接口如图 7-6 所示，参考电压 V_{REF} 接至 V_{DD}，模拟输入端 V_{IN} 一接至 GND，待转换电压从 $V_{IN}+$ 端输入。

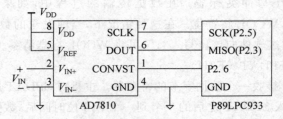

图 7-6 AD7810 与 P89LPC933 单片机接口

3. 自动低功耗模式 A/D 转换 C51 程序

```
#include<reg51.h>                   /*LPC900 系列单片机的 SFR 与标准 80C51 兼容*/
#include<intrins.h>                 /*C51 内部函数描述*/
#define uint unsigned int
sfr SPTCL=0xe2;                     /*定义控制寄存器*/
sfr SPSTAT=0xe1;                    /*定义状态寄存器*/
sfr SPDAT=0xe3;                     /*定义数据寄存器*/
sbit CONVST=P2^6;                   /*定义转换控制引脚*/
/*启动 AD7810 转换一次,返回值为转换结果*/
uint ad7810()
{
    uint x;
    SPTCL=0xd1;                     /*设置为主机,确定时钟模式及速率*/
    SPSTAT=0xc2;                    /*向标志位写"1",清除标志*/
    CONVST=1;                       /*唤醒器件并启动 A/D 转换*/
    CONVST=0;
    _nop_();
    _nop_();                        /*等待 A/D 转换结束*/
    SPDAT=0xff;                     /*发送任意数据,启动 SPI 接收高 8 位数据*/
    while (SPSTAT<=127);            /*SPI 接收未结束,等待*/
    SPSTAT=0xc2;                    /*向标志位写"1",清除标志*/
    x=SPDAT*4;                      /*读取高 8 位数据*/
    SPDAT=0xff;                     /*发送任意数据,启动 SPI 接收低 8 位数据*/
    while (SPSTAT<=127);            /*SPI 接收未结束,等待*/
    SPSTAT=0xc2;                    /*向标志位写"1",清除标志*/
    x=x+SPDAT/64;                   /*读取低 2 位数据,与高 8 位数据合并*/
    return(x);
}
```

7.2 I^2C 总线及应用

7.2.1 I^2C 总线特点

I^2C 总线是由数据线 SDA 和时钟 SCL 构成的串行总线,各种 I^2C 总线器件均并联在这条总线上。SDA 和 SCL 都是双向 I/O 线,通过上拉电阻接至＋5V 电源,总线具有线"与"功能。由于接口直接在组件之上,因此 I^2C 总线占用的空间非常小,减少了电路板的空间和芯片引脚的数量,降低了互联成本。串行的 8 位双向数据传输速率在标准模式下可达 100kbps,快速模式下可达 400kbps,高速模式下可达 3.4Mbps。I^2C 是一个真正的多主机总线,如果两个或更多主机同时初始化数据传输,可以通过冲突检测和仲裁防止数据被破坏。在 I^2C 总线中,任何能够执行发送和接收的设备都可以成为主器件,它控制信号的传输和时钟频率,被寻址的任何器件都可以看作是从器件。I^2C 总线无须片选信号线,它通过发送寻址字节来寻址被控器件。每个器件都有唯一的地址,彼此独立,互不相关。

7.2.2　I²C总线协议

1. I²C总线协议简介

I²C规程运用主/从双向通信机制。器件发送数据到总线上,则定义为发送器;器件接收数据,则定义为接收器。主器件和从器件都可以工作于接收和发送状态。总线必须由主器件(通常为微控制器)控制,主器件产生串行时钟(SCL),控制总线的传输方向,产生起始和停止条件。I²C总线协议定义为:①仅当总线不忙时,数据传送才开始;②数据传送期间,无论何时时钟线 SCL 为高,数据线 SDA 必须保持稳定。SCL 为高电平的期间,SDA 状态的改变被用来表示起始和停止条件。总线条件定义如下。

(1) 总线不忙:SCL 和 SDA 保持为高电平。

(2) 开始条件:SCL 为高电平时,SDA 由高电平向低电平跳变,开始传送数据。

(3) 结束条件:SCL 为高电平时,SDA 由低电平向高电平跳变,结束传送数据。

(4) 应答信号:接收数据的 I²C 在接收到一个字节后,向发送数据的 I²C 发出特定的低电平脉冲,即 ACK=0,表示已收到数据,为此主机必须产生一个与之相应的额外时钟脉冲。当 ACK=1 时,表示被控器件无应答或已经损坏。

(5) 数据有效:在开始条件以后,时钟信号 SCL 的高电平期间,当数据线 SDA 稳定时,表示数据有效。

在 I²C 总线开始信号之后送出的第一个字节数据是用来选择从器件地址的,其中前7 位为地址码,第 8 位为方向位(R/W)。方向位为"0",表示发送,即主器件把信息发送到所选择的从器件;方向位为"1",表示主器件将从从器件读信息。开始信号后,系统中的各个器件将自己的地址和主器件送到总线上的地址进行比较,如果与主器件发送到总线上的地址一致,该器件即为被主器件寻址的器件,具体是接收信息还是发送信息,由第8 位(R/W)确定。

在 I²C 总线上每次传送的数据字节数不限,但每个字节必须为 8 位,而且每个传送的字节后面必须跟一个应答信号。数据传送应答时序如图 7-7 所示,每次都是先传最高位。通常,从器件在接收到每个字节后都会做出响应,即释放 SCL 线返回高电平,准备接收下一个数据字节,主器件继续传送。如果从器件正在处理一个实时事件而不能接收数据,可以使时钟线 SCL 保持低电平,从器件必须使 SDA 保持高电平,此时主器件产生一个结束信号,使传送异常结束,迫使主器件处于等待状态。从器件处理完毕,将释放 SCL 线,主器件继续完成传送。

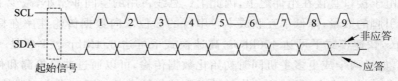

图 7-7　I²C 应答时序

2. I²C总线的同步与仲裁

在多主的通信系统中,总线上有多个节点,它们都有自己的寻址地址,可以作为从节点被别的节点访问,同时它们都可以作为主节点向其他节点发送控制字节和传送数据。但是如果有两个或两个以上的节点都向总线上发送启动信号并开始传送数据,就形成了冲突。要解决这种冲突,需要进行仲裁的判决。I^2C 也是一种多主机总线,同样需要总线仲裁。

I^2C 总线上的仲裁分为两部分:SCL 线的同步和 SDA 线的仲裁。SCL 同步是由于总线具有线"与"的逻辑功能,即只要有一个节点发送低电平,总线上就表现为低电平;当所有的节点都发送高电平时,总线才能表现为高电平。正是由于线"与"逻辑功能的原理,当多个节点同时发送时钟信号时,在总线上表现的是统一的时钟信号。因此,产生的 SCL 时钟的低电平周期由低电平时钟周期最长的器件决定,而高电平周期由高电平时钟周期最短的器件决定,这就是 SCL 的同步原理。

SDA 线的仲裁也是建立在总线具有线"与"逻辑功能的原理上的。节点在发送 1 位数据后,比较总线上所呈现的数据与自己发送的是否一致。是,继续发送;否则,退出竞争。SDA 线的仲裁可以保证 I^2C 总线系统在多个主节点同时企图控制总线时通信正常进行,并且数据不丢失。总线系统通过仲裁只允许一个主节点可以继续占据总线。

7.2.3 I^2C 总线模拟编程

AT89S51 系列单片机内部不带 I^2C 总线接口。如果需要与 I^2C 总线接口的器件通信,可以采用模拟 I^2C 总线系统,使用单片机的 2 根 I/O 线与 I^2C 器件通信。模拟 I^2C 总线系统实现总线仲裁有一定的难度,将单片机作为系统里唯一的主机,则问题相对简单。采用软件编程的方式模拟 I^2C 总线条件发送/接收数据的通信程序如下所示:

```
SCL         BIT      P1.0              ;定义 I2C 串行时钟线
SDA         BIT      P1.1              ;定义 I2C 串行数据线
;产生开始条件子程序 START
START:      SETB     SDA
            SETB     SCL               ;释放总线
            NOP                        ;延时降低总线速率
            NOP                        ;必要时可增加延时时间
            CLR      SDA               ;产生开始条件
            NOP
            NOP
            CLR      SCL               ;数据修改准备
            RET
;产生结束条件子程序 STOP
STOP:       CLR      SDA               ;准备产生结束条件
            NOP
            NOP
            SETB     SCL               ;准备产生结束条件
            NOP
            NOP
            SETB     SDA               ;产生结束条件
            NOP
            RET
```

```
;接收应答信号子程序 RACK。返回时,应答结果在 CY 中
RACK:       CLR    SCL              ;保证时钟为低
            SETB   SDA
            SETB   SCL              ;释放总线
            NOP
            NOP
            MOV    C, SDA           ;接收应答信号
            CLR    SCL
            RET
;发送字节子程序 OUTBYTE,待发送数据在 ACC 中,返回应答在 CY 中
OUTBYTE:    MOV    R6,＃8           ;输出 1 字节
OUTLP0:     CLR    SCL              ;保证时钟为低
            RLC    A                ;1 位数据送入 CY 中
            MOV    SDA, C           ;准备发送 1 位数据
            NOP
            NOP
            SETB   SCL              ;发送 1 位数据
            NOP
            NOP
            CLR    SCL              ;1 位数据发送完成
            DJNZ   R6, OUTLP0
            LCALL  RACK             ;接收应答信号
            RET
;读字节子程序 READBYTE,接收到的数据在 ACC 中
READBYTE:   MOV    R6,＃8           ;读取 1 字节子程序
READLP0:    SETB   SDA              ;置 SDA 为输入方式
            SETB   SCL              ;发出 1 个时钟
            NOP
            NOP
            MOV    C, SDA           ;读入 1 位数据
            RLC    A                ;把该位的状态移入 A
            CLR    SCL              ;结束时钟
            DJNZ   R6, READLP0      ;重复 8 次,读入 1 字节
            RET
;发送应答位子程序 SACK
SACK:       CLR    SDA              ;拉低 SDA 线
            SETB   SCL              ;发送额外 ACK 脉冲
            NOP
            NOP
            CLR    SCL
            SETB   SDA
            RET
```

7.2.4 I^{2}C 总线 EEPROM 器件 AT24C02 的应用

1. AT24C02 简介

AT24C02 是美国 Atmel 公司的低功耗 CMOS 串行 EEPROM 存储器,具有工作电压宽(2.5～5.5V)、擦写次数多(大于 10000 次)、写入速度快(小于 10ms)等特点。

AT24C02 带有 I^2C 总线接口,内含 256×8 位存储空间,256 字节(00H～0FFH)分成 32 页,每页有 8 字节,需要 8 位地址对其内部字节读写。AT24C02 引脚排列如图 7-8 所示,各引脚功能和意义如下所述。

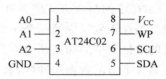

图 7-8 AT24C02 引脚排列

(1) V_{CC}、GND:+5V 电源、地引脚。

(2) SCL:串行时钟输入。在时钟上升沿把数据写入 EEPROM,在时钟下降沿把数据从 EEPROM 中读出。

(3) SDA:串行数据端。执行数据输入/输出。

(4) A2、A1、A0:地址引脚,用于芯片寻址。由于最多有 8 种不同组合,因此在一根 I^2C 总线上最多能接 8 片 AT24C02。

(5) WP:写保护引脚。当 WP 接地时,允许芯片进行一般读写操作;当把 WP 接到 V_{CC} 时,对芯片实施写保护。

2. AT24C02 器件及存储单元寻址

如果要对 AT24C02 执行读写操作,必须先进行器件寻址(或芯片寻址)和存储单元寻址。器件寻址是用一个 8 位的地址字去选择存储器芯片以及读写操作的类型。I^2C 总线的数据传送格式是:在 I^2C 总线开始信号后,送出的第一个字节数据,用来选择从器件地址。AT24C02 的器件识别控制字如图 7-9 所示,分为三个部分。

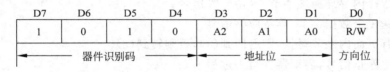

图 7-9 AT24C02 识别控制字

(1) 第一部分:器件识别码,又叫芯片标志位。在 I^2C 总线中,所有 EEPROM 类器件的识别码都为"1010"。

(2) 第二部分:地址位,存储器的片选地址或存储器内的块地址码。寻址 AT24C02 时,这 3 位的内容要与被寻址器件地址引脚接法一致,相应地址接地时为"0",接 V_{CC} 时为"1"。

(3) 第三部分:方向位。方向位为"0"表示发送,即主器件把信息写到所选择的从器件;方向位为"1"表示主器件将从从器件读信息。对存储器而言,该位为读/写控制位,为"0"表示执行存储器写操作,为"1"表示执行存储器读操作。

在选择器件后,主机将接着发送一个 8 位的存储器单元地址,用于在 AT24C02 内部的 256 个单元中寻址。

3. AT24C02 的读写操作过程

AT24C02 的写操作过程为:器件发出起始信号后,发送器件识别控制字节,等待应答信号指示从器件被寻址;然后,发送一个 AT24C02 存储器将要写入的数据地址,该地址被写入内部地址计数器锁存;等待 AT24C02 应答信号以后,发送数据字节;主器件再次等待 AT24C02 的应答信号;主器件最后发出停止信号,AT24C02 接收到停止信号后启动内部数据的擦写,将接收到的数据写入到刚刚指定的数据地址中,时间约为 5ms。在进行内部擦写的过程中,AT24C02 不再应答主机(主器件)的任何请求。

AT24C02 每次写入的数据字节数可不止 1 个,但最多不能超过 8 字节,此时 AT24C02 的写入方式称为页面写。页面写的第一个字节写入方法与字节写完全相同,不同之处在于发送完第一个字节后不产生停止信号,而是继续传送其他数据字节,在每个发送的数据字节后面必须跟一个应答位(ACK)。AT24C02 内部有一个 1 字节的地址计数器和 8 字节的数据缓冲区,数据缓冲区与当前页面一一对应。主机发送的数据被暂存在数据缓冲区内。在进行写操作时,地址计数器具有页面内地址自动加 1 功能,即每发送 1 字节内容后,地址计数器的低 3 位自动加 1,指向页面内(数据缓冲区)的下一个单元。由于 AT24C02 每一页都是 8 个单元,当发送的字节是该页的最后一个单元,即低 3 位为"111"时,发送结束,地址计数器低 3 位变为"000",指向本页的第一个单元,而高 5 位地址不改变。因此,AT24C02 一次页面写操作最多可以有效写入 8 字节。如果发送的字节数超过 1 页的容量,先前所发送的数据将被新的数据覆盖。当所有数据发送完毕后,停止信号将启动页面擦写操作,将页面数据在一个写周期内写到器件中。存储器写操作过程如下。

(1) 启动总线。

(2) 发送写器件识别控制字,等待应答信号。

(3) 发送片内寻址地址字节,等待应答信号。

(4) 发送 1 个数据字节,等待应答信号。

(5) 还有页面内字节写入,则返回到(4),否则转到(6)。

(6) 发送停止信号,启动器件写入过程。

在上述写操作过程中,发送的数据为 1 字节,该次写操作是字节写;发送的数据超过 1 字节,该次写操作是页面写。写入多个字节的页面写所需时间与 1 字节的字节写所需时间几乎相同。采用页面写可以节省多字节写入的操作时间。

AT24C02 读操作比写入操作稍复杂,共有 3 种方式,分别是当前地址读、随机地址读和连续读。存储器读操作过程如下。

(1) 启动总线。

(2) 发送写器件识别控制字,等待应答信号。

(3) 发送片内寻址地址字节,等待应答信号。

(4) 启动总线。

(5) 发送读器件识别控制字,等待应答信号。

(6) 读入 1 字节。

(7) 如果要连续读,则发送 1 个应答信号,返回到(6),否则转到(8)。

(8) 发送停止信号。

上述读操作过程又分成 2 个部分,(1)~(3)执行写入,把数据地址送入 AT24C02,以确定需要读取数据的所在地址;(4)~(8)执行读出,根据数据地址读出数据。

在上次读操作或写操作完成后,AT24C02 内部的地址计数器加 1,产生当前地址。只要不掉电,这个当前地址会一直保存。写操作的地址加 1 在页面内实现,即执行写操作时,地址计数器的高 5 位不变,低 3 位循环加 1;读操作的地址加 1 在器件的整个寻址范围内实现。因此,如果上次读的数据地址为 N,则加 1 后的数据地址变为 $N+1$;如果上次读的数据地址为 0FFH(存储器最后一个单元),则加 1 后的数据地址变为 00H(存储器的第一个单元)。

当前地址读仅需执行读操作过程的第 2 部分(4)~(8),此时的数据地址使用上次读操作或写操作完成后形成的当前地址。

随机读需要完整执行读操作过程的两个部分,第 1 部分执行地址写入,写入的地址被送到地址计数器锁存,因此该写入的地址为当前地址。第 2 部分执行当前地址读,读入 1 字节后,单片机(主器件)不回答 ACK 信号而直接发出停止信号,该次随机读入过程结束。

连续读是指在当前地址读或随机读的数据读入过程中,在 AT24C02 发出一个 8 位数据字节后,单片机(主器件)产生一个 ACK 信号而不是停止信号。该应答信号告知 AT24C02 要求更多的数据。对应每个应答信号,AT24C02 将发送下一个地址的 8 位数据字节,直到单片机(主器件)不回答 ACK 信号而直接发出停止信号,该次连续读入过程结束。连续读可将整个存储器范围内的数据在一个读操作过程内全部读出。

4. AT24C02 读写编程

AT24C02 与 AT89S51 的接口电路如图 7-10 所示。AT89S51 利用 P1.0、P1.1 模拟 I^2C 总线 SCL、SDA。利用 AT89S51 的模拟 I^2C 总线条件程序,根据 AT24C02 规定的读写过程可以编写出其读写程序。

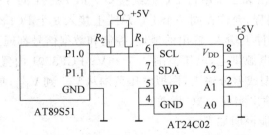

图 7-10　AT24C02 与单片机接口电路

字节写程序与连续读程序如下所示:

```
;AT24C02 字节写子程序 BYTEW,数据在 ACC 中,地址在 R0 中。返回时 CY 为"1",则写入不成功
BYTEW:      LCALL    START          ;产生开始信号
            PUSH     ACC            ;待写入数据暂存
            MOV      A, #10101100B  ;写操作识别地址码
            LCALL    OUTBYTE        ;写入识别地址码
            LCALL    RACK           ;接收应答信号
            JC       BYTEWRET       ;无应答返回
            MOV      A, R0
            LCALL    OUTBYTE        ;写入数据地址
            LCALL    RACK           ;接收应答信号
            JC       BYTEWRET       ;无应答返回
            POP      ACC            ;取待写入数据
            LCALL    OUTBYTE        ;写入数据
```

```
        LCALL      RACK            ;接收应答信号
        PUSH       ACC
BYTEWRET:LCALL     STOP            ;产生结束信号
        POP        ACC
        RET
```
;AT24C02 当前地址连续读子程序 WORDR,读入当前地址开始的 2 字节数据放在 R0 和 ACC 中。
;返回时 CY 为"1",则读出不成功
```
WORDR:    LCALL    START           ;产生开始信号
          MOV      A,♯10101101B    ;读操作识别地址码
          LCALL    OUTBYTE         ;写入识别地址码
          LCALL    RACK            ;接收应答信号
          JC       WORDRRET        ;无应答返回
          LCALL    READBYTE        ;读入 1 字节数据
          MOV      R0,A
          LCALL    SACK            ;发送应答信号
          LCALL    READBYTE        ;再读入 1 字节数据
WORDRRET: LCALL    STOP            ;产生结束信号
          RET
```

7.2.5　串行 A/D 与 D/A 转换器 PCF8591 及其与单片机接口

1. PCF8591 简介

PCF8591 是一个单片集成、单独供电、低功耗、8 位逐次逼近 A/D 转换器,具有 4 个模拟输入、1 个模拟输出和 1 个串行 I^2C 总线接口。PCF8591 的 3 个地址引脚 A0、A1 和 A2 可用于硬件地址编程,允许在同一个 I^2C 总线上接入 8 个 PCF8591 器件,无须额外的硬件。在 PCF8591 器件上输入/输出的地址、控制和数据信号都通过 I^2C 总线传输。

PCF8591 采用单电源供电,电压范围 2.5～6V;PCF8591 内置跟踪保持电路,4 个模拟输入可编程为单端型或差分输入,模拟电压范围从 V_{SS} 到 V_{DD},具有自动增量频道选择功能;通过 1 路模拟输出实现 DAC 增益。

PCF8591 引脚功能说明如下。

(1) AIN0～AIN3:模拟信号输入端。

(2) A0～A2:引脚地址端。

(3) V_{DD}、V_{SS}:电源端。

(4) SDA、SCL:I^2C 总线的数据线、时钟线。

(5) OSC:外部时钟输入端,内部时钟输出端。

(6) EXT:内部、外部时钟选择线。使用内部时钟时,EXT 接地。

(7) AGND:模拟信号地。

(8) AOUT:D/A 转换输出端。

(9) V_{REF}:基准电源端。

PCF8591 与单片机接口电路如图 7-11 所示,AT89S51 的 P2.0、P2.1 两个引脚分别与 PCF8591 的 SCL、SDA 两个引脚相连。PCF8591 硬件地址设置为"001",基准电源 V_{REF} 输入电压为 V0,通道 AIN0、AIN1 输入电压为 V1、V2,通道 AIN2、AIN3 输入电压均为 0,D/A 转换输出为 V_{OUT}。

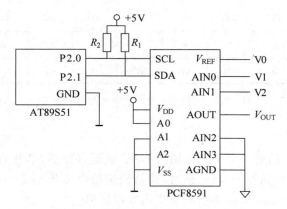

图 7-11　PCF8591 与单片机接口电路

2. PCF8591 的工作时序

PCF8591 的完整转换时序如图 7-12 所示，PCF8591 的地址字节和控制字节如图 7-13 所示。

地址字节中的高 7 位是 I^2C 总线从器件的地址。其中，前 4 位是类型识别符，后 3 位由器件地址输入端的状态来决定。PCF8591 出厂时已设定前 4 位为"1001"，根据图 7-11 可知，地址 3 位应选择"001"。当总线上还要接入其他的 PCF8591 时，其地址的输入端应该接入不同的状态，在同一条 I^2C 总线上最多只能接入 8 片 PCF8591。地址字节的最后一位为读写控制，"0"时表明接下来是器件写，"1"时表明接下来是器件读操作。

在控制字节格式中，最高位（D7）和低半字节最高位（D3）必须为"0"。EN 为"1"，表示允许模拟输出。M1、M0 用来编程设置 4 个模拟输入端的功能，为"00"时，表示 AIN0～AIN3 为 4 个单端输入；为"01"时，表示 AIN0～AIN2 与 AIN3 分别构成 3 个差分输入；为"10"时，表示 AIN0 和 AIN1 为 2 个单端输入，AIN2 与 AIN3 构成一个差分输入；为"11"时，表示 AIN0 和 AIN1 构成一个差分输入，AIN2 与 AIN3 构成另一个差分输入。AT 用来设置芯片的自动增量通道选择功能，为"1"时，在读取一个通道的 A/D 转换值后，自动切换到下一个通道。C1、C0 用来选择 A/D 转换的通道号，"00"为通道 0，"01"为通道 1，"10"为通道 2，"11"为通道 3。

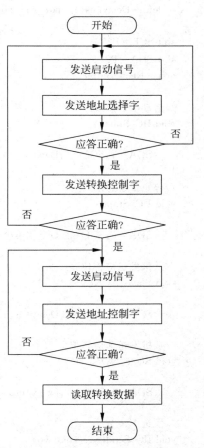

图 7-12　PCF8591 的工作时序

	D7	D6	D5	D4	D3	D2	D1	D0
地址字节	1	0	0	1	A2	A1	A0	R/$\overline{\text{W}}$
控制字节	0	EN	M1	M0	0	AT	C1	C0

图 7-13 PCF8591 的地址字节与控制字节

3. D/A 转换

向 PCF8591 传送的第 3 个字被存储到 DAC 数据寄存器,芯片自动将数据转换成对应的模拟输出电压。在执行 A/D 转换时,保持模拟输出电压不变。模拟输出电压 V_{OUT} 的范围是 V_{REF} 至 V_{AGND},V_{REF} 为模拟输出最大电压值。

4. PCF8591 软件模拟 I^{2}C 接口程序

根据图 7-12 所示的工作时序,编写 PCF8591 的输出转换子程序如下所示:

```
#include<reg52.h>
#include<intrins.h>
#define Delay4us(){_nop_();_nop_();_nop_();_nop_();}

sbit SCL=P2^0;                    //I²C 时钟引脚
sbit SDA=P2^1;                    //I²C 数据输入/输出引脚
uchar Recv_Buffer[4];             //数据接收缓冲

//启动 I²C 总线
void IIC_Start()
{
    SDA=1;SCL=1;Delay4us();SDA=0;Delay4us();SCL=0;
}
//停止 I²C 总线
void IIC_Stop()
{
    SDA=0;SCL=1;Delay4us();SDA=1; Delay4us();SCL=0;
}
//从机发送应答位
void Slave_ACK()
{
    SDA=0;SCL=1;Delay4us();SCL=0;SDA=1;
}
//从机发送非应答位
void Slave_NOACK()
{
    SDA=1;SCL=1;Delay4us();SCL=0;SDA=0;
}
//发送 1 字节
void IIC_SendByte(char wd)
{
    char i;
```

```
    for(i=0;i<8;i++)                //循环移入8位
    {
        SDA=(bit)(wd&0x80);_nop_();_nop_();
        SCL=1;Delay4us();SCL=0;wd<<=1;
    }
    Delay4us();
    SDA=1;                          //释放总线并准备读取应答
    SCL=1;
    Delay4us();
    IIC_ERROR=SDA;                  //IIC_ERROR=1,表示无应答
    SCL=0;
    Delay4us();
}
//接收1字节
char IIC_ReceiveByte()
{
    char i,rd=0x00;
    for(i=0;i<8;i++)
    {
        SCL=1;rd<<=1;rd|=SDA;Delay4us();SCL=0;Delay4us();
    }
    SCL=0;Delay4us();
    return rd;
}

//连续读入4路通道的A/D转换结果并保存到Recv_Buffer
void main()
{
    char i;
    IIC_Start();
    IIC_SendByte(0x92);             //发送写地址
    if(IIC_ERROR==1)return;
    IIC_SendByte(0x04);             //发送控制字
    if(IIC_ERROR==1)return;
    IIC_Start();                    //重新发送开始命令
    IIC_SendByte(0x93);             //发送读地址
    if(IIC_ERROR==1)return;
    IIC_ReceiveByte();              //空读一次,调整读顺序
    Slave_ACK();                    //收到1字节后发送一个应答位
    for(i=0;i<4;i++)
    {
        Recv_Buffer[i++]=IIC_ReceiveByte();
        Slave_ACK();                //收到1字节后发送一个应答位
    }
    Slave_NOACK();
    IIC_Stop();                     //收到1字节后发送一个非应答位
}
```

7.2.6　P89C66x 系列单片机 I²C 总线编程规范

恩智浦公司生产的 80C51 内核 P89C66x 系列单片机集成有 I²C 总线接口 SIO1,具

备 I²C 总线竞争和同步逻辑，可以便捷、经济地实现多主串行通信。

1. P89C66x 单片机 I²C 功能模块特殊功能寄存器

P89C66x 通过 S1CON、S1STA、S1DAT、S1ADR 4 个 SFR 来完成 SIO1 设定及对其他器件的访问，其数据格式如图 7-14 所示。

	D7	D6	D5	D4	D3	D2	D1	D0
S1ADR	×	×	×	×	×	×	×	GC
S1DAT	D7	D6	D5	D4	D3	D2	D1	D0
S1CON	CR2	ENS1	STA	STO	SI	AA	CR1	CR0
S1STA	SD4	SD3	SD2	SD1	SD0	0	0	0

图 7-14　P89C66x 特殊功能寄存器

1) 地址寄存器 S1ADR(0DBH)

P89C66x 作为从器件时，必须设定该寄存器，将自身的从地址装入高 7 位，以响应主器件的访问。如果最低位 GC 置"1"，则响应广播呼叫地址 00H；GC 清"0"时，仅响应符合自身地址的呼叫。单片机 P89C66x 作为主器件存在时，该寄存器不起作用。

2) 数据寄存器 S1DAT(0DAH)

S1DAT 是发送/接收一个数据字节的寄存器，P89C66x 通过该寄存器向总线移位发送数据或从总线接收数据。S1DAT 总是保存总线上最新的一个数据字节。

3) 控制寄存器 S1CON(0D8H)

P89C66x 通过对 S1CON 进行操作，实现对 I²C 串行口的使能控制、停止控制、中断设置、串行速率设定、响应标志设置等，各功能位的含义如下所述。

(1) ENS1：串行总线接口 SIO1 使能位。ENS1＝1 时使能；ENS1＝0 时禁止，SCL、SDA 输出呈高阻，输入信号被忽略。

(2) STA：启动起始标志。STA＝1 时，若主器件监测到总线空闲，则发送起始信号；若监测到总线忙，则等待总线空闲后再发送起始信号。STA＝0 时，不产生起始信号。

(3) STO：停止标志。STO＝1 时，主器件向总线发送一个结束信号，结束此次通信；STO＝0 时，将不产生结束信号。

(4) SI：SIO1 串行中断标志。SI＝1 时，若 EA＝1 而且 ES1(0ADH)＝1，CPU 产生中断请求，否则不会产生中断。该位需要软件复位。

(5) AA：响应标志位。AA＝1 时，接收器件在应答时钟期间回送应答位，即向 SDA 发低电平；否则，向 SDA 发高电平。

(6) CR2、CR1、CR0：确定主控操作模式下的串行时钟速率。根据 CPU 晶振频率，设定不同的分频，标准 I²C 总线规范的最大速率为 100kHz。当时钟模式为 12 分频时，CR2、CR1、CR0 的值为 000～110，对应时钟频率 f_{osc} 的分频数分别为 256、224、192、160、960、120、60；CR2CR1CR0＝111 时，串行时钟速率＝96×(256－定时器 1 重载值)。

4) 状态寄存器 S1STA(0D9H)

S1STA 是一个只读寄存器，高 5 位有效，存放 26 个 I²C 总线的状态码。在主发送方式下,产生 7 个总线状态码;在主接收方式下,产生 5 个总线状态码;在从接收方式下,产生 9 个总线状态码;在从发送方式下,产生 5 个总线状态码。SIO1 的中断入口地址为 002BH,中断服务程序根据这些状态码进行相应的处理。

2. P89C66x 之间实现 I²C 总线通信的硬件电路设计

图 7-15 以 P89C662 为例,给出了多个 MCU 之间互为主从的 I²C 通信原理图。各 MCU 可以单独供电,但是必须共地。

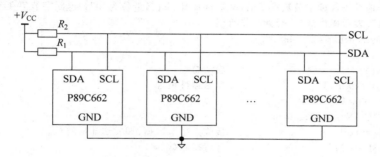

图 7-15 P89C662 之间 I²C 通信原理图

P89C66x 的 SCL 与引脚 P1.6 复用,SDA 与引脚 P1.7 复用,均采用开漏输出结构,因此在 SDA、SCL 端应各接一个 3~10kΩ 的上拉电阻。如果总线上器件增多和线路增长导致总线上电容量增加,则上拉电阻应减小。上拉电阻的设定非常关键,如果不合适,则上升时间延长,高电平有效宽度变窄,将直接影响数据传输。建议选用 3kΩ 上拉电阻。

3. P89C66x 单片机 I²C 通信主方式 C51 语言程序

```
#include<REG552.h>              //P89C668 的硬件 I²C 定义与 8XC552 的一样
#define uchar unsigned char
//申请占用总线,进行 I²C 总线的初始化,包括时钟速率、I²C 使能、发送起始信号
void GetBus()
{
    S1CON=0xc5;                 //设置时钟为 100kHz,MCU 主频为 12MHz,ENS1 和 AA 置位
    STA=1;                      //申请成为主机,启动总线
    while(SI==0);               //等待起始位的发送
}
//发送数据函数,用于向总线发送数据
void SendByte(uchar c)
{
    S1DAT=c;
    S1CON=0xc5;                 //清除 SI 位等
    while(SI==0);               //等待数据发送完成
}
//向无子地址器件发送字节数据函数,从器件地址 sla(最低位为"0"),待发送的数据为 c;如果
//返回"1",表示操作成功,否则操作有误
bit ISendByte(uchar sla,uchar c)
{
    GetBus();                   //启动总线
    SendByte(sla);              //发送器件地址。若无应答,则返回
```

```
    if (S1STA!=0x18)
      {S1CON=0xd5;return(0);}
  SendByte(c);                         //发送数据
   if (S1STA!=0x28)
      {S1CON=0xd5;return(0);}
  S1CON=0xd5;                          //结束总线
  return(1);
}
```

//向无子地址器件读字节数据函数,从器件地址 sla(最低位为"0"),返回字节值在 c;如果
//返回"1",表示操作成功,否则操作有误

```
bit IRcvByte(uchar sla,uchar * c)
{
  GetBus();                            //启动总线
  SendByte(sla+1);                     //发送器件地址
    if (S1STA!=0x40)
      {S1CON=0xd5;return(0);}
  S1CON=0xc1;                          //接收 1 字节数据,即发送非应答位
  while(SI==0);                        //等待接收数据
    if (S1STA!=0x58)
      {S1CON=0xd5;return(0);}
  * c=S1DAT;                           //读取数据
  S1CON=0xd5;                          //结束总线
  return(1);
}
```

4. P89C66x 单片机 I²C 通信从方式 C51 语言程序

```
# include<REG552.h>
# define uchar unsigned char
# define ENDRDSLA 0xc0                 //操作的状态字定义
# define ENDWRSLA 0xa0                 //操作的状态字定义
//设置总线函数,用于设置 I²C 控制寄存器,包括总线时钟速率及从地址,不接收广播地址
void SetBus(uchar addr)
{
  S1ADR=addr&0xfe;                     //设置从地址,屏蔽高 7 位,即广播地址响应位复位
  S1CON=0xc5;                          //启动硬件 I²C
}
//接收字节函数,读取总线传来的字节数据并发送应答位。正常接收,返回"1",此时读入的数据
//写入变量 c;收到总线结束信号或重新启动总线信号时,返回"0",此时不破坏变量 c 的数据
bit RcvByte(uchar * c)
{
  S1CON=0xc5;                          //清除标志位
  while(SI==0);                        //放开总线,等待接收
    if (S1STA==ENDWRSLA)
    {S1CON=0xc5;return(0);}            //先放开总线,再返回"0"
  * c=S1DAT;                           //取数据
  return(1);
}
//发送数据函数,向总线发送数据 c。当接收到非应答位时,返回"0",否则返回"1"
bit SendByte(uchar c)
```

```
{
    if(S1STA==ENDRDSLA)
      {S1CON=0XC5;return(0);}
    S1DAT=c;                    //发送数据
    S1CON=0xc5;                 //释放总线
    while(SI==0);               //等待字节数据发送完成
    return(1);
}
```

7.3 单总线 1-Wire 及应用

　　单总线 1-Wire 是美国 Dallas Semiconductor 公司的一项专利技术,它采用单根信号线完成数据的双向传输,并可以通过该信号线为单总线器件提供电源,具有节省 I/O 引脚资源、结构简单、成本低廉、便于总线扩展和维护等诸多优点,在电池供电设备、便携式仪器以及现场监控系统中有着良好的应用前景。

　　单总线技术有 3 个显著的特点:①单总线芯片通过一根信号线传送地址信息、控制信息及数据信息,并可以通过该信号线为单总线芯片提供电源;②每个单总线芯片都具有全球唯一的访问序列号,当多个单总线器件挂在同一单总线上时,对所有单总线芯片的访问都通过该序列号区分;③单总线芯片在工作过程中可以不提供外接电源,而通过它本身具有的"总线窃电"技术从总线上获取电源。

7.3.1 单总线工作原理

　　单总线设备通过漏极开路或三态端口连接至单总线,允许设备在不发送数据时释放总线,让其他设备使用。因此,通过外接一个约 4.7kΩ 的上拉电阻,单总线闲置时的状态为高电平;如果总线保持低电平超过 $480\mu s$,总线上的所有器件将复位。

　　单总线技术采用特殊的总线通信协议实现数据通信。在通信过程中,单总线数据波形类似于脉冲宽度调制信号,利用宽脉冲或窄脉冲实现写"0"或写"1"。通信中的主机处于控制地位,根据从机的不同发送不同的命令字。命令字分为总线复位命令、ROM 功能命令、存储器功能命令三种。主机与从机之间的通信通过 3 个步骤完成:①系统主机初始化 1-Wire 器件;②识别 1-Wire 器件;③数据交换。主机访问 1-Wire 器件必须严格遵循单总线命令顺序,如果出现顺序混乱,1-Wire 器件将不响应主机(搜索 ROM 命令、报警搜索命令除外)。

7.3.2 单总线通信的初始化

　　基于单总线的所有传输过程都是以初始化开始的。初始化过程由主机发出的复位脉冲和从机响应的应答脉冲组成,应答脉冲使主机知道总线上有从机设备且准备就绪。

　　单总线初始化时序如图 7-16 所示。在初始化序列期间,主机通过拉低单总线至少 $480\mu s$ 产生 Tx 复位脉冲;接着,主机释放总线并进入接收模式 Rx。当总线被释放后,4.7kΩ 上拉电阻将单总线拉高,在从机(单总线器件)检测到上升沿后延时 $15\sim60\mu s$,再通过拉低总线 $60\sim240\mu s$ 以产生应答脉冲,向主机表明它处于总线上且工作准备就绪。

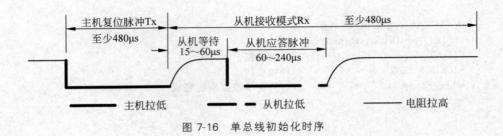

图 7-16 单总线初始化时序

7.3.3 单总线的读、写时隙

在写时隙期间,主机向单总线器件写入数据;而在读时隙期间,主机读入来自从机的数据。在每一个时隙,总线只能传输 1 位数据。单总线的读、写时隙如图 7-17 所示。

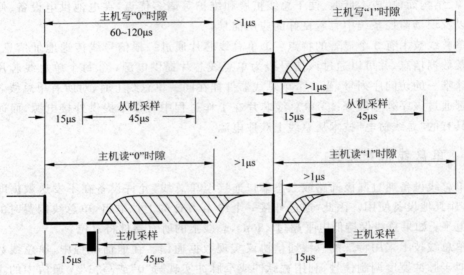

图 7-17 单总线读、写时隙

1) 写时隙

存在两种写时隙:写"1"和写"0"。所有写时隙至少需要 $60\mu s$,在两次独立的写时隙之间至少需要 $1\mu s$ 的恢复时间。两种写时隙均起始于主机拉低总线。写"1"时隙为:主机在拉低总线后,必须在 $15\mu s$ 之内释放总线,由 $4.7k\Omega$ 上拉电阻将总线拉至高电平。写"0"时隙为:在主机拉低总线后,只需在整个时隙期间保持 $60\sim120\mu s$ 低电平即可。在写时隙起始后 $15\sim60\mu s$ 期间,从机采样总线电平状态。如果在此期间采样为高电平,则逻辑 1 被写入该器件;如果为"0",则写入逻辑 0。

2) 读时隙

单总线器件仅在主机发出读时隙时,才向主机传输数据。所以,在主机发出读数据命令后,必须马上产生读时隙,以便从机传输数据。所有读时隙至少需要 $60\mu s$,在两次独立的读时隙之间至少需要 $1\mu s$ 的恢复时间。每个读时隙都由主机发起,至少拉低总线 $1\mu s$。在主机发起读时隙之后,单总线器件才开始在总线上发送"0"或"1"。若从机发送"1",则保持总线为高电平；若发送"0"，则拉低总线。当发送"0"时，从机在该时隙结束后释放总线，由上拉电阻将总线拉回至空闲高电平状态。从机发出的数据在起始时隙之后，保持有效时间 $15\mu s$。因此，主机在读时隙期间必须释放总线，并且在时隙起始后的 $15\mu s$ 之内采样总线状态。

7.3.4　任务模块6：水温控制系统温度采样程序设计

1. 任务

水温控制系统中的温度测量采用一体化单总线数字温度传感器 DS18B20，硬件电路如图 7-18 所示，要求编写其温度采样程序，读入当前水温测量值。

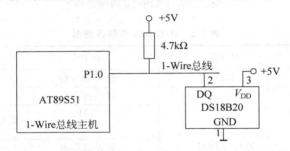

图 7-18　水温控制系统中 DS18B20 与 AT89S51 的连接

2. DS18B20 介绍

DS18B20 是美国 Dallas 公司推出的单总线数字温度传感器，具有微型化、低功耗、高性能、抗干扰能力强、易匹配处理器等优点。DS18B20 内部自带 A/D 转换器，通过内部的温度采集、A/D 转换等一系列过程，将温度值以规定的格式转换为二进制数据并输出。用户通过一些简单的算法，将数据还原为温度值，其分辨率达到 12 位，满足一般情况下对温度采集的需要。DS18B20 的主要性能指标如下所述。

（1）电压范围：$3.0\sim5.5V$。

（2）测温范围：$-55\sim+125℃$。

（3）测温分辨率可达 $0.0625℃$。

（4）可自设定非易失性的报警上、下限值。

1）DS18B20 内部结构

DS18B20 的内部结构如图 7-19 所示，主要包括寄生电源、温度传感器、64 位激光 ROM 和单总线接口、存放中间数据的高速暂存器 RAM、用于存储用户设定温度上下限值的 TH 和 TL 触发器、存储与控制逻辑、8 位循环冗余校验码（CRC）发生器等。

2）DS18B20 存储器

DS18B20 内部 ROM 由 64 位二进制数字组成，共分为 8 字节，如表 7-2 所示。字节 0 的内容是该产品的厂家代号 28H，字节 1～6 的内容是 48 位器件序列号，字节 7 是 ROM 前 56 位的 CRC 校验码。所有单总线器件的 64 位 ROM 码具有唯一性，在使用时作为该器件的地址，通过读 ROM 命令将它读出来。

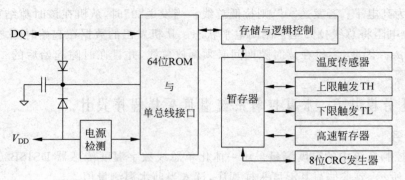

图 7-19　DS18B20 内部结构

表 7-2　DS18B20 内部存储器

地址	ROM	RAM	EEPROM
0	28H	温度低 8 位	
1		温度高 8 位	
2		TH	TH
3	48 位 器件序列号	TL	TL
4		配置寄存器	配置寄存器
5		保留	
6		保留	
7	CRC	保留	
8		CRC	

　　DS18B20 内部 RAM 由 9 字节的高速暂存器组成,其中字节 0、字节 1 存储当前温度,字节 2、字节 3 存储上、下限报警温度 TH 和 TL,字节 4 用于配置寄存器,字节 8 是 RAM 前 64 位的 CRC 校验码。电可擦写 EEPROM 用于存储 TH、TL 和配置寄存器的值,通过 DS18B20 功能命令对 RAM 进行操作,数据先写入 RAM,经校验后传给 EEPROM。

　　DS18B20 的温度测量范围是 $-55\sim+125$℃,分辨率的默认值 12 位。表 7-3 所示是温度存储格式与配置寄存器控制字的格式。由表 7-3 可知,检测温度由 2 字节组成,字节 1 的高 5 位 S 代表符号位,字节 0 的低 4 位是小数部分,2 字节的中间 7 位是整数部分。字节 4 是配置寄存器控制字的格式。当 R1R0 的值为 00B、01B、10B、11B 时,对应的分辨率为 9、10、11、12 位,转换时间为 93ms、187ms、375ms、750ms。配置寄存器的低 5 位保持为“1”。TM 是测试位,用于设置 DS18B20 进入测试模式,出厂时该位为“0”,设置 DS18B20 为工作模式。

表 7-3　温度存储格式与配置寄存器控制字格式

字节	D7	D6	D5	D4	D3	D2	D1	D0
字节 0	2^3	2^2	2^1	2^0	2^{-1}	2^{-2}	2^{-3}	2^{-4}
字节 1	S	S	S	S	S	2^6	2^5	2^4
字节 4	TM	R1	R0	1	1	1	1	1

3）DS18B20 测温过程

访问 DS18B20 的操作顺序遵循以下 3 个步骤：初始化、ROM 命令、DS18B20 功能命令。

（1）初始化：主机发出复位脉冲，DS18B20 响应应答脉冲。应答脉冲使主机知道，总线上有从机设备，且准备就绪。

（2）ROM 命令：在主机检测到应答脉冲后，就可以发出 ROM 命令。这些命令与各个从机设备的唯一 64 位 ROM 代码相关，允许主机在 1-Wire 总线上连接多个从机设备时，指定操作某个从机设备。共有 5 种 ROM 命令，分别是读 ROM（33H）、搜索 ROM（0F0H）、匹配 ROM（55H）、跳过 ROM（0CCH）和报警搜索（0ECH）。

对于只有一个温度传感器的单点系统，跳过 ROM 命令特别有用，主机不必发送 64 位序列号，节约了大量时间。对于 1-Wire 总线的多点系统，要访问某一个从属节点，先发送匹配 ROM 命令，然后发送 64 位序列号，这时可以对指定的从属节点进行操作。

（3）DS18B20 功能命令：主机发出 ROM 命令后，就可以发出 DS18B20 支持的某个功能命令。这些命令允许主机写入或读出 DS18B20 暂存器、启动温度转换以及判断从机的供电方式。DS18B20 的功能命令有：启动温度转换（44H），DS18B20 采集温度并进行 A/D 转换，结果保存在暂存器的字节 0 和字节 1；写暂存器（4EH），主机把 3 字节的数据按照从 LSB 到 MSB 的顺序写入暂存器的 TH、TL 和配置寄存器；读暂存器（0BEH），读取暂存器中的 9 字节数值，其中最后一个字节是循环冗余校验 CRC，用于检验读取数据的有效性；复制暂存器（48H），将暂存器中 TH、TL 和配置寄存器的值保存到 EEPROM 中；恢复 EEPROM（0B8H），将 EEPROM 中保存的 TH、TL 值恢复到 RAM 中；读取电源供电方式（0B4H），寄生供电时 DS18B20 发送"0"，外接电源供电时发送"1"。

4）DS18B20 与单片机的连接

图 7-18 所示为 DS18B20 的外部电源供电方式。V_{DD} 与 GND 接地时为寄生供电方式，是单个 1-Wire 设备与单片机之间的常用连接方式，DS18B20 从信号线上汲取能量，在信号线 DQ 处于高电平期间把能量存储在内部电容里，在信号线处于低电平期间消耗电容上的电能工作，直到 DQ 线再一次变为高电平。

当多个 DS18B20 挂在同一条总线上时，只靠 4.7kΩ 上拉电阻无法提供足够的能量，此时 DS18B20 最好使用外部电源供电方式。

3. 采样程序设计

DS18B20 是典型的单总线器件，其读写时序要满足单总线的时序与时隙要求。水温测量值的分辨率要求 0.1℃，因此要求 DS18B20 的分辨率达到 12 位，此时器件每进行一次 A/D 转换均需要 750ms。为避免在中断程序中花过多时间等待 DS18B20 转换，采样程序采用先读上次转换结果，然后启动下一次转换的方法编写。此方法要求单片机在复位后的初始化中必须启动一次 DS18B20 进行转换，以免第一次进入定时程序对 DS18B20 采样时无正确值可读。

程序采用自下而上的方法编写，如下所示：

;程序名：SAMPROG

```
;功能:温度采样程序,首先读入上次 A/D 转换的结果,然后启动下一次转换
;占用资源:累加器 A,状态寄存器 PSW,通用寄存器 01 组(R2、R3、R4)
;入口参数:无
;出口参数:采样测量值整数位在 PVH 中,小数位在 PVL 中
PVH       EQU     34H           ;测量值整数位
PVL       EQU     35H           ;测量值小数位
DQ        BIT     P1.0          ;单总线 I/O 口线
SAMPROG:  LCALL   READPV        ;读入上次转换的测量值
          LCALL   DSCON         ;启动 DS18B20 温度转换
          RET
;启动 DS18B20 温度转换子程序 DSCON,执行时间约 3ms
DSCON:    LCALL   INIT          ;初始化总线
          JC      DSCON         ;等待应答信号
          JNB     DQ, $
          MOV     A, #0CCH      ;跳过 ROM 命令
          LCALL   WRBYTE        ;发送跳过 ROM 命令
          MOV     A, #44H       ;启动温度转换命令
          LCALL   WRBYTE
          RET
;读入 DS18B20 温度转换值子程序 READPV,执行时间约 5ms
READPV:   LCALL   INIT          ;初始化总线
          JC      DSCON         ;等待应答信号
          JNB     DQ, $
          MOV     A, #0CCH      ;跳过 ROM 命令
          LCALL   WRBYTE        ;发送跳过 ROM 命令
          MOV     A, #0BEH      ;读 RAM 命令
          LCALL   WRBYTE
          LCALL   RDBYTE        ;读低位
          PUSH    ACC           ;暂存温度低字节
          ANL     A, #0FH       ;保留小数位
          MOV     PVL, A        ;保存小数位
          LCALL   RDBYTE        ;读高位
          SWAP    A
          ANL     A, #0F0H      ;保留整数高 3 位
          MOV     R4, A
          POP     ACC
          SWAP    A
          ANL     A, #0FH       ;保留整数低 4 位
          ADD     A, R4
          MOV     PVH, A        ;保存整数位
          RET
;DS18B20 初始化程序,执行时间约 1ms
INIT:     CLR     DQ
          MOV     R2, #240      ;拉低总线至少 480μs
          LCALL   DELAY
          SETB    DQ
          MOV     R2, #30       ;释放总线 60μs
          LCALL   DELAY
          MOV     C, DQ         ;读取应答信息至 CY
```

```
                    RET
;写一位子程序 WRBIT
WRBIT:      CLR       DQ
            MOV       R2, ＃2        ;拉低总线不超过15μs
            LCALL     DELAY
            MOV       DQ, C          ;写 CY 至 DQ
            MOV       R2, ＃30       ;保持60μs
            LCALL     DELAY
            SETB      DQ             ;释放总线
            RET
;读 1 位子程序 RDBIT
RDBIT:      CLR       DQ             ;拉低总线2μs
            NOP
            SETB      DQ
            MOV       R2, ＃3
            LCALL     DELAY          ;延时
            MOV       C, DQ          ;15μs 之内采样
            RET
;延时子程序 DELAY,延时时间为 R2 值的 2 倍机器周期
DELAY:      DJNZ      R2, $
            RET
;读字节子程序,执行时间约 1ms
RDBYTE:     MOV       R3, ＃8
RDLP1:      LCALL     RDBIT          ;读 1 位数据
            RRC       A              ;移位到 A 中
            DJNZ      R3, RDLP1
            RET
;写字节子程序,执行时间约 1ms
WRBYTE:     MOV       R3, ＃8
WRLP1:      RRC       A              ;A 中位数据移位到 CY
            LCALL     WRBIT          ;写 1 位数据
            DJNZ      R3, WRLP1
            RET
```

7.4　RS-232C 与 RS-485 总线及其应用

7.4.1　RS-232C 总线及其应用

EIA-232 在 1962 年发布,后来陆续有不少改进版本,目前最常用的仍然是 1969 年公布的 EIA-232-C 版本,即通常所称的 RS-232C。它采取不平衡传输方式,在计算机串行接口外设等短距离(小于 15m)、较低波特率(0~20000bps)的点对点串行通信当中得到了广泛应用。

RS-232C 最初是为远程通信连接数据终端设备 DTE 与数据通信设备 DCE 制定的。由于其推出时间较早,目前已作为一种事实上的通用近端连接标准,被广泛地应用于计算机与终端或外设之间的接口,如 PC 上的 COM1、COM2 串行接口。RS-232C 标准中提到的"发送"和"接收",都是站在 DTE 立场上,而不是站在 DCE 的立场来定义的。由于在计

算机系统中往往是在 CPU 和 I/O 设备之间传送信息,两者都是 DTE,因此双方都能发送和接收。

RS-232C 标准对信号电平标准和控制信号线的定义做了规定。RS-232C 规定数据线逻辑"1"的信号电平和控制线上信号无效(断开,OFF 状态)的信号电平范围是 $-3\sim-15V$,数据线逻辑"0"的信号电平和控制线上信号有效(接通,ON 状态)的信号电平范围是 $+3\sim+15V$。RS-232C 信号电平与 TTL 以高、低电平表示逻辑状态的规定不同,两者之间的电平转换可通过专用集成电路芯片来完成,如 MAX232A、SP3223E、ICL232 等。

RS-232C 没有定义连接器的物理特性,因此,出现了 DB-25、DB-15 和 DB-9 等各种类型的连接器,其引脚的定义也各不相同。由于很多设备只用了其中的一小部分引脚,出于节省资金和空间的考虑,不支持 20mA 电流环接口,只提供异步通信 9 个信号的 DB-9 型连接器被广泛使用。表 7-4 所示是 DB-9 连接器的信号和引脚分配,DB-25 连接器对应的功能引脚也列于表中。对于一般双工通信而言,RS-232C 仅需几条信号线就可实现,如一条发送线、一条接收线和一条地线。

表 7-4　RS-232C 连接器引脚分配

DB-9 引脚	DB-25 引脚	信　号	功 能 说 明
1	8	DCD	数据载波检测
2	3	RXD	接收数据
3	2	TXD	发送数据
4	20	DTR	数据终端准备
5	7	GND	信号地
6	6	DSR	数据设备准备好
7	4	RTS	请求发送
8	5	CTS	清除发送
9	22	RI	振铃提示

由于 RS-232C 的发送器和接收器之间具有公共信号地(GND),属于非平衡电压型传输电路,不使用差分信号传输,因此不具备抗共模干扰的能力,共模噪声会耦合到信号中。在不使用调制解调器(modem)时,RS-232C 能够可靠传输数据的最大通信距离为 15m。对于远程通信,RS-232C 必须通过调制解调器进行连接。

单片机采用 MAX232A 扩展 RS-232C 接口的原理如图 7-20 所示。MAX232A 的工作电源为单电源,为了满足 RS-232C 电平要求,MAX232A 内部有一个电压变换电路,与外接的 4 个 $0.1\mu F$ 电容一起产生 $\pm10V$ 左右的工作电源。器件内还包含 2 个驱动器、2 个接收器。每一个接收器将 RS-232C 电平转换成 5V TTL/CMOS 电平;每一个发送器将 TTL/CMOS 电平转换成 RS-232C 电平。

在图 7-20 中,单片机 UART 的 RXD、TXD 直接与 MAX23A2 收发器 1 的 R1OUT、T1IN 相连,R1IN、T1OUT 即为 RS-232C 总线的数据接收和数据发送信号。收发器 2 可用于控制信号或其他单片机 UART 的信号转换。

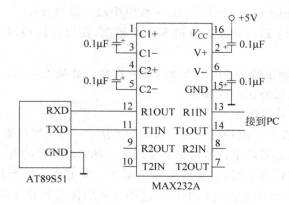

图 7-20 单片机扩展 RS-232C 接口原理图

80C51 系列单片机内部的 UART 经扩展 RS-232C 接口后,可直接与 PC 串行口 COM1、COM2 通信。如果通信距离较远,单片机扩展的是 RS-485 接口,则需要在 RS-485 总线的 PC 端接入一个 485/232 通信接口转换器,实现单片机与 PC 之间的通信。

单片机与 PC 通信时,要注意使通信双方的波特率、传送字节数、校验位和停止位等保持一致。这些工作由软件完成,因此要实现单片机与 PC 之间的通信,除了硬件连接之外,还需要为单片机和 PC 设计相应的通信软件。

7.4.2 单片机与 PC 通信

1. PC 通信软件设计

MSComm 控件是 Microsoft 公司提供的用于简化 Windows 下串行通信编程的 ActiveX 控件,它为应用程序提供了通过串行接口收发数据的简便方法。MSComm 控件在串口编程时非常方便,程序员不必花时间去了解较为复杂的 API 函数,而且在 VC、VB、Delphi 等计算机语言中均可使用。

1) MSComm 控件的常用属性

MSComm 控件有很多重要的属性,常用的有以下几个。

(1) CommPort:设置并返回通信端口号。

(2) Settings:以字符串的形式设置并返回波特率、奇偶校验、数据位、停止位等初始化参数。

(3) PortOpen:设置或返回通信端口的状态。使用前,必须将要使用的串行接口先打开;使用完毕之后,必须执行关闭操作。

(4) Input:返回或清除接收缓冲区中的数据,在设计阶段时无效,运行阶段时为只读。该命令将对方传到输入缓存区中的字符读进来,并清除缓存区中已被读取的字符。

(5) Output:向发送缓冲区写入数据,在设计阶段时无效,运行阶段时为只读。Output 属性可以发送文本数据,也可发送二进制数据。如果要发送文本数据,必须将字符串放入发送变量;如果要发送二进制数据,应将字节型数据放入发送变量。

(6) InputMode:设置并返回被 Input 属性读取的数据类型。如果 InputMode 的值设置为 ComInputModeText,则可利用 Input 属性返回文本数据;如果 InputMode 的值设置为 ComInputModeBinary,则返回 Byte 数组中的二进制数据。

(7) CommEvent:返回最近的通信事件或错误,在设计阶段时无效,运行阶段时为只读。

(8) InputLen:确定被 Input 属性读取的字符数。如果 InputLen 值为 0,Input 命令将一次读取所有输入缓冲区中的数据。

2) MSComm 控件通信方式

MSComm 控件提供了两种处理通信问题的方法:一种是事件驱动方法,另一种是查询法。事件驱动通信是处理串行端口交互作用的一种非常有效的方法。每当接收或发送一个字符或有通信错误发生时,就会产生一个事件。该方法可以利用 MSComm 控件的 OnComm 事件捕获并处理这些通信事件。这种方法的优点是程序响应及时,可靠性高,只有通信发生时 CPU 才响应中断,通信未发生时不占用 CPU 资源。

查询法是通过周期性地读取缓冲区的信号来发现是否有事件发生并进行处理的方法。它不使用端口的硬件中断,必须在足够频繁地查询端口的情况下才能保证不会遗失任何数据或者事件,查询的频率取决于缓存的大小、数据量和对快速响应的要求。查询法会额外占用 CPU 的资源,一般用于较小、简单的程序。

3) PC 通信程序

利用 MSComm 控件进行串行通信的一般步骤如下所述。

(1) 设置通信对象的通信端口号以及其他属性。

(2) 设定通信协议。

(3) 打开通信端口。

(4) 进行数据传送。

(5) 关闭通信端口。

以使用 MSComm 控件发送数据为例,MSComm 控件引用方法如下所示:

MSComm1.Output=Value

其中,Value 参数表示一串要写入发送缓冲区的字符。下面的 VB 示例程序利用 MSComm 控件 Output 属性发送数据。

```
;发送初始化
Private Sub Form1_send()
MSComm1.Commport = 1                    ;设置串口1
MSComm1.Settings ="9600, n, 8, 1"       ;波特率 9600bps,无校验,8 个数据位,1 个停止位
MSComm1.OutBufferSize = 512             ;512 字节输出缓冲区
MSComm1.SThreshold = 0                  ;不触发发送事件
MSComm1.PortOpen = True                 ;打开串口
MSComm1.InBufferCount = 0               ;清除发送缓冲区
End Sub
;发送文本框中的字符串。发送以":"引导,以"$"结束
Private Sub Command1_Click()
Dim OutS as String
OutS = ":"+ Text1.Text +"$"             ;加入引导和结束符
MSComm1.Output= OutS                    ;发送数据
```

```
    MSComm1.portOpen = False                    ;关闭串口
    End Sub
```

2. 单片机软件设计

单片机串口通信程序的功能是接收 PC 发送的字符串,存放到内存 30H 单元开始的存储器中。

```
STADDR      EQU       30H
RECEIVE:    MOV       SCON, #50H        ;UART 为方式 1,允许接收
            MOV       TMOD, #20H        ;定时器 T1 为波特率发送器
            MOV       PCON, #00H        ;波特率不加倍,晶体振荡频率 11.0592MHz
            MOV       TH1, #253         ;波特率 9600bps
            SETB      TR1
            MOV       R0, #STADDR
RECE1:      JNB       RI, RECE1         ;等待接收字符
            CLR       RI
            MOV       A, SBUF           ;读字符
            CJNE      A, #3AH, RECE1    ;不是引导符":",则返回等待
            SJMP      RECE3             ;转向开始接收字符
RECE2:      MOV       @R0, A            ;存储 1 个字符
            INC       R0
RECE3:      JNB       RI, RECE3         ;等待接收字符
            CLR       RI
            MOV       A, SBUF           ;读字符
            CJNE      A, #24H, RECE2    ;不是结束符"$",存储字符
            RET
```

7.4.3 RS-485 总线简介

在分布式控制系统和工业局部网络中,传输距离常有介于近距离和远距离(20m～2km)之间的情况,这时不能采用 RS-232C,用 Modem 又不经济,为此,EIA 在 1977 年制定了 RS-422 标准。RS-422 标准是一种单机发送、多机接收的单向、平衡传输规范,提高了数据传输速率(最大位速率为 10Mbps),增大了传输距离(最大传输距离 1200m),其正式名称为 TIA/EIA-422-A 标准。

RS-422 标准允许驱动器输出为 ±(2～6)V,接收器可以检测到的输入信号电平可以低至 200mV。通信距离小于 15m 时,最大通信速率可达 10Mbps;当通信速率为 90kbps时,传输距离达 1200m。通常采用专用芯片来实现 RS-422 的平衡发送(双端发送)和差分接收(双端接收),芯片型号有 MC3487/3486、SP486/487 等。为扩展应用范围,EIA 又于 1983 年在 RS-422 的基础上制定了 RS-485 标准,增加了多点、双向通信能力,允许多个发送器连接到同一条总线上,同时增加了发送器的驱动能力和冲突保护特性,扩展了总线共模范围。

RS-485 的正式名称为 TIA/EIA-485-A 标准。RS-485 采用二线制的半双工工作方式,在同一个时刻,RS-485 总线网络上只能有一个发送器发送数据。同一个 RS-485 总线网络中,可以有多达 32 个模块。这些模块可以是发送器、接收器或收发器。

单片机采用 MAX485 扩展 RS-485 接口的原理如图 7-21 所示,单片机 UART 的

RXD、TXD 直接连接到 MAX485 的 RO、DI 上。MAX485 的引脚功能如下所述。

(1) RO：接收器输出。

(2) DI：驱动器输入。

(3) $\overline{RE}$：接收器输出使能。当 RE 为低电平时，RO 有效；当 $\overline{RE}$ 为高电平时，RO 为高阻状态。

(4) DE：驱动器输出使能。DE 为高电平时，驱动器输出有效；当 DE 为低电平时，驱动器输出为高阻状态。

(5) A：接收器同相输入端和驱动器同相输出端。

(6) B：接收器反相输入端和驱动器反相输出端。

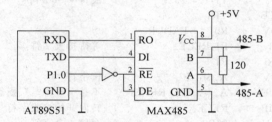

图 7-21 单片机扩展 RS-485 接口原理图

在图 7-21 中，单片机 P1.0 经反相器控制 MAX485 的接收器输出使能端和驱动器输出使能端，其目的是在单片机上电时自动置 MAX485 为接收状态，避免产生干扰发送。

在设计 RS-485 总线系统时，为使总线运行可靠，需要注意以下几点。

1) 总线匹配

总线匹配的作用是减小不匹配引起的反射，吸收、抑制噪声干扰。总线匹配最常用的方法是加匹配电阻。由于大多数双绞线电缆的特性阻抗为 $100\sim120\Omega$，在总线两端的差分端口 A 与 B 之间分别跨接 120Ω 电阻即可实现匹配。匹配电阻要消耗较大电流，不适用于功耗限制严格的系统，在短距离与低速率下可以不用考虑终端匹配。

2) 网络节点数

网络节点数与所选 RS-485 芯片的驱动能力和接收器的输入阻抗有关。例如，MAX485 标称最大值为 32 点，MAX487 标称最大值为 128 点，SP485R 标称最大值为 400 点。实际使用时，因线缆长度、线径、网络分布、传输速率不同，实际节点数均达不到理论值。通常推荐节点数按 RS-485 芯片最大值的 70% 选取，传输速率在 1200～9600bps 之间选取。通信距离 1km 以内，从通信效率、节点数、通信距离等方面综合考虑，选用 4800bps 最佳。通信距离 1km 以上时，应考虑通过增加中继模块或降低速率的方法提高数据传输的可靠性。

3) 光电隔离

在某些工业控制领域，由于现场情况十分复杂，各个节点之间存在很高的共模电压。虽然 RS-485 接口采用的是差分传输方式，具有一定的抗共模干扰的能力，但当共模电压超过 RS-485 接收器的极限接收电压，即大于 +12V 或小于 −7V 时，接收器就再也无法正常工作了，严重时甚至会烧毁芯片和仪器设备。解决此类问题的方法是通过 DC-DC 将系统电源和 RS-485 收发器的电源隔离,通过光耦将信号隔离,彻底消除共模电压的影响。

7.5 阅读材料:CAN 总线与 USB 总线简介

7.5.1 CAN 总线简介

1. CAN 总线特点

(1) CAN 以多主方式工作,网络上任一节点均可在任意时刻主动地向网络上的其他节点发送信息,不分主从,且在通信中没有节点地址信息,通信方式灵活。

(2) CAN 节点只需对报文的标识符滤波即可实现点对点、点对多点及全局广播方式发送和接收数据,其节点分成不同的优先级,以满足不同的实时要求。

(3) CAN 采用非破坏性总线仲裁技术,当多个节点同时向总线发送信息时,优先级较低的节点主动退出发送,而最高优先级的节点不受影响正常发送,极大地节省了总线冲突仲裁时间。

(4) CAN 总线通信格式采用短帧格式,每帧最多为 8 字节,不会占用总线时间过长,保证了通信的实时性,可满足一般工业领域中控制命令、工作状态及测试数据的要求。

(5) CAN 总线直接通信距离最大 10km(速率在 5kbps 以下),最高通信速率 1Mbps(通信距离 40m),节点数可达 110 个,通信介质可以是双绞线、同轴电缆或光导纤维。

(6) CAN 总线采用 CRC 检验,并可提供相应的错误处理功能,保证数据通信的可靠性,其节点在错误严重的情况下,具备自动关闭输出功能,使总线上其他节点的操作不受影响。

2. CAN 总线协议

建立在国际标准组织开放系统互连模型基础上的 CAN 协议模型结构只有 3 层,即只取 OSI 底层的物理层、传输层和对象层,其中对象层和传输层包括所有由 ISO/OSI 模型定义的数据链路层的服务和功能。对象层的作用包括:查找被发送的报文,确定由实际要使用的传输层接收哪一个报文,为应用层相关硬件提供接口。传输层是 CAN 协议的核心,它把接收到的报文提供给对象层,并接收来自对象层的报文,负责位定时及同步、报文分帧、仲裁、应答、错误检测和标定、故障界定。物理层定义实际信号的传输方法,其作用是在不同节点之间根据所有的电气属性进行位信息的实际传输。在同一网络内,物理层对于所有的节点必须一致。

CAN 总线目前有两个协议版本,分别为 CAN2.0A 和 CAN2.0B。CAN2.0A 为标准格式,CAN2.0B 为扩展格式。标准格式和扩展格式唯一的不同是标识符(地址)长度不同,标准格式为 11 位,扩展格式为 29 位。

3. CAN 总线报文传输的帧结构

CAN 总线上的信息以不同的固定报文格式发送。当总线空闲时,任何连接的单元都可以开始发送新的报文。为了实现数据传输和链路控制,CAN 总线提供了 4 种帧结构,分别为数据帧、远程帧、错误帧和过载帧。在这 4 种帧结构中,每一种又分为几个部分,每个部分负责不同的功能，这些部分被称为"位场"。

数据帧用于携带数据从发送器传输至接收器，由 7 个不同的位场组成，分别为帧起始（SOF）、仲裁场、控制场、数据场、CRC 场、应答场、帧结尾（EOF）。其中，数据场的长度可以为 0。

远程帧用于接收器向发送器请求数据传输，对不同的数据传送进行初始化设置。它由 6 个不同的位场组成，分别为帧起始、仲裁场、控制场、CRC 场、应答场和帧结尾。

错误帧用于报告数据在传输过程中发生的错误。它由两个不同的位场组成，分别是为不同节点提供的错误标志的叠加和错误界定符。

过载帧用于在接收器未准备好的情况下请求延时数据帧或远程帧。它由两个位场组成，分别为过载标志和过载界定符。

4. CAN 总线控制器

CAN 通信系统主要由 CAN 总线控制器和 CAN 收发器组成。CAN 总线控制器的种类繁多，如 Philips 公司的 SJA1000、PCA82C200，Intel 公司的 Intel 82526/82527 等。很多单片机内部也集成有 CAN 总线控制器，如 Motorola 公司的 68HC05X4 系列，Philips 公司的 P87C591/ P87C592、P8XC592，Cygnal 公司的 C8051F040，NEC 公司的大多数 8 位 78K/0 系列单片机等。

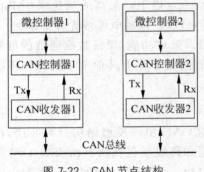

图 7-22　CAN 节点结构

CAN 总线节点结构如图 7-22 所示，所有的节点以平等的地位挂接在总线上。一个总线节点至少包括三个部分，分别为处理具体应用事项的应用层、进行报文传输的数据链路层以及处理接口电气特性的物理层。

微控制器承担节点的控制任务，负责上层应用和系统控制，包括通信协议的实现、系统控制、人—机接口等。

CAN 通信控制器执行完整的 CAN 协议，控制 CAN 数据报文的收发与缓冲，按照 CAN 协议完成错误界定。控制器通过接收来自上层微处理器的命令，分配控制信息缓存器，并向微处理器提供中断和状态信息。

CAN 收发器用于提供 CAN 控制器与物理总线之间的接口，完成逻辑电平的控制和接口电气特性的处理。

7.5.2　USB 总线简介

USB(universal serial bus，通用串行总线)的出现解决了以往 PC I/O 模式的缺点，使用户能够很方便地将多个设备同时连接到 PC 上。USB 总线具有通用、接口简单、传输速率高、连接灵活、即插即用等特性，目前在键盘、闪存、鼠标、摄像头等 PC 外围设备上应用广泛。在数据采集、仪器仪表、控制工程等方面，使用 USB 接口与 PC 通信也有着传统串行口不可比拟的优势。

1. USB 总线简介

USB 是由包括 Intel 和 Microsoft 在内的多家公司开发的,目前有 USB 1.1 和 USB 2.0 两种接口规范。USB 1.1 允许最高数据速率为 12Mbps,USB 2.0 版本允许数据以 480Mbps 的速度传输。

USB 总线电缆共有 4 根线,其中,VBUS 和 GND 传送＋5V 电源,用于给需要的 USB 设备供电,最大可提供 500mA 的电流。当使用 USB 线缆供电不足以满足 USB 设备的需要时,USB 也可以使用其他形式的外部电源。

USB 线缆的另外两根 D＋、D－是一对差分信号线,用于传送串行数据。USB 连接线的形式与传输速率有关,当 USB 1.1 以全速 12Mbps 传输数据时,D＋、D－必须使用屏蔽的双绞线,传输距离小于 5m;当 USB 工作在 1.5Mbps 下,且传输距离小于 3m 时,可以使用无屏蔽的非双绞线。

2. USB 总线系统

一个完整的 USB 总线系统包括 USB 总线主机、USB 总线设备和 USB 总线互连三个部分,如图 7-23 所示。系统中的主机是唯一的,主机通过主控制器与 USB 设备接口,主控制器由硬件、固件和软件综合实现。主机中还集成有根集线器,以提供更多的连接点。

USB 总线上的设备分享 USB 带宽,且允许在运行状态下添加、设置、使用及撤除外设。总线设备分为两种,一种是网络集线器,一种是功能外设。网络集线器用于为系统提供更多节点,每个集线器将一个连接点转化成多个连接点。功能外设即通常的外部设备,为系统添加具体的功能。USB 的物理连接是有层次的星形结构,每个网络集线器是星形的中心。从主机到集线器及功能部件,或从集线器到集线器及功能部件均采用点到点连接。

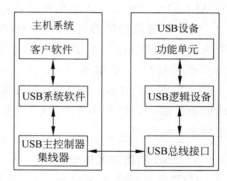

图 7-23 USB 总线系统

USB 系统的基本软件包括 USB 设备驱动程序、USB 驱动程序和 USB 控制器驱动程序。在 USB 系统中,所有的 USB 事件处理都由 USB 软件初始化,这些事件一般由 USB 设备驱动程序产生,它们负责和 USB 设备通信。

USB 设备驱动程序也称为客户驱动程序。它通过 I/O 请求包将请求传送给 USB 驱动程序,用于初始化一个来自 USB 目标设备或发送到 USB 设备的传输。

USB 驱动程序提供了 USB 设备驱动程序和 USB 控制器驱动程序之间的接口,这些驱动程序把客户请求转换成一个或多个事件进行处理,它们被直接送往一个目标 USB 设备或从一个 USB 设备发出。USB 总线主机要识别一个 USB 设备,必须经过设备枚举的过程,如下所述。

(1) 使用预设的地址 0 获得设备描述符。

(2) 设定设备的新地址。

（3）使用新地址获得设备描述符。

（4）获得配置描述符。

（5）设定配置描述符。

USB控制器驱动程序主要安排事务处理在USB上广播。USB控制器驱动程序通过建立一系列的事务处理列表来安排事务处理。事务处理的安排方式取决于多种因素，包括事务处理的类型、设备指定的传输要求以及其他USB设备的事务处理情况。

3. USB总线协议

USB总线是一种轮询方式的总线，主机控制端口负责初始化所有的数据传输。

在USB的数据传输中，共有3种形式的数据包，分别为标记包、数据包和握手包。在每次传送开始时，主机控制器首先发送一个描述传输运作的种类、方向以及USB设备地址和终端号的标志包。每个USB设备根据自己的地址，从解码后的标志包中的相应位置取出属于自己的数据，然后根据其内容对该次传输初始化，同时决定数据传输的方向。标志包发送、接收完毕之后，发送端开始发送包含信息的数据包或表明没有数据传送，接收端则要相应地发送一个握手的数据包表明是否传送成功。握手包包括ACK、NAK、STALL以及NYET 4种。其中，ACK表示肯定的应答，成功的数据传输；NAK表示否定的应答，失败的数据传输，要求重新传输；STALL表示功能错误，或端点被设置了STALL属性；NYET表示尚未准备好，要求等待。

为保证数据传输的可靠性，USB协议采用两种CRC校验码：规定用5位的CRC码来校验令牌包中的11位数据，其生成多项式为$G(x)=x^5+x^2+1$，即0x25；用16位的CRC码来校验USB数据包中最多1024字节的数据，其生成多项式为$G(x)=x^{16}+x^{15}+x^2+1$，即0x18005。当USB主机或设备发现数据传输错误时，主机控制器将启动数据的重新传输。如果连续3次失败，主机对客户端以软件的方式报告错误，由客户端软件使用特定方法处理。

4. USB总线数据传输类型

USB通过通道在主机和USB设备的指定端口之间传输数据。一个指定的USB设备可以有许多通道。例如，USB设备存在一条向其他USB设备发送数据的通道，还可建立一条从其他USB设备的端口接收数据的通道。通道有两种类型：流和消息。USB中有一个特殊的默认控制通道，属于消息通道，当设备一启动即存在，从而为设备的设置、查询状况和输入控制信息提供入口。

USB要求在通道上传输的数据均要被打包，由客户软件和应用层软件负责数据包的解释工作。USB为此提供了多种数据格式，使之尽可能满足客户软件和应用软件的需要。在消息通道中，数据传递必须使用USB定义的格式。

USB定义了4种基本的数据传输类型，如下所述。

（1）控制数据传送。在设备连接时，用来对设备进行设置，还可以在设备运行中进行控制，如通道控制。

（2）批量数据传送。用于进行大批量数据传输。在传输约束下，具有很广的动态范围，被大量数据占用的带宽可以相应地改变。

（3）中断数据传送。当主机与设备之间仅需不定期传输少量数据时使用。

（4）同步数据传送。在主机和 USB 设备之间进行周期性的、连续的传输，同步数据以稳定的速率和时间延迟发送和接收。

习题 7

7.1　简述 SPI 总线通信的基本工作原理。

7.2　查找资料,选择一种采用 SPI 通信的 16 位 A/D 转换器件,要求有 4 个模拟信号输入通道,说明其主要性能特点。

7.3　设计一个采用 SPI 进行双单片机通信的系统。单片机选择 AT89S51,要求将 A 机片内 20H 开始的 10 个数据发送到 B 机片内 30H 开始的单元中。

7.4　I^2C 通信与 SPI 通信比较有何特点?

7.5　I^2C 通信的寻址字节如何确定?

7.6　查找资料,选择一种采用 I^2C 通信的 12 位 A/D 转换器件,要求有两个模拟信号输入通道。说明其主要性能特点。

7.7　设计一个采用 I^2C 进行双单片机通信的系统。单片机选择 P89C662,要求将 A 单片机片内 20H 开始的 10 个数据发送到 B 单片机片内 30H 开始的单元中。

7.8　比较 RS-232C 和 RS-485 通信的特点。

7.9　在使用 RS-485 通信时,如通信距离过长,可采用什么方法提高可靠性?

7.10　简述单总线通信的基本工作原理。

第 8 章

CHAPTER 8

单片机应用系统设计

> 本章通过水温控制系统的设计实例,介绍单片机应用系统的基本设计原则、设计过程与设计方法。

8.1 单片机应用系统的设计过程

8.1.1 概述

由于单片机具有体积小、功耗低、功能强、可靠性高、实时性强、使用方便灵巧、易于维护和操作、性能价格比高、易于推广应用、可实现网络通信等技术特点,所以在自动化装置、智能仪表、家用电器,工业控制、机器人等领域得到了日益广泛的应用。

单片机应用系统设计应当考虑其主要技术性能(速度、精度、功耗、可靠性等),还应当考虑功能需求、开发条件、市场情况、成本需求等。单片机应用系统的设计过程如图 8-1 所示。

8.1.2 应用系统的总体设计

1. 明确设计任务

认真进行目标分析,根据应用场合、工作环境、具体用途,考虑系统的可靠性、通用性、可维护性、先进性以及成本等,提出合理的、详尽的功能技术指标。

2. 总体方案设计

总体方案设计就是根据设计任务、指标要求和给定条件,设计出符合现场条件的软、硬件方案,并进行方案优化。应划分硬件、软件任务,画出系统结构框图。要合理分配系统内部的硬件、软件资源。

总体方案设计包括以下几个方面。

(1) 从系统功能需求出发设计功能模块,包括显示器、键盘、数据采集、检测、通信、控制、驱动、供电方式等。

(2) 从系统应用需求出发分配硬件资源,包括定时器/计数器、中断系统、串行口、I/O接口、A/D、D/A、信号调理、时钟发生器等。

(3) 从开发条件与市场情况出发选择仿真器、编程器、元器件、编程语言、程序设计等。

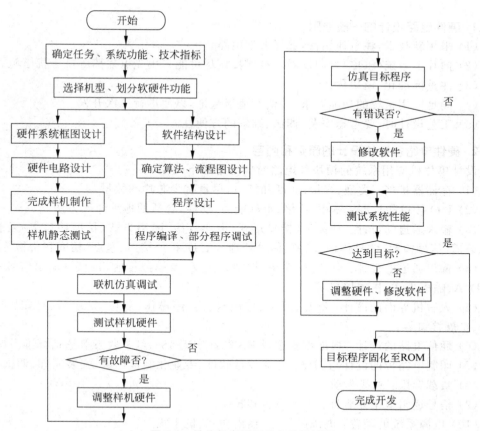

图 8-1 单片机应用系统的设计过程

（4）从系统可靠性需求出发确定系统设计工艺，包括去耦、光隔、屏蔽、印制板、低功耗、散热、传输距离/速度、节电方式、掉电保护、抗干扰措施等。

3. 器件选择

1）单片机选择

主要从性能指标，如字长、主频、寻址能力、指令系统、内部寄存器状况、存储器容量、有无 A/D 或 D/A 通道、功耗等方面进行选择。

2）外围器件的选择

外围器件应符合系统的精度、速度和可靠性、功耗、抗干扰等方面的要求，考虑功耗、电压、温度、价格、封装形式等其他方面的指标，尽可能选择标准化、模块化、功能强、集成度高的典型器件与电路。

8.1.3 硬件设计

根据总体设计给出的硬件框图所规定的功能，在确定单片机类型的基础上进行硬件设计、实验，然后进行必要的工艺结构设计。制作出印制电路板，组装后即完成硬件设计。

一个单片机应用系统的硬件设计包含系统扩展和系统配置（按照系统功能要求配置外围设备）两部分。

1. 硬件电路设计的一般原则

(1) 采用新技术,注意通用性,选择典型电路。

(2) 向片上系统(SOC)方向发展。扩展接口尽可能采用光电隔离等抗干扰措施。

(3) 注重标准化、模块化。

(4) 满足应用系统的功能要求,并留有适当余地,以便进行二次开发。

(5) 工艺设计时,要考虑安装、调试、维修的方便性。

2. 硬件电路各模块设计的原则和内容

设计单片机应用系统的模块及电路时应考虑如下问题。

(1) 存储器扩展:类型、容量、速度和接口,尽量减少芯片的数量。

(2) I/O 接口的扩展:体积、价格、负载能力、功能,合适的地址译码方法。

(3) 输入通道的设计:开关量(接口形式、电压等级、隔离方式、扩展接口等)及模拟输入通道(信号检测、信号传输、隔离、信号处理、A/D、扩展接口、速度、精度和价格等)。

(4) 输出通道的设计:开关量(功率、控制方式等)及模拟量输出通道(输出信号的形式、D/A、隔离方式、扩展接口等)。

(5) 人—机界面的设计:键盘、开关、拨码盘、启/停操作、复位、显示器、打印、指示、报警、扩展接口等。

(6) 通信电路的设计:根据需要选择 RS-232C,RS-485、红外收发等通信标准。

(7) 印制电路板的设计与制作:专业设计软件、专业化制作厂家、安装元件、调试等。

(8) 负载容限:总线驱动。

(9) 信号逻辑电平兼容性:电平兼容和转换。

(10) 电源系统的配置:电源的组数、输出功率、抗干扰。

(11) 抗干扰的实施:芯片与器件的选择、去耦滤波、印制电路板布线、通道隔离等。

8.1.4 软件设计

软件设计流程图如图 8-2 所示,包括以下几个方面。

1. 总体规划

结合硬件结构,明确软件任务,确定具体实施的方法,合理分配资源。定义输入/输出,确定信息交换的方式(数据速率、数据格式、校验方法、状态信号等)、时间要求,检查与纠正错误。

2. 程序设计技术

软件设计实现结构化,各功能程序实行模块化、子程序化。一般有以下两种设计方法。

1) 模块程序设计

优点是单个功能明确的程序模块的设计和调试比较方便,容易完成,一个模块可以被多个程序共享。缺点是各个模块的连接有时有一定难度。

2) 自顶向下的程序设计

优点是比较符合人们的日常思维,设计、调试和连接同时按一条线索进行,程序错误可以较早被发现。缺点是上一级的程序错误将对整个程序产生影响,一处修改可能引起对整个程序的全面修改。

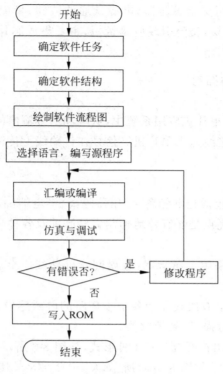

图 8-2 软件设计流程图

3. 程序设计步骤

（1）建立数学模型：描述各输入变量和输出变量之间的数学关系。

（2）绘制程序流程图：以简明、直观的方式描述任务。

（3）编制程序：选择数据结构、控制算法、存储空间分配方法，合理分配与使用系统硬件资源，设置与传递子程序的入/出口参数。

4. 软件装配

各程序模块编辑之后，需要进行汇编或编译、调试。满足设计要求后，将各程序模块按照软件结构设计的要求连接起来，即为软件装配。此时应注意软件接口。

8.1.5 可靠性设计

可靠性通常是指在规定的条件（环境条件，如温度、湿度、振动，以及供电条件等）下，在规定的时间内（平均无故障时间），完成规定功能的能力。

提高单片机本身的可靠性措施：降低外时钟频率，采用时钟监测电路与看门狗技术、低电压复位、抗瞬态脉冲干扰技术，以及指令设计上的软件抗干扰等几个方面。

单片机应用系统的主要干扰渠道：空间干扰、过程通道干扰、供电系统干扰。应用于工业生产过程的单片机应用系统中，应重点防止供电系统与过程通道的干扰。

1. 供电系统干扰与抑制

（1）干扰源：电源及输电线路的内阻、分布电容和电感等。

（2）抗干扰措施：采用交流稳压器、电源低通滤波器、带屏蔽层的隔离变压器、独立的（或专业的）直流稳压模块，交流引线应尽量短，主要集成芯片的电源采用去耦电路，增大输入/输出滤波电容等措施。

2．过程通道的干扰与抑制

1）干扰源

常见于长线传输。在单片机应用系统中，从现场信号输出的开关信号，或从传感器输出的微弱模拟信号，经传输线送入单片机。信号在传输线上传输时，会产生延时、畸变、衰减及通道干扰。

2）抗干扰措施

（1）采用隔离技术：包括光电隔离、变压器隔离、继电器隔离和布线隔离等。典型的信号隔离是光电隔离，其优点是能有效地抑制尖峰脉冲及各种噪声干扰，使过程通道上的信噪比大大提高。

（2）采用屏蔽措施：采用金属盒罩、金属网状屏蔽线。金属屏蔽本身必须接真正的地（保护地）。

（3）采用双绞线传输：双绞线能使各个小环路的电磁感应干扰相互抵消。其特点是波阻抗高、抗共模噪声能力强，但频带较差。

（4）采用长线传输的阻抗匹配：有 4 种形式，如图 8-3 所示。

① 终端并联阻抗匹配：如图 8-3(a)所示，$R_P = R_1 // R_2$，其特点是终端阻值低，降低了高电平的抗干扰能力。

② 始端串联匹配：如图 8-3(b)所示，匹配电阻 R 的取值为 R_P 与 A 门输出低电平的输出阻抗 R_{OUT}（约 20Ω）的差值，其特点是终端的低电平抬高，降低了低电平的抗干扰能力。

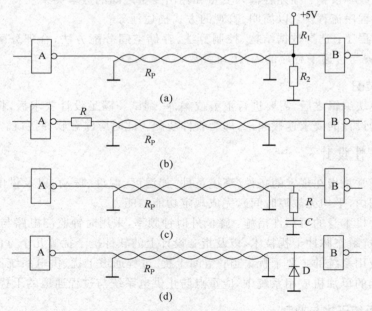

图 8-3　几种长线传输的阻抗匹配形式

③ 终端并联隔直流匹配：如图 8-3(c)所示，$R = R_p$，其特点是增加了对高电平的抗干扰能力。

④ 终端接钳位二极管匹配：如图 8-3(d)所示，利用二极管 D 把 B 门输入端低电平钳位在 0.3V 以下。其特点是减少波的反射和振荡，提高动态抗干扰能力。

注意：长线传输时，用电流传输代替电压传输，可获得较好的抗干扰能力。

3. 其他硬件抗干扰措施

(1) 增加信号整形电路，比如采用施密特整形电路等。

(2) 合理地处理器件空闲输入端，防止信号干扰。

(3) 机械触点、接触器、晶闸管的噪声抑制。

① 开关、按钮、继电器触点等在操作时应采取去抖处理。

② 在输入/输出通道中使用接触器、继电器时，应在线圈两端并接噪声抑制器，继电器线圈处要加装续流二极管。

③ 晶闸管两端并接 RC 抑制电路，可减少晶闸管产生的噪声。

(4) 印制电路板(PCB)设计中的抗干扰问题。合理选择 PCB 的层数，大小要适中，布局、分区应合理，把相互有关的元件尽量放得靠近一些。印制导线的布设应尽量短且宽，尽量减少回路环的面积，以降低感应噪声。导线的布局应当是均匀的、分开的平行直线，以得到一条具有均匀波阻抗的传输通路。应尽可能地减少过孔的数量。在 PCB 的各个关键部位应配置去耦电容。要将强、弱电路严格分开，尽量不要把它们设计在一块印制电路板上。电源线的走向应尽量与数据传递方向一致，电源线、地线应尽量加粗，以减小阻抗。

(5) 地线设计。地线结构大致有保护地、系统地、机壳地(屏蔽地)、数字地、模拟地等。

在设计时，数字地和模拟地要分开，分别与电源端地线相连；屏蔽线根据工作频率可采用单点接地或多点接地；保护地的接地是指接大地。不能把接地线与动力线的零线混淆。

此外，应提高元器件的可靠性，注意各电路之间的电平匹配。总线驱动能力要符合要求，单片机的空闲端要接地或接电源，或者定义成输出。室外使用的单片机系统或从室外架空引入室内的电源线、信号线要防止雷击。常用的防雷击器件有气体放电管、TVS(瞬态电压抑制器)等。

4. 软件的抗干扰设计

常用的软件抗干扰技术有软件陷阱、时间冗余、指令冗余、空间冗余、容错技术、设置特征标志和软件数字滤波等。

1) 实时数据采集系统的软件抗干扰

采用软件数字滤波。常用的方法有以下几种。

(1) 算术平均值法：对一点数据连续采样多次(可取 3～5 次)，以平均值作为该点的采样结果。这种方法可以减少系统的随机干扰对采集结果的影响。

(2) 比较舍取法：对每个采样点连续采样几次，根据所采样数据的变化规律，确定取舍办法来剔除偏差数据。例如"采 3 取 2"，即对每个采样点连续采样 3 次，取 2 次相同的数据作为采样结果。

（3）中值法：对一个采样点连续采集多个信号，并对这些采样值进行比较，取中值作为该点的采样结果。

（4）一阶递推数字滤波法：利用软件完成低通滤波器的算法，其公式为

$$Y_n = Q \cdot X_n + (1-Q) \cdot Y_{n-1}$$

其中，Q 为数字滤波器时间常数；X_n 为第 n 次采样时的滤波器输入；Y_{n-1} 为第 $n-1$ 次采样时的滤波器输出；Y_n 为第 n 次采样时的滤波器输出。

注意：选取何种方法，必须根据信号的变化规律来确定。

2）开关量控制系统的软件抗干扰

可采取软件冗余、设置当前输出状态寄存单元、设置自检程序等软件抗干扰措施。

5．程序运行失常以及软件对策

程序运行失常：当系统受到干扰侵害时，致使程序计数器 PC 值改变，造成程序无序运行，甚至进入死循环。

程序运行失常的软件对策：发现失常状态后，及时引导系统恢复原始状态。可采用以下方法。

1）程序监视定时器（watch dog timer，WDT）技术

程序监视定时器（也称为"看门狗"）的作用是通过不断地监视程序每个周期的运行事件是否超过正常状态下所需要的时间，判断程序是否进入死循环，并对进入死循环的程序做出系统复位处理。

"看门狗"技术由硬件、软件或软硬件结合实现。

（1）硬件"看门狗"可以很好地解决主程序陷入死循环的故障。其缺点是通常无法灵活配置溢出时间。

（2）软件"看门狗"可以保证对中断关闭故障的发现和处理，但若单片机的死循环发生在某个高优先级的中断服务程序中，软件"看门狗"也无法完成监控作用。

（3）利用软硬结合的"看门狗"组合可以克服单一"看门狗"功能的缺陷，实现对故障的全方位监控。

2）设置软件陷阱

软件陷阱指将捕获的"跑飞"程序引向复位入口地址 0000H 的指令。

设置方法如下。

（1）在程序存储器的非程序区设置软件陷阱。一般在 1KB 空间有 2～3 个软件陷阱就可以进行有效拦截。指令如下所示：

```
NOP
NOP
LJMP 0000H
```

（2）在未使用的中断服务程序中设置软件陷阱，能及时捕获错误的中断。指令如下所示：

```
NOP
NOP
RETI
```

3）指令冗余技术

（1）指令冗余：在程序的关键地方人为地插入一些单字节指令，或将有效单字节指令重写，称为指令冗余。

（2）作用：可将"跑飞"程序纳入正轨。

（3）设置方法：通常是在双字节指令和三字节指令后插入两个字节以上的 NOP。这样，即使程序"跑飞"到操作数上，由于存在空操作指令 NOP，避免了后面的指令被当作操作数执行，因而程序自动纳入正轨。此外，在对系统流向起重要作用的指令（如 RET、RETI、LCALL、LJMP、JC 等指令）之前插入两条 NOP 指令，确保这些重要指令的执行。

8.1.6 单片机应用系统的调试与测试

单片机应用系统的软、硬件制作完成后，必须反复调试、修改，直至完全正常工作。经过测试，功能完全符合系统性能指标要求，应用系统设计才算完成。

1. 硬件调试

1）静态检查

根据硬件电路图核对元器件的型号、极性、安装是否正确，检查硬件电路连线是否与电路图一致，有无短路、虚焊等现象。

2）通电检查

通电检查时，可以模拟各种输入信号分别送入电路的各有关部分，观察 I/O 口的动作情况，查看电路板上有无元件过热、冒烟、异味等现象，各相关设备的动作是否符合要求，整个系统的功能是否符合要求。

2. 软件调试

程序模块编写完成后，通过汇编或编译，在开发系统上进行调试。应先分别调试各模块子程序，通过后，再调试中断服务子程序，最后调试主程序，并将各部分联调。

3. 系统调试

当硬件和软件调试完成之后，就可以进行全系统软、硬件调试。对于有电气控制负载的系统，应先试验空载，正常后，再试验负载情况。系统调试的任务是排除软、硬件中的残留错误，使整个系统能够完成预定的工作任务，达到要求的性能指标。

4. 程序固化

系统调试成功之后，就可以将程序通过专用程序固化器固化到 ROM 中。

5. 脱机运行调试

将固化好程序的 ROM 插回到应用系统电路板的相应位置，即可脱机运行。系统试运行要连续运行相当长的时间（也称为考机），以考验其稳定性，并进行进一步修改和完善。

6. 测试单片机系统的可靠性

单片机系统设计完成后，一般需进行单片机软件功能的测试，上电、掉电测试，老化测试，静电放电（electro static discharge，ESD）抗扰度和电快速瞬变脉冲群（electrical fast transient，EFT）抗扰度等测试。

只有试运行，程序才能暴露出问题和不足。在程序试运行阶段，设计者应当观测它能否经受实际环境考验，可以使用各种干扰模拟器来测试单片机系统的可靠性；还可以模拟人为使用中可能发生的破坏情况，对系统进行检测和试验，以验证程序功能是否满足设计要求，是否达到预期效果。

经过调试、测试和一段时间的考机和试运行后，若系统完全正常工作，功能完全符合性能指标要求，就可以投入正式运行。在正式运行中还要建立一套健全的维护制度，确保系统正常工作。

8.2　水温控制系统

8.2.1　任务分析

1. 设计要求

设计并制作一个水温自动控制系统，控制对象为 20L 净水，容器为不锈钢水箱。水温可以在一定范围内由人工设定，并能在环境温度降低时实现自动控制，以保持设定的温度基本不变。具体要求如下。

（1）温度设定范围为 20～70℃，显示分辨率为 0.1℃。

（2）温度控制的静态误差小于 2℃。

（3）额定功率 1kW，额定工作电压 AC 220V/50Hz。

（4）用十进制数码管显示水的实际温度。

（5）采用适当的控制方法，当设定温度突变（例如，由 40℃提高到 60℃）时，减小系统的调节时间和超调量。

2. 总体设计方案

通过分析上述功能，将系统分为以下几个部分：测温电路、控制电路、输入及显示电路、功率电路和加热装置。系统框图如图 8-4 所示。

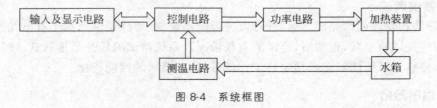

图 8-4　系统框图

1）控制电路的方案选择

控制电路可以用软件实现，也可以用硬件的方式实现。具体方案有以下三种。

方案一：使用运放等模拟电路搭建一个控制器，用模拟方式实现 PID 控制。但要实现温度设定、数字显示等功能，要附加许多电路，稍显麻烦。同样，使用逻辑电路可实现控制功能，但硬件电路的设计和制作较烦琐。

方案二：用 FPGA 实现控制功能，电路设计比较简单，通过相应的编程设计，可以很容易地实现控制和显示，以及温度设定等功能，但价格较高。

方案三：用单片机实现控制、显示及温度设定等功能，电路设计比较简单，成本低，是一种非常好的方案。采用方案三时,图8-4中的控制电路由单片机替代。

2)测温方式和电路选择

方案一:热电偶。热电偶能自供电,无须外部电源,非常坚固、耐用,并能耐受严酷的环境。热电偶比热电阻和热敏电阻便宜,而且种类繁多,温度量程较宽。但是,热电偶是非线性的,并且需要冷端补偿(CJC),实现线性化。而且,电压信号较低,通常只有几十至几百毫伏,需要采用谨慎的方法消除低压环境中的噪声和漂移。准确度通常在1%～3%范围内,取决于导线合金的一致性和冷接点准确度。

方案二:电阻温度检测器(RTD)。热电阻是中低温区最常用的一种温度检测器。它的主要特点是测量精度高,性能稳定。其中,铂电阻的测量精确度是最高的。由于铂电阻的校准很简单,所校准的只有零点和100℃时对应的电阻值,校准设备简单,校准时间很短,所以它不仅被广泛应用于工业测温,而且被制成标准的基准仪。

方案三:半导体温度传感器。半导体温度传感器具有线性输出,使用方便,且价格适中,特别是在-55～+150℃温度范围内,半导体温度传感器具有高精度和高线性度。半导体温度传感器主要分为5类:电流输出温度传感器、电压输出温度传感器、比率输出温度传感器、数字输出温度传感器及恒温开关和设定点控制器。为简化设计电路,这里选用数字输出温度传感器DS18B20,无须信号调理电路,可大大简化硬件电路的设计。

3)加热方式及功率输出控制方案选择

为了便于控制输出功率,可以选用电热炉加热。通过控制电热炉的功率,即可控制加热的速度。当水温过高时,关掉电热炉,让其自然冷却。另外,可安装一个小风扇加速散热,以达到更好的控制效果。

其次,要选择合适的加热电源。加热电源可用直流电源加热,也可用交流电源加热,考虑到被控制对象是20L水,选择220V交流电比较合适,直接使用220V交流电能够简化电路设计。

加热控制开关可选择继电器开关。由于继电器采用的是机械动作,存在触点,因此吸合频率不能太高,且不能频繁动作。在控温精度要求较高、系统惯性不是特别大的情况下,不宜采用继电器。另外,可以选择晶闸管控制加热器的工作。采用晶闸管控制输出功率通常有相位控制和过零控制两种方式。相位控制通过控制每个周期的导通角来调节输出电压,实现控制输出功率的目的,适用于动态性能较高的控制,但需要设计相应的触发电路。过零控制是通过控制交流电的导通周期,实现控制输出功率的目的。为了达到控制精度的要求,需要在一个较多的周期数中控制导通的数目,不适用于动态性能较高的控制。水温控制系统具有较大的惯性,可以考虑采用这种控制方式,也可以采用固态继电器控制功率。固态继电器与电磁继电器相比,是一种没有机械运动,不含运动零件的继电器,但它具有与机电继电器本质上相同的功能。SSR是一种全部由固态电子元件组成的无触点开关元件,它利用电子元器件的特点,以及磁和光特性使输入与输出可靠隔离,利用大功率三极管、功率场效应管、单向晶闸管和双向晶闸管等器件的开关特性,达到无触点、无火花地接通和断开被控电路。固态继电器使用非常简单,而且没有触点,可以频繁动作。可以采用类似PWM的方式,通过控制固态继电器的开、断时间来达到控制加热功率的目的。

8.2.2 硬件设计

本着简单、实用的原则,选用如图8-5所示硬件方案。

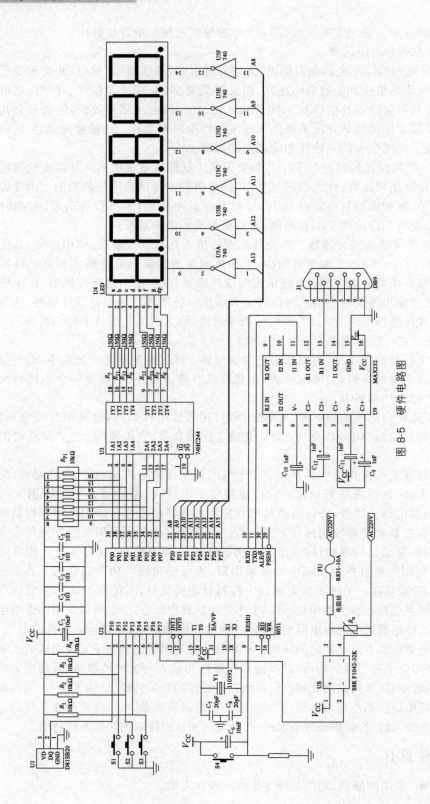

图 8-5 硬件电路图

1. 测温电路

测温电路采用 DS18B20。DS18B20 具有独特的单线接口方式,仅需要一条口线即可实现微处理器与 DS18B20 的双向通信,支持多点组网功能。多个 DS18B20 可以并联在唯一的三线上,实现组网多点测温;DS18B20 在使用中不需要任何外围元件,全部传感元件及转换电路集成在形如一只三极管的集成电路内;控温范围 $-55 \sim +125℃$;可编程的分辨率为 $9 \sim 12$ 位,对应的可分辨温度分别为 $0.5℃$、$0.25℃$、$0.125℃$ 和 $0.0625℃$,可满足本系统中测温范围和精度的要求;测量结果直接输出数字温度信号,以"单总线"串行传送给 CPU,大大简化了前向通道电路的设计。

2. 功率控制电路

功率控制电路采用固态继电器 E1042-32K。E 系列固态继电器的特性是直流输入控制,交流过零导通,是过零关断输出型无触点继电器,输入/输出采用光电隔离,阻燃工程材料环氧灌封。因此,它具有 di/dt 的比值小,启动性能平稳,对电网辐射干扰小,关断时可降低感性负载的反电动势,对用电器和固态继电器都有一定的保护作用等优点,是控制一般用电器,如电动机、加热器、白炽灯的首选器件。E1042-32K 额定通断电压为 AC 480V,额定通态电流为 10A,能满足加热功率的要求。为了避免固态继电器因过电压和过流而损坏,输出端加装了快速熔断器和压敏电阻。输入控制电压为 $3 \sim 32V$,相应的输入控制电流为 $4 \sim 15mA$,可由单片机的 I/O 口直接驱动,简化驱动电路的设计。

3. 控制芯片

8051 单片机是一个集合各种新型单片机品种的大家族,每一种产品都有其独特的优点。考虑到系统的实际情况,且设计中没用到 A/D 转换和 D/A 转换,选择 AT89S51 芯片作为核心控制部件,完全能够满足这一系统的控制要求。

4. 显示电路

考虑到只需显示设定温度和实际温度,可选用 6 个 LED 数码管来完成。为简化硬件电路和节省单片机的 I/O 口资源,显示采用动态扫描方式。

5. 输入电路

输入电路由 3 个按键实现温度设定功能。S1 用于温度设置及确认,S2 用于增加设定温度,S3 用于减小设定温度。

8.2.3 软件设计

1. 软件任务

根据设计要求,系统软件要完成水温的采样与控制,将实际水温与设定水温送至数码管上显示;设定温度能够用键盘实时修改。

2. 任务分析

根据软件任务要求,系统程序大致分为以下几个模块:水温显示子程序、键盘处理子程序、水温采样子程序、水温控制子程序。各模块的具体任务如下所述。

1）水温显示子程序

水温控制系统的温度控制范围是 20～70℃，要求同时显示温度设定值和温度测量值，显示分辨率为 0.1℃。温度设定值和温度测量值各用 3 位数码管显示。

本系统显示器采用动态扫描显示方案。为了程序设计方便，通常设置一个显示缓冲区，缓冲区单元的数量与数码管数量一致。本设计为 6 个单元，每个单元存放 1 位 BCD 数。温度设定值和温度测量值是二进制数据，因此，显示程序的任务有两个：一是将待显示的内容（温度设定值和温度测量值）拆分转换成显示 BCD 数码存放至显示缓冲区（任务模块 1），二是将显示缓冲区中的内容送到数码管上刷新显示一遍（任务模块 3）。

2）键盘处理子程序

本系统的键盘任务比较简单，因此系统硬件采用的是 3 个独立按键，分别是"＋""－""模式/确定"键。控制系统在两个大的状态——正常控制状态与设定值修改状态之间转换。系统复位后，首先进入的是正常控制状态；按下"模式/确定"键并保持 2s 以上，进入设定值修改状态。在此状态下，通过"＋"键和"－"键修改温度设定值。修改完毕，按下"模式/确定"键，返回到正常控制状态，并使新的温度设定值生效。由于在温度设定值修改状态，系统仍旧要对系统温度进行控制，此时的设定值应该采用进入修改状态之前的设定值，新的温度设定值在"确定"后才生效。因此，在设定值修改状态不能直接修改设定值，而是修改设定备份值，显示程序此时也应该显示该设定备份值，以利于修改操作。显示程序与键处理程序之间通过状态标志来完成显示数据的参数传递（任务模块 4）。

3）水温采样子程序

水温控制系统中的温度测量采用一体化单总线数字温度传感器 DS18B20，水温测量值的分辨率为 0.1℃，因此要求 DS18B20 的分辨率达到 12 位，此时器件每进行一次 A/D 转换均需要 750ms。为避免在程序中花过多时间等待 DS18B20 进行转换，采样程序采用先读上次转换结果，然后启动下一次转换的方法编程。此方法要求单片机在复位后的初始化中必须启动一次 DS18B20 进行转换，以免第一次进入定时程序对 DS18B20 采样时无正确值可读，同时要求温度两次采样之间的间隔要大于 750ms（任务模块 5）。

4）水温控制子程序

水温控制子程序的要求是在每一个温度采样时刻对温度测量值与温度设定值进行比较，根据两者之间的差值计算输出控制量，由输出控制量控制加热丝的加热功率，实现温度的控制。在本温度控制系统中，由于水温变化较慢，系统惯性大，采样控制周期定为 1s。

常用的温度控制方式有 PID 控制和位式控制。PID 控制算法比较复杂，但控制效果好，通过 PID 算法控制 SSR 的周期导通百分比，实现加热丝的功率调节，进而实现温度的精确控制。位式控制算法简单，它通过对温度测量值与温度设定值进行简单比较，直接控制 SSR 的通断，但其控制效果较差，水箱温度会在一个小范围内波动。本例用汇编语言编写，因此采用简单的位式控制方式（任务模块 6）。

3. 软件结构设计

将模块程序组合起来，有很多种方法。在实时控制系统中，模块程序主要采用主程序与各定时中断程序组合的方法。一般将较为复杂的一个任务模块放在主程序中（程序结构较为随意、方便),其他模块放在定时中断程序中。对放在定时中断中的模块程序有一个基本要求,即执行时间不能超过(接近)定时器基本定时时间,不建议在定时中断程序中再采用毫秒级软件延时(也没有必要)。

在本系统设计中,键盘程序逻辑结构较复杂,主程序中决定放置键处理子程序。动态扫描显示程序与查询式键处理程序可以方便地组合在一起,要点是在等待按键的释放过程中执行动态扫描显示程序,因此,动态扫描显示子程序也可以放在主程序中。水温采样与水温控制都要求 1s 执行一次,因此,这两个模块程序都放在 1s 定时中断程序中(任务模块 2,20ms 计数 50 次实现)。水温采样与水温控制程序加起来的执行时间不超过10ms,完全满足系统要求。按照该思路设计的程序结构如图 8-6 所示,图 8-6(a)所示为主程序结构,图 8-6(b)所示为 1s 中断程序结构。

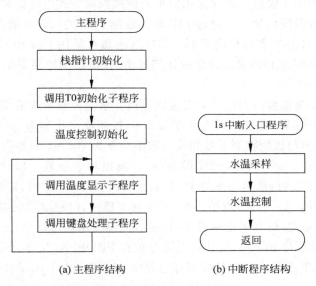

图 8-6　水温控制系统程序结构

主程序如下所示:

```
;程序名：START(主程序)
;功能：完成初始化,循环执行水温显示子程序 DISPLAY 和键盘处理子程序 KEYPROG
;占用资源：累加器 A,状态寄存器 PSW,寄存器 B,通用寄存器 00 组(R0)
PVH        EQU    34H        ;测量值整数位
PVL        EQU    35H        ;测量值小数位
SV         EQU    30H        ;设定值整数位
SVTEMP     EQU    32H        ;设定备份值整数位
SSRC       BIT    P1.7       ;SSR 控制输出口线
           ORG    0000H
START:     LJMP   MAIN       ;转向主程序
           ORG    000BH
           LJMP   TIME1S     ;转向 1s 中断程序
           ORG    0030H
MAIN:      MOV    SP,#5FH
           LCALL  T0INIT     ;T0 初始化
```

```
          MOV    SV,#40              ;置设定值初值
          MOV    SVTEMP,#40
          MOV    PVH,#20             ;置测量显示值初值
          MOV    PVL,#0
          SETB   SSRC                ;关闭加热器
          MOV    PROPFACT,#110       ;比例控制系数,比例控制时去掉前面的分号
LOOP:     LCALL DISPLAY              ;水温显示子程序
          LCALL KEYPROG              ;键盘处理子程序
          SJMP   LOOP
```

4. 比例控制 PWM 输出程序设计

任务模块 6 中的水温控制程序采用简单的位式控制方式进行控制,控制效果较差,水箱温度会在一定的范围内波动。通过 PID 算法控制 SSR 的周期导通百分比,可以实现加热丝的功率调节,对温度实行精确控制。PID 算法通常采用 C51 编写,采用汇编语言编写时较为复杂。下面将 PID 算法简化成比例算法,介绍比例控制 PWM 输出程序的设计思路。

定义温度误差为温度设定值减去温度测量值。水温控制系统采用比例控制算法控制加热丝的功率百分比时,若温度误差小于等于 0,控制输出功率为 0;若温度误差超过一个限定值(该限定值与比例控制系数相关),输出功率为 100%;若温度误差在 0 至限定值之间,则输出功率在 0 至 100%,温度误差越大,输出功率越高。以比例系数等于 50 为例,温度误差超过 2℃时,输出功率为 100%;温度误差为 0.5℃时,输出功率为 25%。比例系数的取值范围是 10～250,取值小时,系统易于稳定,但稳定后的温度误差比较大;取值大时,系统难于稳定,但如果能够稳定,稳定后的温度误差比较小。

比例控制算法程序如下所示,比例系数存放在 PROPFACT 单元中,输出功率百分比存放在 CONTOUT 单元中。比例控制算法程序 PROPCONT 用于替代任务模块 6 的水温控制程序。

```
;程序名:PROPCONT
;功能:对温度测量值 PV 与温度设定值 SV 进行比较,计算输出功率百分比
;占用资源:累加器 A,状态寄存器 PSW,通用寄存器 01 组(R4)
;入口参数:测量值整数位在 PVH 中,小数位在 PVL 中;设定值整数位在 SV 中;比例系数在
;PROPFACT 中
;出口参数:输出功率百分比在 CONTOUT 中
;CONTOUT    EQU    50H              ;控制功率输出百分比
 PROPFACT   EQU    53H              ;比例控制系数
 PROPCONT:  MOV    A,SV             ;取设定值
            SETB   C
            SUBB   A,PVH            ;与测量值比较
            JC     PCONT1           ;温度误差小于 0,转移
            SUBB   A,#10
            JNC    PCONT2           ;温度误差 10℃以上,转移到 100%输出
            ADD    A,#11            ;恢复整数(设定值-测量值)误差值
            SWAP   A                ;温度误差×16
            CLR    C
```

```
            SUBB     A,PVL              ;减去测量值小数
            MOV      B,PROPFACT         ;取比例系数
            MUL      AB
            ANL      A,#0F0H
            SWAP     A                  ;输出低位÷16
            XCH      A,B
            MOV      R4,A
            ANL      A,#0F0H
            JNZ      PCONT2             ;超过100%,转移到100%输出
            MOV      A,R4
            ANL      A,#0FH
            SWAP     A
            ADD      A,B
            MOV      B,A
            CLR      C
            SUBB     A,#100
            JNC      PCONT2             ;超过100%,转移到100%输出
            MOV      CONTOUT,B          ;0~100%输出
            RET
PCONT1:     MOV      CONTOUT,#0         ;0%输出
            RET
PCONT2:     MOV      CONTOUT,#100       ;100%输出
            RET
```

温度控制的 PWM 通断比例控制,指的是在一个固定的通断周期内,根据输出功率百分比控制 SSR 的通断比例。该固定的通断周期通常为 2s,分成 100 等分,则每一个等分刚好是 20ms,即一个完整工频周期。利用 20ms 定时中断程序,使用计数器 PWMTIME 计数100 次,刚好为 SSR 通断控制周期 2s。将 PWM 控制百分比 PWMCONT 数值与计数器PWMTIME 数值相比较,控制 SSR 通断,即可实现 PWM 通断比例控制。在每个控制周期,刷新一次 PWM 控制百分比 PWMCONT 数值(即令 PWM 控制百分比等于输出功率百分比)。

需要说明的是,PWM 输出控制程序可以放在任何周期性的循环程序,例如周期循环的主程序或其他定时中断程序过程中执行。如果 10ms 执行一次,则 PWM 通断比例周期变成 1s;如果 50ms 执行一次,则 PWM 通断比例周期为 5s。

```
;程序名:PWMOUT
;功能:根据温度控制输出百分比数值,实现温度 PWM 百分比通断控制
;占用资源:累加器 A,状态寄存器 PSW,通用寄存器 01 组(R4)
;入口参数:输出功率百分比在 CONTOUT 中
;出口参数:SSR 通断结果
CONTOUT    EQU      50H                ;控制功率输出百分比
PWMCONT    EQU      51H                ;PWM 百分比控制
PWMTIME    EQU      52H                ;PWM 控制 2s 计时
PWMOUT:    MOV      A,PWMCONT          ;取百分比控制量
           CLR      C
           SUBB     A,PWMTIME          ;与计数器值比较
```

```
                JC        PWM1              ;转至关闭 SSR
                CLR       SSRC              ;开通 SSR
                SJMP      PWM2
PWM1:           SETB      SSRC              ;关闭 SSR
PWM2:           DJNZ      PWMTIME,PWM3
                MOV       PWMTIME,#100
                MOV       PWMCONT,CONTOUT
PWM3:           RET
```

5. 存储单元分配

1) 片内 RAM 分配

(1) 状态标志 FLAG：F0，FLAG＝0，正常状态；FLAG＝1，设定值修改状态。

(2) 显示缓冲区 DISBUF：3AH～3FH。

(3) 显示消隐标志 DISFLAG：5EH。

(4) 测量值整数位 PVH：34H。

(5) 测量值小数位 PVL：35H。

(6) 设定值整数位 SV：30H。

(7) 设定备份值整数位 SVTEMP：32H。

(8) 控制量输出 CONTOUT：50H。

(9) PWM 控制 PWMCONT：51H。

(10) PWM 控制周期计时 PWMTIME：52H。

(11) 比例控制系数 PROPFACT：53H。

(12) 1s 计数单元 TIMETEMP：5FH。

(13) 寄存器组：主程序 00 组(00H～07H)；定时中断程序 01 组(08H～0FH)。

(14) 栈区间：60H～7FH。

2) 片内 ROM 分配

主程序从 0030H 单元开始存放，任务模块 1 至任务模块 6 依次存放在主程序之后。程序汇编后，最后一个字节在 01E2H 单元，程序容量只有 482B，AT89S51 内的 4KB Flash 足够存储所有程序。采用比例控制时，程序汇编后最后一个字节在 0238H 单元，程序容量也只有 568B。

6. Proteus 模拟仿真

在 Keil 中建立工程，将主程序和 6 个模块程序分别录入程序文件汇编通过。在 Proteus 中建立如图 8-7 所示的工程项目，SSR 输出采用 LED 模拟(功率部分未画)。仿真时，通过 DS18B20 器件上的"↑""↓"按钮改变测量值；通过 P1 口所接的"模式""＋""－"按钮调节设定值。LED 按照位式控制规则亮灭(模拟 SSR 通断)。

用比例控制程序代替任务模块 6 的位式控制程序，在 20ms 中断中加入调用 PWM 输出控制程序，此时可以进行比例控制 PWM 输出仿真。若比例系数取 110，误差为 0.3℃，SSR 导通比例约 33％，如图 8-7 所示；误差为 0.8℃时，SSR 导通比例约 88％；误差在 1℃以上时，SSR 导通比例为 100％。

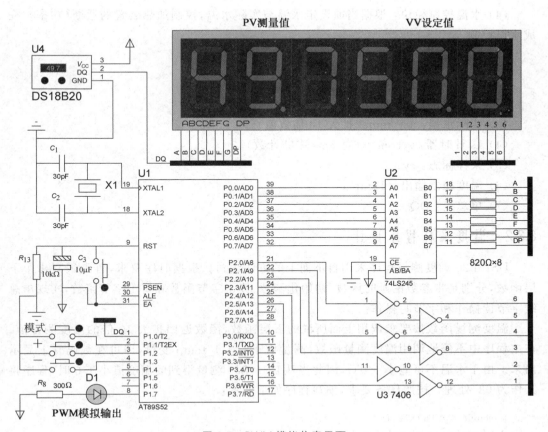

图 8-7　PWM 模拟仿真界面

8.3　水温控制系统的 C51 程序设计

相比汇编语言,采用 C 语言进行软件设计,更易于实现程序结构化、模块化。各功能程序实行模块化,一个模块可以被多个程序共享,使程序模块的设计和调试比较方便,容易完成,也更利于团队协作,提高软件开发效率。

8.3.1　软件设计任务分析

1. 程序模块

根据系统控制要求,软件设计分为以下几个任务模块。

(1) 显示模块:6 位数码管分别显示设定温度和实际水温,显示模块负责将 2 个温度值送至显示器显示。显示程序的功能为:每执行 1 次,刷新显示 1 位数码管,同时指向下一位待显示数据。

(2) 温度采样模块:系统每隔一定周期对温度采样一次,温度采样程序启动 DS18B20 测量温度,并返回当前温度值。

(3) 键盘处理模块:扫描键盘,有键按下时,进行相应的处理,修改设定水温。

（4）水温控制模块：根据当前设定水温与实际水温，控制加热装置的通断（功率），完成水温控制。

2. 全局变量

（1）工作模式：mode。

（2）设定温度：set_temp。

（3）实际水温：act_temp（扩大 10 倍数值）。

（4）1s 计时器：second_c（对 5ms 中断计数）。

（5）采样标志：cy。

（6）温度控制输出：Temp_c。

（7）单总线：DQ。

8.3.2　温度采样程序设计

DS18B20 温度测量程序采用自下而上的方法编写。根据时序要求，首先编写 4 个下层函数，分别是带参数的延时函数、初始化函数、读 1 字节函数和写 1 字节函数，实现单总线字节读操作和字节写操作。

温度测量函数按要求调用上面所说的下层函数，函数返回扩大 10 倍的温度测量值。在主程序中不停地调用温度测量函数，测量值赋给 act_temp 变量，即可在数码管上显示出来。由于水温不可能小于 0℃，因此当从 DS18B20 测量得到的温度值小于 0 时，程序将其作为 0℃处理。按照任务要求，编写程序如下所示：

```
# include <AT89X52.H>
# define uchar unsigned char
# define uint unsigned int
uchar set_temp=45;                        //温度设定值
uint act_temp=440;                        //温度实际值(扩大 10 倍)
uchar second_c=200;                       //1s 时间计数器
uchar mode=0;                             //工作模式寄存器
sbit Temp_c=P1^7;                         //温度控制输出
sbit DQ=P1^0;                             //定义 DS18B20 总线 I/O
/* 延时函数 *********************************************/
void Delay(int num)                       //延时函数
{
    while(num――) ;
}
/* DS18B20 初始化函数 ********************************/
void Init_DS18B20(void)
{
    DQ = 1;                               //DQ 复位
    Delay(8);                             //稍做延时
    DQ = 0;                               //单片机将 DQ 拉低
    Delay(60);                            //精确延时，大于 480μs
    DQ = 1;                               //拉高总线
```

```
        Delay(15);
}
/* 读1字节函数 *************************************** */
unsigned char Read_Char(void)
{
    unsigned char i=0;
    unsigned char dat = 0;
    for (i=8;i>0;i--)
    {
        DQ = 0;                          //给脉冲信号
        dat>>=1;
        DQ = 1;                          //给脉冲信号
        if(DQ)
        dat|=0x80;                       //马上读数据
        Delay(4);
    }
    return(dat);                         //返回所读数据
}
/* 写1字节函数 *************************************** */
void Write_Char(unsigned char dat)
{
    unsigned char i=0;
    for (i=8; i>0; i--)
    {
        DQ = 0;
        DQ = dat&0x01;
        Delay(4);                        //延时 60μs
        DQ = 1;
        dat>>=1;
    }
}


/* 温度测量函数 *********************************************** */
unsigned int Read_temp(void)
{
    unsigned char temp_L=0;
    unsigned char temp_H=0;
    unsigned int temp=0;
    Init_DS18B20();
    Write_Char(0xCC);                    //跳过读序号列号的操作
    Write_Char(0x44);                    //启动温度转换
    Init_DS18B20();
    Write_Char(0xCC);                    //跳过读序号列号的操作
    Write_Char(0xBE);                    //读取温度寄存器
    temp_L=Read_Char();                  //读低8位字节0
    temp_H=Read_Char();                  //读高8位字节1
    temp=temp_H;
```

```
            temp<<=8;
            temp=temp|temp_L;                    //合并温度数据
            temp_L&=0x0f;
            temp_L*=10; temp_L>>=4;              //小数位转换为十进制
            temp>>=4;
            temp=temp*10+temp_L;                 //温度值扩大10倍
            if (temp_H>127) temp=0;              //温度为负时，看成0℃
            return(temp);                        //返回温度值
        }
```

DS18B20 温度测量程序完成后，可以先保存为 DS18B20.c，并使用 Keil 软件编译通过（检查是否存在语法错误）。编译通过后，如果其他 C 文件中需调用本 C 文件编写的函数或变量，可通过 #include"自定义头文件"形式。如 main.c 需调用本文件中的温度测量函数和 set_temp、act_temp 变量，可先新建 DS18B20.h 头文件，按示例的写法在头文件中将 DS18B20.c 中的 unsigned int Read_temp(void)函数和变量分享即可。示例如下：

```
#ifndef _DS18B20_H_
#define _DS18B20_H_
unsigned int Read_temp(void);extern uchar set_temp;
extern uint act_temp;
#endif /* delay.h */
```

然后，在 main.c 中 #include"DS18B20.h"即可调用 unsigned int Read_temp(void)函数。

8.3.3 键盘扫描程序设计

1. 基于状态码的键盘状态识别

采用查询方式的按键处理程序在按键按下后，只有等待按键释放才能从键处理程序中返回，占用 CPU 时间，在多任务单片机控制系统中有必要加以改进。对键盘状态进行定期扫描，通过识别键盘状态的改变来区分击键动作，可以很好地解决问题。基于状态码的键盘状态识别能够很好地确定各种复杂情况下的键盘状态与击键动作。

1）键盘状态

键盘状态是指键盘中部分按键按下（或没有键按下）时，从键盘接口读入的当前键盘数据。独立式按键按下时为"0"，释放时为"1"；矩阵式键盘为读入键值，有键按下时，与按下各键行列对应的键值位为"0"，未对应按下键的行列键值位为"1"。没有键按下时，键盘状态为全"1"。

2）独立按键击键动作的识别

对于独立式按键的键盘状态，按下时为"0"，释放时为"1"。要识别是否有击键动作，必须判断前后两次的键盘状态。如果用 2 位键盘状态码来表示 1 个独立按键前后两次的键盘状态，高位为前一状态（前态），低位为现在状态（现态），则总共有 4 种组合，其含义分别为"11"：按键常开未动；"10"：按键击键按下；"00"：按键闭合未动；"01"：按键释放松开。由于机械按键存在抖动，如果扫描两次键盘状态的时间间隔大于 20ms，就可以有效避开抖动影响。在一次击键动作中,只可能出现一次"10"键盘状态码,反过来,只要识别出键盘状态码为"10",则表明该按键有一次击键动作。

2. 键盘扫描程序设计

键盘的功能是对温度设定值进行修改,系统有两个工作状态:一个是正常状态,系统正常进行温度的测量与控制;二是温度设定状态,系统在进行温度的测量与控制同时,可以通过键盘修改设定温度值。将正常状态定义为模式 0(mode=0),温度设定状态定义为模式 1(mode=1),将接在 P1.1～P1.3 的 S1～S3 分别设定为"模式/确定"键、"＋"键、"－"键。温度设定操作方法如下所述。

(1) 正常状态:长按"模式"键 2s 以上,进入温度调整状态。

(2) 温度设定状态:按"＋"键、"－"键分别增 1、减 1 调整设定温度值;按"确认"键或者键盘未操作超 1min 时,返回正常状态。

从拟定的键盘操作过程可知,有效的键盘动作有 5 个,编号为 0～4,相应的状态码如表 8-1 所示。"无键按下"也对应一个键号,方便无键按下状态时长的判断与处理。

表 8-1　键号动作与状态码

键号	动　　作	状态码
0	无键按下	11111111
1	"＋"键击键	11111011
2	"－"键击键	11110111
3	"确认"键击键	11111101
4	"模式"键闭合	11011101

键盘扫描流程处理如图 8-8 所示。5 个状态码依次存放在状态表中。扫描获取当前状态码后,查表判断是否与表中状态码相符合。符合,则赋值相应的键号,转相应的键处理程序;不符合,则直接返回。流程图中的按键计时器用于对当前状态码的维持时间计时,实际上是一个键盘扫描程序执行次数计数器。如果键盘扫描程序每 5ms 执行一次,连续扫描 400 次代表计时长度为 2s。按照任务要求编写的键盘扫描程序如下所示:

```
void key()                              //定期扫描键处理程序
{
uchar code tabkey[]={0xff,0xfb,0xf7,0xfd,0xdd};
static uchar keycode=0xff,keycode_1;    //键盘状态码
static uchar tmp;
static uint timecount;                  //按键按下时长计数器
uchar key_num;                          //键号
keycode_1=keycode;
keycode<<=4;
tmp=P1; tmp&=0x0f; tmp|=0x01;           //获取键盘当前状态
keycode+=tmp;                           //组合键状态码
if (keycode == keycode_1)
        timecount++;                    //键盘状态计时,5ms 次数
        else timecount=0;
```

```
        if (timecount > 40000)
            timecount=40000;                              //防止计时溢出
    key_num=10;
    for (tmp=0;tmp<5;tmp++)                               //查表找键号
        if (keycode == tabkey[tmp])
            key_num=tmp;
    switch(key_num)
    {
        case 0:
          if (timecount==24000) mode=0;                   //1min 未操作键盘处理
          break;
        case 1:
          if (mode==1 && set_temp<70) set_temp++;  //设定温度加 1
          break;
        case 2:
          if (mode==1 && set_temp>20) set_temp--;  //设定温度减 1
          break;
        case 3:
          if (mode==1) mode=0;                            //退出温度设定模式
          break;
        case 4:
          if (mode==0 && timecount==400 ) mode=1;   //进入温度设定模式
          break;
        default:
          break;
    }
    }
```

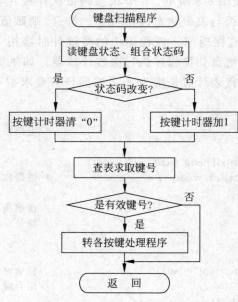

图 8-8　动态扫描显示程序流程图

键盘扫描程序完成后,可以先保存为 key.c,同样编译通过后,可先新建 key.h 头文件,按前例将主程序 C 文件或其他 C 文件需要调用的函数分享即可。

8.3.4 显示程序设计

1. 显示程序任务分析

显示程序的任务是每调用一次显示程序,更新显示一个数码管的内容。由此需要解决两个问题:一是显示程序必须周期性地调用(如每 2ms 调用一次);二是每次刷新显示的数码管不一样,将刷新一个数码管看成是一个状态,则每次显示刷新一个数码管后需要进行状态转移。6 个数码管状态编号为 0~5,6 个状态按照 0→1→2→3→4→5→0 的顺序转移。

在每一个状态,显示程序要完成的工作一是实现本状态的显示;工作二是改变状态号指向下一状态,准备实现状态转移。状态转移的条件是 2ms 左右的延时时间,如果用定时器定时 2ms,可以在定时中断程序中调用显示程序。2ms 的间隔时间中,CPU 可以处理其他任务。每一个状态的显示内容放在显示缓冲区中,与状态相应的数码管由位控码对应。当位控码与状态转移之间有规律时,可以用循环移位方法实现位控码转移。更加通用的方法是将位控码放在表格(数组)中,用状态号查表的方法查找显示缓冲区内容和位控码。

2. 显示程序设计

按照状态转移方法设计的显示程序流程如图 8-9 所示,程序要求 1~5ms 调用执行一次。本任务利用定时器 T1 定时 5ms,在中断程序中调用显示程序。

在显示程序中,当状态 5 输出完成后,拆分温度值至显示缓冲区,同时状态号复位为 0。为了明确区分正常状态与温度设定状态,当进入温度设定状态后,可以让温度设定值闪烁显示。设闪烁的周期是 1s,在 5ms 中断中设置一个 1s 计时器(对 5ms 计数 200 次)。在温度设定状态,当计时器的值小于 80 时,让设定温度值消隐;当计时器的值大于 80 时,让设定温度值闪烁显示。

与显示程序有关的局部变量与常数表安排如下。

(1) state_p:动态扫描状态号,局部静态变量。

(2) disbuffer[6]:显示缓冲区,局部静态变量。

(3) table[]:7 段代码表,常量。

(4) tabbit[]:位控码表,常量。

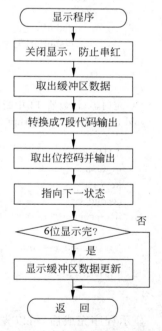

图 8-9 动态扫描显示程序流程图

按照任务要求编写的显示程序与定时器中断服务如下所示。在中断程序中,1s 时间到时,将采样标志置位,用于主程序对温度的定期采样与控制。

```
void dt_display()                           //显示程序
```

```
{
    uchar code table[]={0x3F,0x06,0x5B,0x4F,0x66,0x6D,0x7D,0x07,0x7F,0x6F,0x00};
    uint code tabbit[]={0x01,0x02,0x04,0x08,0x10,0x20};
    static uchar state_p=0;                          //动态扫描状态号
    static uchar disbuffer[6];                       //显示缓冲区
    uchar x;
        x=disbuffer[state_p];
        x=table[x];
    if (state_p==1) x+=0x80;                          //显示小数点
    P2=0;P0=x;                                        //输出显示数据
    P2=tabbit[state_p];                               //输出位控码
    state_p++;                                        //指向下一个显示位数据
    if (state_p>=6)
    {
        state_p=0;
        disbuffer[0]=act_temp/100;                    //拆分实际温度值
        disbuffer[1]=(act_temp%100)/10;
        disbuffer[2]=act_temp%10;
        disbuffer[3]=10;
        disbuffer[4]=set_temp/10;                     //拆分设定温度值
        disbuffer[5]=set_temp%10;
        if (mode==1 && second_c<80)                   //设定状态闪烁显示
        {
            disbuffer[4]=10;
            disbuffer[5]=10;
        }
    }
}
/* 定时器/计数器 T1 中断服务子程序 ********************************/
void timer1(void) interrupt 3 using 1                //5ms 中断服务程序
{
    TH1=0xee;                                         //晶振 11.0592MHz
    dt_display();                                     //调用动态扫描显示程序
    key();                                            //调用键盘扫描程序
    second_c--;                                       //1s 计数器
    if (second_c==0)
    {
        second_c=200;
        cy=1;                                         //1s 时间到,置位采样标志
    }
}
```

显示程序完成后,可以先保存为 display.c,编译通过后,再新建 display.h 头文件,按前例将主程序 C 文件或其他 C 文件需要调用的函数分享即可。

8.3.5 主程序设计（温度采样与控制部分）

主程序（main.c）主要负责提供整个程序的入口以及完成前面几个程序模块的装配工作。用 C 语言完成多个程序模块的装配是比较容易的,首先,新建一个文件夹,将所有

C 文件及自定义的头文件添加进去；然后，在 Keil 中建立工程，将主程序（main.c）和温度测量模块（DS18B20.c）、键盘扫描模块（key.c）、显示模块（display.c）程序分别添加进去编译通过，即可采用 Proteus 仿真验证或烧写硬件调试。下面以水温测量控制系统主程序中的部分代码为例，介绍温度采样与控制的程序设计思路。

计算机实时控制系统需要完成实时数据采集处理及实时控制输出。实时是指信号的输入、计算和输出都要在一定时间内完成。这个一定时间称为采样周期。采样周期通常是一个固定值，温度控制系统的采样周期可以是秒数量级。

设水温控制系统的采样周期为 1s，即 1s 完成一次水温数据的采集与控制输出。温度采样控制程序要花较多的时间与 DS18B20 通信，放在 5ms 中断程序中执行不合适。考虑设置一个采样标志，当中断程序中 1s 定时时间到，则置位该标志。主程序检测到采样标志，才运行温度采样控制程序，同时复位采样标志。温度控制采用理想二位式控制。

编写的温度采样控制主程序的主要代码如下所示：

```
void main()                                   //主程序
{
    EA=1;ET1=1;cy=0;                          //开中断
    TMOD=0x10; TR1=1;                         //T1 方式 1 定时
    TH1=0xee; TL1=0x00;                       //晶振 11.0592MHz,5ms 初值
    act_temp=Read_temp();
    while(1)
    {
        if (cy)
        {
            EA=0;
            act_temp=Read_temp();             //温度采样
            EA=1;
            cy=0;
        }
        if ((act_temp)/10<set_temp)           //温度控制
        {
            Temp_c=0;                         //加热
        }
        else
        {
            Temp_c=1;                         //停止加热
        }
    }
}
```

习题 8

8.1 简述单片机应用系统开发的一般过程。

8.2 单片机应用系统设计的一般原则是什么？

8.3　单片机应用系统的硬件设计主要包括哪些内容?

8.4　如何迅速判别系统中的 AT89S51 单片机是否工作?

8.5　单片机应用系统的干扰源主要有哪些? 列举常用的软件、硬件抗干扰措施。

8.6　单片机开发系统的作用与特点是什么?

8.7　单片机应用系统的调试步骤是什么? 调试的主要任务是什么?

8.8　简述"看门狗"的基本原理。

第9章

STM32 单片机原理及
简单应用

STM32 是 ST(STMicroelectronics,意法半导体)公司推出的基于 Cortex-M 内核的 32 位单片机。该单片机具有高性能、低功耗、实时、性价比高等特点,一经推出就得到了广泛的应用。本章主要介绍 STM32 的基本单元、系统组成、编程软件及简单应用实例,作为嵌入式系统学习的入门。

9.1　STM32 单片机的基本特性

STM32 单片机是基于 ARM Cortex-M 内核的高端 32 位单片机的代表,由 ST 公司推出。因其高性能、丰富的外设、低功耗设计和广泛的应用领域而备受欢迎,广泛应用于工业控制、汽车电子、消费电子等领域。它主要有以下优势和特点。

(1) 高性能的 32 位微控制器核心。STM32 系列采用了现代高性能的 ARM Cortex-M 微控制器核心,如 Cortex-M0、Cortex-M3、Cortex-M4 和 Cortex-M7 等。这些微控制器核心具有较高的时钟频率、优化的指令集和较大的内存,可以实现高效的数据处理和计算能力。

(2) 丰富的外设和功能。STM32 单片机提供了丰富的外设和功能,包括通用输入输出(GPIO)、通用串行总线(USART、SPI、I^2C 等)、模数转换器(ADC)、定时器和计数器、PWM 输出、以太网控制器、USB 控制器等。这些外设的组合使得 STM32 能够满足各种不同应用的需求。

(3) 低功耗设计。STM32 系列在低功耗设计方面表现优异,适用于要求长电池寿命或节能的应用场景。它们配备了多种低功耗模式,例如待机模式、睡眠模式和停止模式等,可以在不影响功能的前提下极大地降低功耗。

(4) 丰富的开发工具和生态系统。ST 公司为 STM32 系列提供了丰富的开发工具和生态系统,包括集成开发环境(IDE)、调试器、仿真器、开发板和软件库等。这些工具和资源使得开发者能够更加便捷地进行软硬件开发,缩短产品上市时间。

(5) 强大的技术支持。STM32 系列拥有强大的全球技术支持。开发者可以在各类技术论坛、官方文档和示例代码中获取帮助和资源,解决问题并学习新的技术。

　　STM32 的优越特性源于其系统丰富的内部资源，以及工作电压低、范围宽、工作频率高等特点，具体来说体现在以下几个方面（以 STM32F103×××系列芯片为例）。

　　（1）ARM32 位的 Cortex-M3 CPU。工作频率最高可达 72MHz，90dmips，单周期硬件乘法和除法，加快了计算速度，具有最高 64KB Flash、256～512KB SRAM，7 通道直接存储访问（DMA）。

　　（2）低电压、超低功耗。工作电压：2.0～3.6V。3 种低功耗模式：睡眠、停机和待机模式，VBAT 为实时时钟（RTC）和后备寄存器供电，具有可编程电压检测器（PVD）和掉电检测器。

　　（3）多时钟系统。由于 STM32 外设资源众多，工作的时钟频率各不相同，所以采用了多达 5 个时钟源：片上经过出厂调校的 8MHz RC 振荡器系统时钟 HSI；带校准的 40kHz RC 振荡器的实时时钟 LSI；采用外置 4～16MHz 晶体振荡器的系统时钟 HSE；带校准功能的 32kHz RTC 振荡器的实时时钟 LSE；最后还内置了用于对 CPU 时钟进行倍频的 PLL 锁相环。HSI、HSE、PLL 属于高速时钟源，LSI、LSE 属低速时钟源，任何时钟源都可以根据需要，独立进行启动或者关闭，从而优化芯片功耗。

　　（4）7 个定时器。3 个同步的 16 位定时器，每个定时器有 4 个用于输入捕获/输出比较/PWM/脉冲计数的通道；1 个 16 位 6 通道高级控制定时器，提供 6 路 PWM 输出，具有死区控制、边缘/中间波形对齐和紧急制动功能；2 个看门狗定时器；1 个系统时间定时器：24 位，带自动加载功能。

　　（5）最多可达 112 个快速 I/O 口。几乎所有 I/O 口都是双向 5V 兼容，所有 I/O 口都可以映像到 16 个外部中断。

　　（6）9 个通信接口。2 个 I^2C 接口（SMBus/PMBus）；3 个 USART 接口，支持 ISO7816、LIN、IrDA 和调制解调控制；2 个 SPI 同步串行接口（18 兆位/秒）；1 个 CAN 接口（2.0B 主动）；1 个 USB2.0 全速接口。

　　（7）2 个 12 位模数转换器和 1 个温度传感器。1μs 转换时间（16 通道），转换范围：0～3.6V，具有双采样和保持功能。

9.2　STM32 单片机的分类及发展

　　STM32 系列单片机一经推出，凭借其产品的多样化、极高的性价比、简单易用的开发方式，迅速占领了中低端 MCU 市场，受到了市场和工程师的青睐。ST 公司根据不同的应用领域和不同的用户群推出了多个系列，每个系列下面有很多不同的型号，供用户选择。

　　STM32 MCU 家族主要产品构成如图 9-1 所示。

　　STM32 芯片从内核上分为两类：基于 Cortex-M0/M0＋内核和基于 Cortex-M3/M4/M7 内核。

　　基于 Cortex-M0/M0＋内核的 STM32 芯片主要是 STM32 F0 和 STM32 L0 系列。Cortex-M0/M0＋内核是一种低功耗、低成本的 32 位内核，具有优秀的功耗特性和高效的指令执行速度。这些芯片适用于需要低功耗和小尺寸的应用场景，如智能家居、传感器

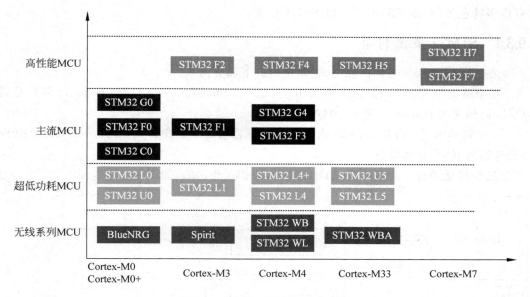

图 9-1 STM32 MCU 家族构成图

等,具体型号有 STM32F030、STM32F070、STM32L011、STM32L031 等。

基于 Cortex-M3/M4/M7 内核的 STM32 芯片主要是 STM32F1、STM32F2、STM32F3、STM32F4、STM32F7 和 STM32H7 系列。Cortex-M3/M4/M7 内核是一种高性能、高效能的 32 位内核,具有较高的性能和处理能力。这些芯片适用于需要高性能和高处理能力的应用场景,如工业自动化、机器人、医疗设备等,具体型号有 STM32F103、STM32F205、STM32F303、STM32F407、STM32F767、STM32H743 等。

STM32 芯片的系列表示芯片的特定应用,根据具体应用场景选择不同的系列。常见的系列包括以下几个。

F 系列(foundation):通用型系列,适用于广泛的应用场景。

L 系列(low power):低功耗型系列,适用于需要极低功耗的应用场景,如传感器和手持设备。

G 系列(general purpose):高性能型系列,适用于需要高性能和实时性的应用场景,如自动化和工业控制。

H 系列(high reliability):高可靠型系列,适用于对可靠性要求较高的应用场景,如航空航天、医疗设备等。

W 系列(wireless):无线通信型系列,适用于需要无线通信的应用场景。

9.3 STM32 系统构成

与传统 8051 单片机一样,STM32 同样拥有组成单片机系统所必需的组件,如 CPU 单元、时钟系统、存储系统、I/O 系统等。但是,由于 STM32 的功能更加强大,其基本单元更加复杂。同时,STM32 支持更多的外设,除了拥有 51 系列单片机的所有外设,还具有许多特色外设,如 FSMC、SDIO、SPI、I^{2}C 等。

9.3.1 STM32 系统构架

在 STM32F10×××产品中,主系统由以下部分构成。

4 个驱动单元:Cortex-M3 内核 Icode 总线(I-bus)、Dcode 总线(D-bus)、系统总线 (S-bus)和通用 DMA1 与通用 DMA2。

4 个被动单元:内部 SRAM、内部闪存存储器、FSMC、AHB 到 APB 的桥 AHB2APBx (它连接所有的 APB 设备)。

这些都是通过一个多级的 AHB 总线构架相互连接的,如图 9-2 所示。

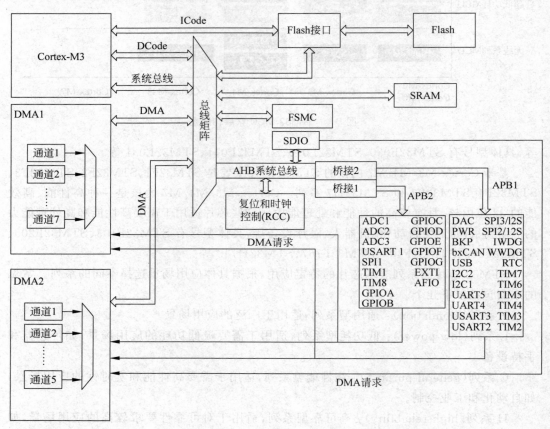

图 9-2　STM32F10×××产品系统结构

Icode 总线:该总线将 Cortex-M3 内核的指令总线与闪存指令接口相连接。指令预取在此总线上完成。

Dcode 总线:该总线将 Cortex-M3 内核的 DCode 总线与闪存存取器的数据接口相连接(常量加载和调试访问)。

系统总线:此总线连接 Cortex-M3 内核的系统总线(外设总线)到总线矩阵,总线矩阵协调着内核和 DMA 间的访问。

DMA 总线：此总线用来提供外设与存储器之间或者存储器与存储器之间的高速数据传输。注意，并不是所有的外设都可以用 DMA 通道传输数据。

总线矩阵：协调内核系统总线和 DMA 主控总线之间的访问仲裁，仲裁利用轮换算法。总线矩阵包含 4 个驱动部件（CPU 的 DCode、系统总线、DMA1 总线和 DMA2 总线）和 4 个被动部件（闪存存储器接口（FLITF）、SRAM、FSMC 和 AHB2APB 桥）。AHB 外设通过总线矩阵与系统总线相连，允许 DMA 访问。

SRAM：静态的随机存取存储器，又被称为静态 RAM，利用双稳态电路进行存储。即使有干扰对稳态电路也没影响，所以有双稳态性，"静态"是指只要不掉电，存储在 SRAM 中的数据就可以一直保存，只要有电，SRAM 中的数据就不会有变化。加电情况下，不需要一直刷新，数据不会丢失。

Flash：该存储器又称闪存，它结合了 ROM 和 RAM 的长处，不仅具备电可擦除可编程（EEPROM）的性能，还不会断电丢失数据，同时可以快速读取数据，可以对存储器单元块进行擦写和再编程。

FSMC：该被动单元全称为 flexible static memory controller，是 STM32 中一个很有特色的外设。STM32 可以通过 FSMC 与 SRAM、ROM、PSRAM、Nor Flash 和 Nand Flash 存储器的引脚相连，从而进行数据交换。

AHB/APB 桥：2 个 AHB/APB 桥在 AHB 和 2 个 APB 总线间提供同步连接。APB1 操作速度限于 36MHz，APB2 操作于全速（最高 72MHz）。

9.3.2 存储器组织

程序存储器、数据存储器、寄存器和输入/输出端口被组织在同一个 4GB 的线性地址空间内。可访问的存储器空间被分成 8 个主要块，每个块为 512MB。ST 提供的《STM32F10×××参考手册》中都会提供存储器映射表，列出了 STM32F10××× 中所有内置外设的起始地址，通过地址映射就可以访问相关的控制寄存器，实现外设相关功能。

数据字节以小端格式存放在存储器中。一个字里的最低地址字节被认为是该字的最低有效字节，而最高地址字节是最高有效字节。

在 STM32F10××× 里，可以通过 BOOT[1:0] 引脚选择 3 种不同的启动模式，具体设置见表 9-1。

表 9-1 启动模式设置表

启动模式选择引脚		启动模式	说明
BOOT1	BOOT0		
x	0	主闪存存储器	主闪存存储器被选为启动区域
0	1	系统存储器	系统存储器被选为启动区域
1	1	内置 SRAM	内置 SRAM 被选为启动区域

9.3.3 供 电 系 统

STM32 的工作电压(V_{DD})为 2.0～3.6V。STM32 内部有一个完整的上电复位(POR)和掉电复位(PDR)电路,当供电电压到达 2V 时系统就能正常工作。当主电源 V_{DD} 掉电后,通过备份电池可以保存备份寄存器的内容和维持 RTC 的功能。

为了提高转换的精确度,ADC 使用了一个独立的电源供电,过滤和屏蔽来自印制电路板上的毛刺干扰。

通过内置的电压调节器提供所需的 1.8V 电源。复位后调节器总是使能的,根据应用方式,它有 3 种不同的工作模式。

(1) 运转模式:调节器以正常功耗模式提供 1.8V 电源(内核、内存和外设)。

(2) 停止模式:调节器以低功耗模式提供 1.8V 电源,以保存寄存器和 SRAM 的内容。

(3) 待机模式:调节器停止供电。除了备份电路和备份域外,寄存器和 SRAM 的内容全部丢失。

当系统或电源复位以后,微控制器处于运行状态。当 CPU 不需继续运行时,例如在等待某个外部事件时,可以利用多种低功耗模式来降低功耗。用户需要根据最低电源消耗、最快速启动时间和可用的唤醒源等条件,选定一个最佳的低功耗模式。

STM32F10×××有以下 3 种低功耗模式。

(1) 睡眠模式。Cortex-M3 内核停止工作,所有外设包括 Cortex-M3 核心的外设,如 NVIC、系统时钟(Systick)等仍在运行。

(2) 停止模式。所有的时钟都已停止。

(3) 待机模式。1.8V 电源关闭。

此外,在运行模式下,可以通过以下方式中的一种降低功耗。

(1) 降低系统时钟。

(2) 关闭 APB 和 AHB 总线上未被使用的外设时钟。

9.3.4 时 钟 系 统

时钟系统负责整个 STM32 系统内的时钟生成、分频和分配工作。

在传统的 8051 单片机中,时钟系统的时钟源是单一的,而 STM32 系统的时钟系统要复杂得多,能使用的时钟源就有 5 个,不同的时钟源产生的时钟通过分频或倍频后,提供给不同的外设。STM32 的时钟系统如图 9-3 所示。从图中可以看出,STM32 的时钟设计是比较复杂的,各个时钟都是可控的,不同外设都有对应的时钟控制开关,这样的设计对降低功耗是非常有用的,不用的外设不开启时钟,就可以大大降低其功耗。

具体系统时钟的设置在 9.4.1 小节有较详细的介绍。

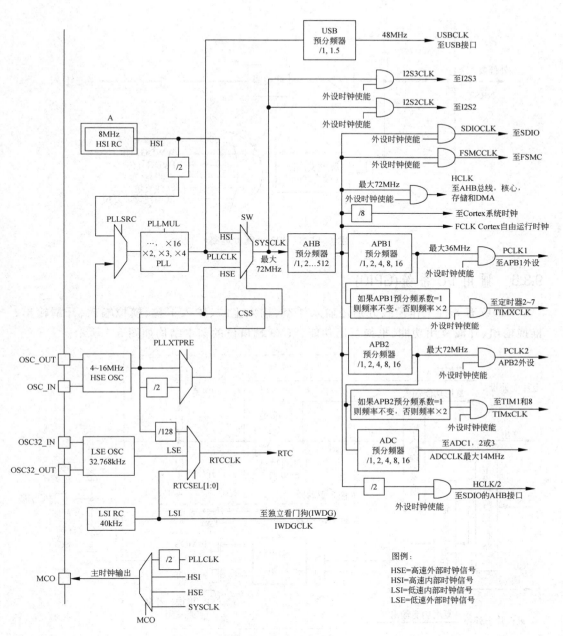

图 9-3　STM32 的时钟系统

9.3.5　复位系统

传统 8051 单片机仅有单一复位源,即 RST 引脚的外部复位。STM32F10×××支持 3 种复位形式,分别为系统复位、上电复位和备份区域复位。STM32 复位系统的电路图如图 9-4 所示。

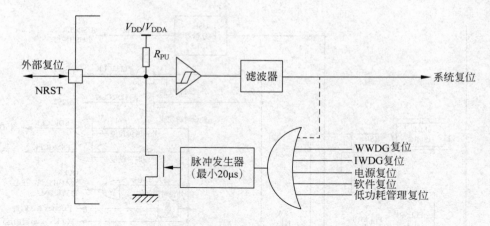

图 9-4 STM32 的复位电路

9.3.6 通用 I/O 系统(GPIO)

GPIO 有 8 种工作模式分别是输入浮空、输入上拉、输入下拉、模拟输入、开漏输出、推挽输出、开漏复用功能、推挽复用功能。I/O 端口位的基本结构如图 9-5 所示。

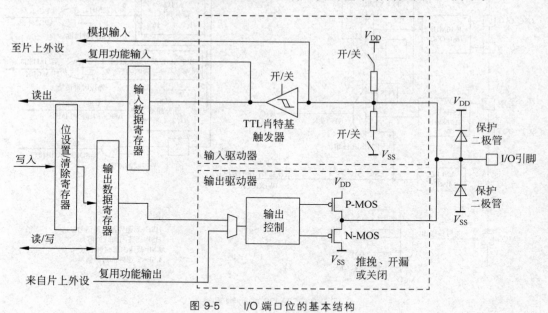

图 9-5 I/O 端口位的基本结构

输入浮空模式:上拉/下拉电阻为断开状态,肖特基触发器打开,输出被禁止。输入浮空模式下,I/O 口的电平完全由外部电路决定。如果 I/O 引脚没有连接其他设备,那么检测其输入电平是不确定的。该模式可以用于按键检测等场景。

输入上拉模式:上拉电阻导通,肖特基触发器打开,输出被禁止。在需要外部上拉电阻时,可以使用内部上拉电阻,这样可以节省一个外部电阻,但是内部上拉电阻的阻值较大,所以只是"弱上拉",不适合做电流型驱动。

输入下拉模式:下拉电阻导通,肖特基触发器打开,输出被禁止。在需要外部下拉电阻时,可以使用内部下拉电阻,这样可以节省一个外部电阻,但是内部下拉电阻的阻值较大,所以不适合做电流型驱动。

模拟输入模式:上下拉电阻断开,肖特基触发器关闭,双 MOS 管也关闭,其他外设可以通过模拟通道输入。该模式下需要用到芯片内部的模拟电路单元,用于 ADC、DAC、MCO 这类操作模拟信号的外设。

开漏输出模式:STM32 的开漏输出模式是数字电路输出的一种,无法真正输出高电平,即高电平时没有驱动能力,需要借助外部上拉电阻完成对外驱动,常用于 I^2C 通信(I^2C_SDA)或其他需要进行电平转换的场景。在该模式下,肖特基触发器是工作的,所以 I/O 口引脚的电平状态会被采集到输入数据寄存器中,如果对输入数据寄存器进行读访问可以得到 I/O 口的状态。

推挽输出模式:从结果上看,STM32 的推挽输出模式会输出低电平 V_{SS} 或者高电平 V_{DD}。推挽输出跟开漏输出不同的是,推挽输出模式 P-MOS 管和 N-MOS 管都用上,肖特基触发器也是打开的,可以读取 I/O 口的电平状态。由于推挽输出模式下输出高电平时,是直接连接 V_{DD},所以驱动能力较强,可以做电流型驱动,驱动电流最大可达 25mA。

开漏复用功能:一个 I/O 口可以是通用的 I/O 口功能,还可以是其他外设的特殊功能引脚,这就是 I/O 口的复用功能。一个 I/O 口可以是多个外设的功能引脚,需要选择作为其中一个外设的功能引脚。当选择复用功能时,引脚的状态由对应的外设控制,而不由输出数据寄存器控制。除了复用功能外,其他结构分析请参考开漏输出模式。

推挽复用功能:复用功能介绍请查看开漏式复用功能,结构分析参考推挽输出模式,这里不再赘述。

具体使用时,通过编程对 GPIO 寄存器进行设置或在 STM32CubeMX 图形配置工具中单击相关引脚的选项操作来配置相应功能。

9.3.7　GPIO 寄存器介绍

STM32F1 每组 GPIOx(x 分别对应 A~E)由 7 个 32 位寄存器控制,包括:2 个 32 位配置寄存器(GPIOx_CRL、GPIOx_CRH);2 个 32 位数据寄存器(GPIOx_IDR、GPIOx_ODR);1 个 32 位置位/复位寄存器(GPIOx_BSRR);1 个 16 位复位寄存器(GPIOx_BRR);1 个 32 位锁存寄存器(GPIOx_LCKR)。

1. 端口配置寄存器(GPIOx_CRL 和 GPIOx_CRH)

端口配置寄存器(GPIOx_CRL 和 GPIOx_CRH)两个寄存器都是 GPIO 端口配置寄存器,CRL 控制端口的低八位,CRH 控制端口的高八位。寄存器描述如图 9-6 和图 9-7 所示。

31	30	29	28	27	26	25	24	23	22	21	20	19	18	17	16
CNF7[1:0]		MODE7[1:0]		CNF6[1:0]		MODE6[1:0]		CNF5[1:0]		MODE5[1:0]		CNF4[1:0]		MODE4[1:0]	
rw	rw	rw	rw	rw	rw	rw	rw	rw	rw	rw	rw	rw	rw	rw	rw

15	14	13	12	11	10	9	8	7	6	5	4	3	2	1	0
CNF3[1:0]		MODE8[1:0]		CNF2[1:0]		MODE2[1:0]		CNF1[1:0]		MODE1[1:0]		CNF0[1:0]		MODE0[1:0]	
rw	rw	rw	rw	rw	rw	rw	rw	rw	rw	rw	rw	rw	rw	rw	rw

位31:30 27:26 23:22 19:18 15:14 11:10 7:6 3:2	CNFy[1:0]：端口x配置位（y=0,...,7）（Port x configuration bits）软件通过这些位配置相应的I/O端口，请参考表9-2端口位配置表。 在输入模式（MODE[1:0]=00）有 00：模拟输入模式 01：浮空输入模式（复位后的状态） 10：上拉/下拉输入模式 11：保留 在输出模式（MODE[1:0]>00）有 00：通用推挽输出模式 01：通用开漏输出模式 10：复用功能推挽输出模式 11：复用功能开漏输出模式
位29:28 25:24 21:20 17:16 13:12 9:8, 5:4 1:0	MODEy[1:0]：端口x配置位（y=0,...,7）（Port x mode bits）软件通过这些位配置相应的I/O端口，请参考表9-2端口位配置表。 00：输入模式（复位后的状态） 01：输出模式，最大速度10MHz 10：输出模式，最大速度2MHz 11：输出模式，最大速度50MHz

图 9-6 GPIOx_CRL 寄存器描述

31	30	29	28	27	26	25	24	23	22	21	20	19	18	17	16
CNF15[1:0]		MODE15[1:0]		CNF14[1:0]		MODE14[1:0]		CNF13[1:0]		MODE13[1:0]		CNF12[1:0]		MODE12[1:0]	
rw	rw	rw	rw	rw	rw	rw	rw	rw	rw	rw	rw	rw	rw	rw	rw

15	14	13	12	11	10	9	8	7	6	5	4	3	2	1	0
CNF11[1:0]		MODE11[1:0]		CNF10[1:0]		MODE10[1:0]		CNF9[1:0]		MODE9[1:0]		CNF8[1:0]		MODE8[1:0]	
rw	rw	rw	rw	rw	rw	rw	rw	rw	rw	rw	rw	rw	rw	rw	rw

位31:30 27:26 23:22 19:18 15:14 11:10 7:6 3:2	CNFy[1:0]：端口x配置位（y=8,...,15）（Port x configuration bits）软件通过这些位配置相应的I/O端口，请参考表9-2端口位配置表。 在输入模式（MODE[1:0]=00）有 00：模拟输入模式 01：浮空输入模式（复位后的状态） 10：上拉/下拉输入模式 11：保留 在输出模式（MODE[1:0]>00）有 00：通用推挽输出模式 01：通用开漏输出模式 10：复用功能推挽输出模式 11：复用功能开漏输出模式
位29:28 25:24 21:20 17:16 13:12 9:8, 5:4 1:0	MODEy[1:0]：端口x配置位（y=8,...,15）（Port x mode bits）软件通过这些位配置相应的I/O端口，请参考表9-2端口位配置表。 00：输入模式（复位后的状态） 01：输出模式，最大速度10MHz 10：输出模式，最大速度2MHz 11：输出模式，最大速度50MHz

图 9-7 GPIOx_CRH 寄存器描述

端口配置寄存器的作用是控制 GPIO 的工作模式和工作速度,不同的配置组合方法分别代表 8 种不同的工作模式,如表 9-2 所示。

表 9-2　端口位配置表

配　置　模　式		CNF1	CNF0	MODE1	MODE0	PxODR 寄存器
通用输出	推挽	0	0	01		0 或 1
	开漏		1	10		0 或 1
复用功能输出	推挽	1	0	11		不使用
	开漏		1	见表 9-3		不使用
输入	模拟输入	0	0	00		不使用
	浮空输入		1			不使用
	下拉输入	1	0			0
	上拉输入		0			1

表 9-3　输出模式位

MODE[1:0]	意　　　义
00	保留
01	最大输出速度为 10MHz
10	最大输出速度为 2MHz
11	最大输出速度为 50MHz

例如 GPIOB_CRL 控制 PB0~PB7 引脚,CNF1、MODE1 分别对应 PB1 的工作模式和工作速度,若把 PB1 设置为推挽输出,速度为 50MHz,则可以直接操作寄存器令 GPIOB-> CRL|=0x00000030,十六进制中的 3 换成二进制 0011,前两位 00 表示推挽输出,11 代表输出速度 50MHz。

2. 端口输出数据寄存器(ODR)

ODR 寄存器用于控制 GPIOx 的输出是高电平或者低电平,寄存器描述如图 9-8 所示。

31	30	29	28	27	26	25	24	23	22	21	20	19	18	17	16
							保留								

15	14	13	12	11	10	9	8	7	6	5	4	3	2	1	0
ODR15	ODR14	ODR13	ODR12	ODR11	ODR10	ODR9	ODR8	ODR7	ODR6	ODR5	ODR4	ODR3	ODR2	ODR1	ODR0
rw	rw	rw	rw	rw	rw	rw	rw	rw	rw	rw	rw	rw	rw	rw	rw

位31:30	保留,始终读为0。
位15:0	IDRy[1:0]:端口x配置位(y=0,...,15)(Port x output data) 这些位可读可写并只能以字(16位)的形式操作。 注:对GPIOx_BSRR(x=A,...,E),可以分别地对各个ODR位进行独立的设置/清除。

图 9-8　GPIOx_ODR 寄存器描述

3. GPIO 端口输入数据寄存器（IDR）

IDR 寄存器用于存储 GPIOx 的输入状态，它连接到肖特基触发器上，I/O 口外部的电平信号经过触发器后，模拟信号就被转化成 0 和 1 这样的数字信号，并存储到该寄存器中。寄存器描述如图 9-9 所示。

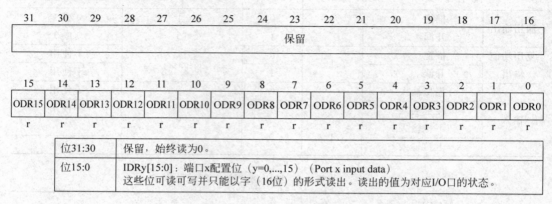

31	30	29	28	27	26	25	24	23	22	21	20	19	18	17	16
保留															

15	14	13	12	11	10	9	8	7	6	5	4	3	2	1	0
ODR15	ODR14	ODR13	ODR12	ODR11	ODR10	ODR9	ODR8	ODR7	ODR6	ODR5	ODR4	ODR3	ODR2	ODR1	ODR0
r	r	r	r	r	r	r	r	r	r	r	r	r	r	r	r

位31:30	保留，始终读为0。
位15:0	IDRy[15:0]：端口x配置位（y=0,...,15）（Port x input data） 这些位可读可写并只能以字（16位）的形式读出。读出的值为对应I/O口的状态。

图 9-9 GPIOx_IDR 寄存器描述

4. 端口置位／复位寄存器（BSRR）

BSRR 寄存器也用于控制 GPIOx 的输出是高电平或者低电平，寄存器描述如图 9-10 所示。

31	30	29	28	27	26	25	24	23	22	21	20	19	18	17	16
BR15	BR14	BR13	BR12	BR11	BR10	BR9	BR8	BR7	BR6	BR5	BR4	BR3	BR2	BR1	BR0
w	w	w	w	w	w	w	w	w	w	w	w	w	w	w	w

15	14	13	12	11	10	9	8	7	6	5	4	3	2	1	0
BS15	BS14	BS13	BS12	BS11	BS10	BS9	BS8	BS7	BS6	BS5	BS4	BS3	BS2	BS1	BS0
w	w	w	w	w	w	w	w	w	w	w	w	w	w	w	w

位31:16	BRy：清除端口x的位y（y=0,...,15）（Port x Reset bit y） 这些位只能写入并只能以字（16位）的形式操作。 0：对对应的ODRy位不产生影响 1：清除对应的ODRy位为0 注：如果同时设置了BSy和BRy的对应位，BSy位起作用。
位15:0	BSy：设置端口x的位y（y=0,...,15）（Port x Set bit y） 这些位只能写入并只能以字（16位）的形式操作。 0：对对应的ODRy位不产生影响 1：设置对应的ODRy位为1

图 9-10 GPIOx_BSRR 寄存器描述

9.3.8 定时/计数器系统

STM32F103 系列的单片机共有 11 个定时/计数器（不同芯片配置的定时器数目是不同的）。

(1) 2 个高级定时器(TIM1、TIM8)。

(2) 4 个通用定时器(TIM2~TIM5)。

(3) 2 个基本定时器(TIM6、TIM7)。

(4) 2 个看门狗定时器(独立看门狗、窗口看门狗)。

(5) 1 个实时时钟(RTC)。

实时时钟是一个独立的 32 位可编程定时/计数器,可用于较长时间段的测量,在相应的软件配置下,可提供时钟日历的功能。具有闹钟中断、秒中断和溢出中断 3 种可屏蔽中断模式。

2 个看门狗设备(IWDG 和 WWDG)可用来检测和解决由软件错误引起的故障。当定时/计数器达到给定的超时值时,触发一个中断或产生系统复位。

基本定时器、通用定时器和高级定时器都是 16 位的自动重装载计数器。基本定时器只有最基本的定时功能,只支持向上一种计数模式,只有一种情况(计数器溢出)产生中断/DMA 请求;通用定时器除具有基本定时器的功能外,增加了输入捕获、输出比较和PWM 生成等功能,支持向上、向下和向上/向下 3 种计数模式,在计数器溢出、输入捕获和输出比较等事件发生时会产生中断/DMA 请求;高级定时器又在通用定时器的基础上增加了死区时间互补和刹车等功能,当刹车信号输入时也会产生中断/DMA 请求。

STM32 的通用定时器(TIM)是一个非常灵活的计时模块,它被广泛应用于各种定时和计数任务中。这些定时器的主要特点如下。

定时器时钟:STM32 的定时器通常有一个与之关联的时钟源,可以是内部时钟或外部时钟,如 APB1、APB2 等。这些时钟可以经过预分频器进行分频,以产生定时器时钟。

计数模式:STM32 通用定时器支持向上计数、向下计数和中心对齐模式。向上计数模式从 0 计数到自动重装载值(ARR),然后重新开始;向下计数模式从自动重装载值开始计数到 0,然后重新开始;中心对齐模式则是先向上计数到 ARR,然后向下计数到 0,再重新开始。

自动重装载寄存器(ARR):这是设定定时器计数周期上限的寄存器。当定时器计数达到 ARR 的值时,它可以自动重装载数值,重新开始计数。

预分频器(PSC):预分频器用于对定时器时钟进行分频,从而得到不同的定时分辨率。它可以将时钟频率除以 1 到 65536 之间的任何值。

9.4　STM32CubeMX 图形配置工具及简单应用

本节以点亮 LED 和中断按键控制 LED 亮灭为例,介绍 STM32 集成开发环境 Keil5-MDK-ARM 和图形配置工具 STM32CubeMX 的使用过程。

9.4.1　STM32CubeMX 图形配置及点亮 LED 示例

实验要求:编程实现点亮 LED4(D4)和 LED11(D11)

硬件平台:实验平台参考 Double Pi 开发板,主芯片为 STM32F103C8T6,LED 的原理图如图 9-11 所示。

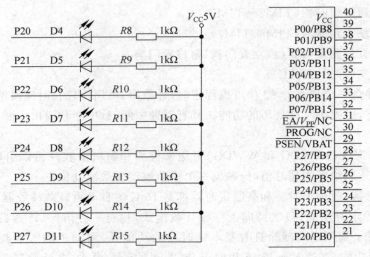

图 9-11 点亮 LED 原理图

LED 的阴极 P20～P27 分别连接到 STM32 芯片的 PB0～PB7 引脚线，引脚输出低电平，对应的 LED 灯就会点亮。

1. 新建工程

双击 MX 图标，启动 STM32CubeMX 程序，可以看到如图 9-12 所示窗口。

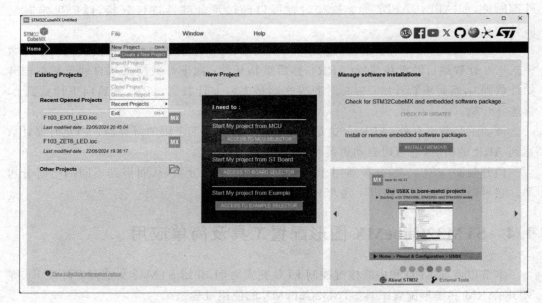

图 9-12 STM32CubeMX 启动界面

在 File 菜单里选择 New Project 选项，进入芯片/开发板选择界面，如图 9-13 所示。

在左上方的筛选器中输入开发板使用的芯片型号 STM32F103C8T6，窗口右下方就会出现选中的芯片，如图 9-14 所示，双击需要的芯片，进入工程配置主界面，并在此界面完成 STM32CubeMX 软件的所有配置,如图 9-15 所示。

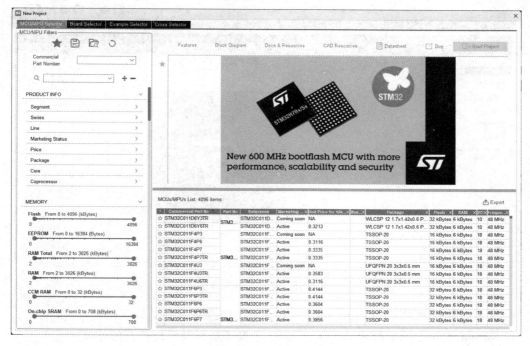

图 9-13　芯片/开发板选择界面

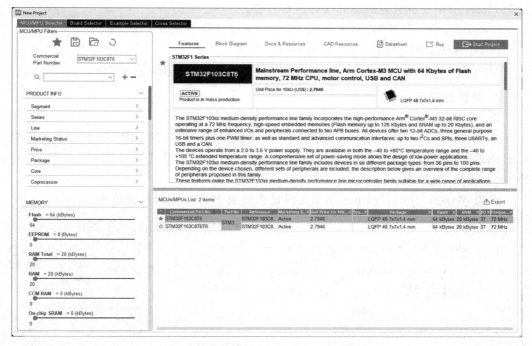

图 9-14　选择具体的芯片型号

图 9-15　工程配置主界面

该界面左侧 Pinout&Configuration 包含的类别分别如下。

System Core：用于配置 GPIO、时钟源、中断系统以及系统相关的外设。

Analog：用于配置模/数和数/模转换外设。

Timers：用于配置定时器和实时时钟外设。

Connectivity：用于配置 I^2C、SPI 和 UART 等连接外设。

Computing：用于配置 CRC 校验外设。

Middleware and Software Packs：用于配置 RTOS 和 GUI 等中间件。

2. 时钟源配置

进入工程主设计界面后，首先设置时钟源 HSE 和 LSE。

选择 System Core 下的 RCC 进行时钟模式配置。STM32F103C8T6 核心板的 HSE/LSE 用的外部晶振分别为 8MHz 和 32.768kHz（图 9-16），模式选择为 Crystal/Ceramic Resonator 模式，如图 9-17 所示。

选项 Master Clock Output 用来选择是否使能 MCO1 引脚时钟输出。

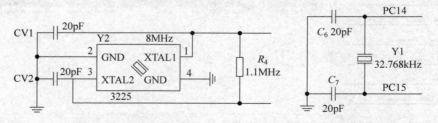

图 9-16　HSE、LSE 外部晶振原理图

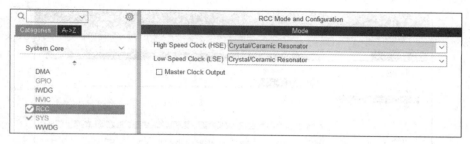

图 9-17　时钟源 HSE、LSE 设置

3. Debug 配置

选择 System Core 下的 SYS 进行调试接口的配置。程序可以通过串口和调试器（Debugger）进行下载，调试器的接口分为 SWD 和 JTAG，本实验使用串口下载，选择 NO Debug，如图 9-18 所示。

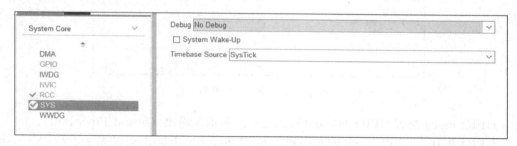

图 9-18　Debug 配置

4. 引脚配置

在搜索栏输入 pb0 后回车，可以在引脚图中显示位置，如图 9-19 所示。

接下来，在图 9-19 引脚图中单击 PB0，在弹出的下拉菜单中，选择 I/O 口的功能为 GPIO_Output，如图 9-20 所示。

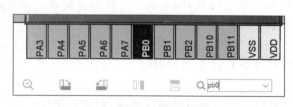

图 9-19　选取 PB0 引脚

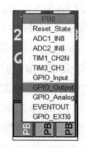

图 9-20　配置 PB0 为输出

再通过 System Core 下的 GPIO 选项进行参数配置，如图 9-21 所示。

单击需要配置的 GPIO 引脚，例如 PB0，如图 9-22 所示。

GPIO output level 是 I/O 的初始值，为了使 LED 灯初始状态为熄灭，设置输出高电平（High）。

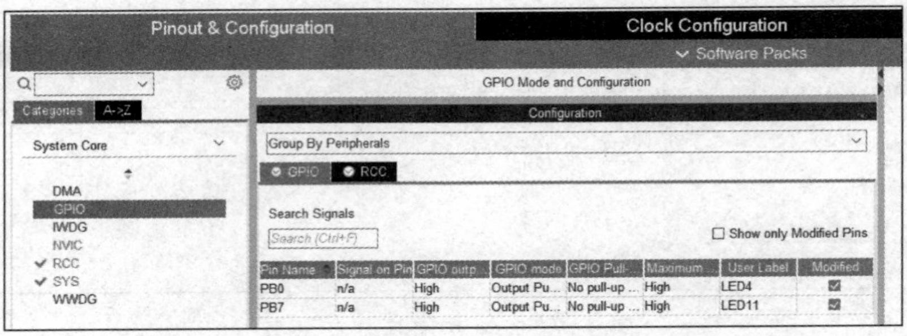

图 9-21　LED GPIO 配置

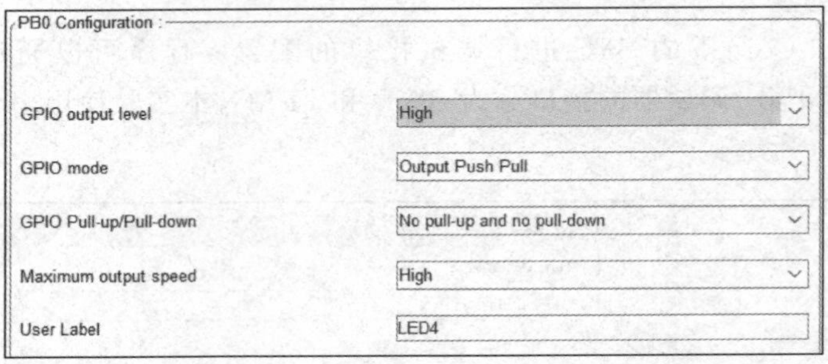

图 9-22　LED4 的 GPIO 参数设置

GPIO mode 配置 GPIO 的输出模式，这里选择推挽输出（Output Push Pull）。

GPIO Pull-up/Pull-down 配置引脚上拉/下拉，这里用默认配置无上下拉（No pull-up and no pull-down）。

Maximum output speed 输出速度配置，默认是低速，这里设置为高速（High）。

User Label 用户符号，这里给 PB0 命名为 LED4。

PB7 参考 PB0 的步骤进行配置。

5. 时钟系统（时钟树）配置

进入 Clock Configuration 配置栏，界面展现一个完整的 STM32F1 时钟系统框图，如图 9-23 所示。从时钟树配置图可以看出，配置的主要是外部晶振大小、分频系数、倍频系数以及选择器。在配置的过程中，时钟值会动态更新，如果某个时钟值在配置过程中超过允许值，那么相应的选项框会红色提示。

本实验系统时钟配置步骤如下。

（1）修改时钟源频率：以 HSE 为时钟源并设置为 8MHz。

（2）选择锁相环输入时钟：HSE。

（3）选择系统时钟源：PLLCLK（锁相环输出的时钟精度更高，稳定性更好）。

（4）设置 PLL 倍频系数：为了得到 72MHz 的系统时钟频率，把 PLLMull 设置为 x9。

（5）设置 APB1 预分频系数：在第（4）步之后，APB1 的外设时钟变为 72MHz 并被标记为红色，把 APB1 预分频系数设置为/2，APB1 的外设时钟变为 36MHz 并恢复正常。

注意：可以跳过第（4）步、第（5）步，直接设置 HCLK 时钟频率为 72MHz 并回车，CubeMX 软件将自动完成剩余时钟系统配置。

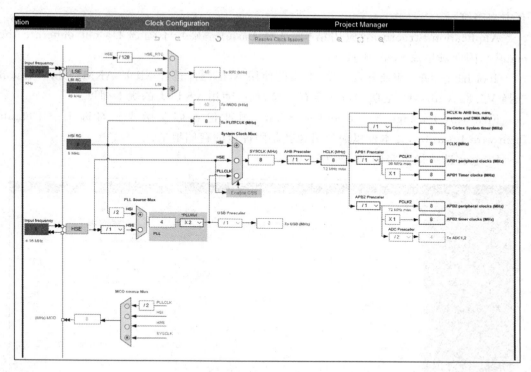

图 9-23　时钟系统框图

配置完成如图 9-24 所示。

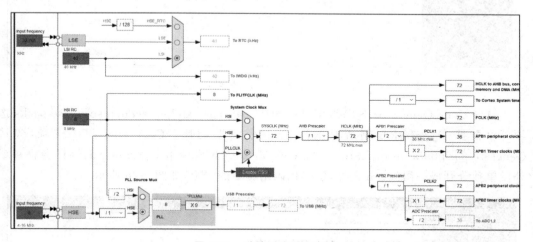

图 9-24　时钟系统配置完成

6. 工程配置

选择 Project Manager→Project 选项配置工程的参数。

Project Name：工程名称，填入工程名称（半角状态，不能有中文字符）。

Project Location：工程保存路径，单击 Browse 按钮选择保存的位置（半角状态，不能有中文字符)。

  Application Structure：应用结构，选择 Basic(基础)，不勾选 Do not generate the main()，因要其生成 main 函数。

  Toolchain/IDE：集成开发环境，本实验使用 Keil，因此选择 MDK-ARM，Min Version 选择 V5.32，CubeMX 的版本可能会有差异，默认使用 V5 以上的版本即可。

  Firmware Package Name and Version：固件包名称及版本。勾选 Use Default Firmware Location，文本框里面的路径就是固件包的存储地址。

  Project 选项设置完毕，如图 9-25 所示。

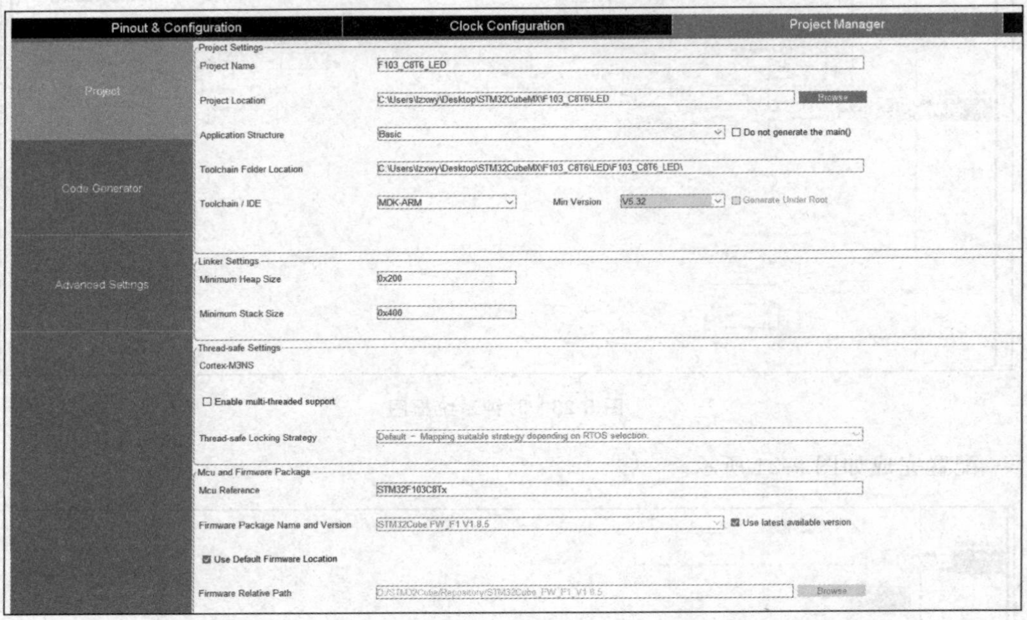

图 9-25　工程配置

  打开 Code Generator，STM32Cube MCU packages and embedded software packs 选项可以根据需要选择复制所有的库/复制仅需要的库。Generated files 选项，勾选 Generate peripheral initialization as a pair of '.c/.h'files per peripheral，这样会将每个外设单独分开成一组.c、.h 文件，使得代码结构更加清晰，如图 9-26 所示。

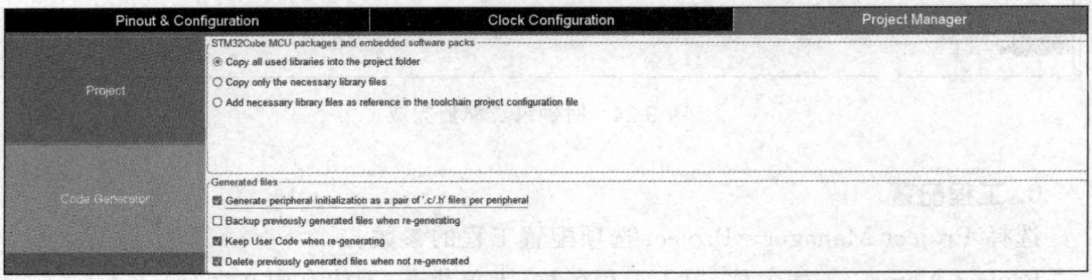

图 9-26　代码生成器设置

　　至此工程最基础配置就已经完成,单击 GENERATE CODE 按钮就可以生成工程。生成代码后会弹出类似于图 9-27 的提示窗口,单击 Open Project 打开 MDK 工程。

　　完整的 STM32F1 工程就已经生成完成。生成后的工程目录结构如图 9-28 所示。

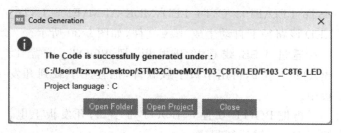

图 9-27　打开工程

图 9-28　生成的工程目录结构

对部分文件夹解释如下。

Drivers 文件夹存放的是 HAL 库文件和 CMSIS 相关文件。

Inc 文件夹存放的是工程必需的部分头文件。

MDK-ARM 文件夹存放的是 MDK 工程文件。

Src 文件夹存放的是工程必需的部分源文件。

.ioc 是 STM32CubeMX 工程文件。

7. 程序设计

在编写用户程序之前,首先打开生成的工程模板进行编译,看是否报错。

　　要点亮 D4 和 D11,只需要让其所连接的引脚(分别是 PB0 和 PB7)输出低电平,即使用 HAL_GPIO_WritePin(GPIO_TypeDef ＊ GPIOx, uint16_t GPIO_Pin, GPIO_PinState PinState)函数。

　　打开 main.c,在 while(1)循环内编写以下程序,如图 9-29 所示。

```
HAL_GPIO_WritePin(GPIOB, GPIO_PIN_0, GPIO_PIN_RESET);
HAL_GPIO_WritePin(GPIOB, GPIO_PIN_7, GPIO_PIN_RESET);
```

或用自定义的名称表示:

```
HAL_GPIO_WritePin(LED4_GPIO_Port, LED4_Pin, GPIO_PIN_RESET);
HAL_GPIO_WritePin(LED11_GPIO_Port, LED11_Pin, GPIO_PIN_RESET);
```

```
/* USER CODE BEGIN WHILE */
while (1)
{
  /* USER CODE END WHILE */

  /* USER CODE BEGIN 3 */
  HAL_GPIO_WritePin(LED4_GPIO_Port, LED4_Pin, GPIO_PIN_RESET);    //让连接LED4的GPIO输出低电平
  HAL_GPIO_WritePin(LED11_GPIO_Port, LED11_Pin, GPIO_PIN_RESET);  //让连接LED11的GPIO输出低电平

}
/* USER CODE END 3 */
```

图 9-29　点亮 LED 代码

　　注意:STM32CubeMX 生成的 main.c 文件中,有很多地方有"/＊USERCODEBEGINX ＊/"和"/＊USERCODEENDX＊/"格式的注释,如果在这些注释的 BEGIN 和 END 之间

编写代码,那么重新生成工程之后,这些代码会被保留而不会被覆盖。

8. 程序编译及下载

程序编写结束后,单击 Rebuild 按钮进行全局编译,完成后且没有报错会在 F103_C8T6\LED\F103_C8T6_LED\MDK-ARM\F103_C8T6_LED 该路径下自动生成.hex 文件,如图 9-30 所示。

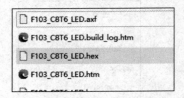

图 9-30　工程文件对应的.hex 文件

通过 USB 线连接开发板,把 BOOT_0 置 1、BOOT_1 置 0,再用串口下载软件,把程序下载到开发板中。

再把 BOOT_0 置 0、BOOT_1 置 0,开发板上电,按下 Reset 键运行程序。

9.4.2　中断按键控制 LED 亮灭的示例

实验要求:通过外部中断的方式让 SW1 按钮控制 LED 灯 D4 的亮灭,SW2 按钮控制 LED 灯 D11 的亮灭。

硬件平台:开发板提供 4 个独立按钮,其原理图如图 9-31 所示。其中 SW1 连接 PA2 引脚、SW2 连接 PA13 引脚。

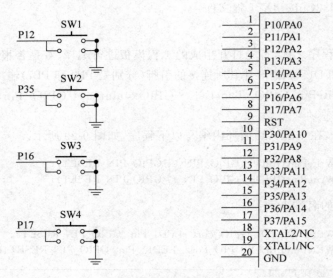

图 9-31　按键硬件原理图

1. 新建工程
见 9.4.1 小节点亮 LED 的工程示例。

2. 时钟源配置
见 9.4.1 小节点亮 LED 的工程示例。

3. Debug 配置
见 9.4.1 小节点亮 LED 的工程示例。

4. 引脚配置

LED 引脚 PB0 和 PB7 配置见 9.4.1 小节。下面进行按键引脚 PA13 和 PA2 的配置,在搜索栏输入 PA2 后回车,可以在引脚图中显示位置,如图 9-32 所示。

在图 9-32 引脚图中单击 PA2,在弹出的下拉菜单中,选择 I/O 端口的功能为 GPIO_EXTI2,如图 9-33 所示。

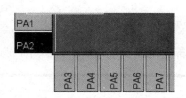

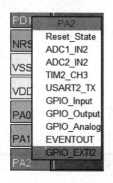

图 9-32 选取 PA2 引脚　　　　图 9-33 配置 PA2 外部中断

通过 System Core 下的 GPIO 选项进行参数配置,如图 9-34 所示。

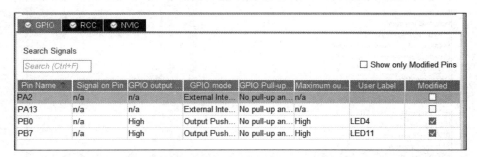

图 9-34 LED 外部中断 GPIO 配置

单击需要配置 GPIO 引脚,例如 PA2,如图 9-35 所示。

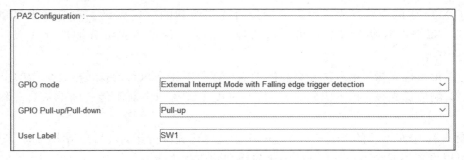

图 9-35 LED 外部中断 GPIO 参数配置

按键按下,引脚 PA2 读到低电平;按键释放,引脚 PA2 读到高电平,并且外部都没有上下拉电阻,所以需要在 STM32F103 内部设置上下拉以设置空闲电平。故把 PA2 引脚设置为上拉。

按键按下瞬间，形成下降沿；按键释放瞬间，形成上升沿，PA2 引脚空闲高电平，按下按键接收低电平，故把触发方式设置为下降沿触发。

单击 NVIC 并使能对应的外部中断线，如图 9-36 所示。

图 9-36 使能外部中断线

PA13 参考 PA2 的步骤进行配置。

5. 中断优先级配置

通过 System Core 下的 NVIC 选项进行中断优先级的配置，如图 9-37 所示。

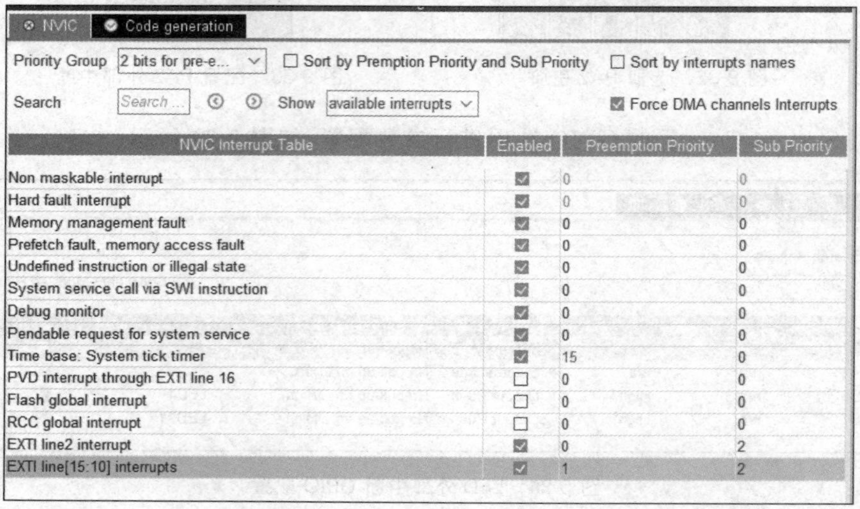

NVIC Interrupt Table	Enabled	Preemption Priority	Sub Priority
Non maskable interrupt	☑	0	0
Hard fault interrupt	☑	0	0
Memory management fault	☑	0	0
Prefetch fault, memory access fault	☑	0	0
Undefined instruction or illegal state	☑	0	0
System service call via SWI instruction	☑	0	0
Debug monitor	☑	0	0
Pendable request for system service	☑	0	0
Time base: System tick timer	☑	15	0
PVD interrupt through EXTI line 16	☐	0	0
Flash global interrupt	☐	0	0
RCC global interrupt	☐	0	0
EXTI line2 interrupt	☑	0	2
EXTI line[15:10] interrupts	☑	1	2

图 9-37 中断优先级

STM32 中的中断优先级可以分为抢占优先级和响应优先级。响应优先级也称子优先级。每个中断源都需要被指定这两种优先级。抢占优先级和响应优先级的区别如下。

（1）抢占优先级：抢占优先级高的中断可以打断正在执行的抢占优先级低的中断。

（2）响应优先级：抢占优先级相同，响应优先级高的中断不能打断响应优先级低的中断。

图 9-37 中左上角的 Priority Group 用于选择优先级分组，STM32 使用 4bit 来分组，这里可以设置用几个 bit 来区分抢占优先级和响应优先级。

本例中选择的是 2bit 用来区分抢占优先级、2bit 用来区分响应优先级，则抢占优先级可以选择为 0～3，响应优先级可以选择为 0～3；数值越小，则优先级越高。

本例中的中断不存在中断嵌套，把 EXTI line2 interrupt 抢占优先级设置为 0，响应优先级设置为 2；把 EXTI line[15:10]interrupts 抢占优先级设置为 1,响应优先级设置为 2。

6. 时钟系统(时钟树)配置

参见 9.4.1 小节点亮 LED 的工程示例。

7. 工程配置

参见 9.4.1 小节点亮 LED 的工程示例。

8. 程序设计

在编写用户程序之前,首先,打开生成的工程模板进行编译,看是否报错。

当 SW1、SW2 按下时,改变 D4 和 D11 的亮灭,需要在中断回调函数中检测对应的 SW 按键触发的中断去翻转所对应 LED 连接引脚的电平。使用 void HAL_GPIO_TogglePin (GPIO_TypeDef * GPIOx, uint16_t GPIO_Pin)函数可以翻转 GPIO 的电平。

在 main.c 文件中/ * USER CODE BEGIN 4 * / 和/ * USER CODE END 4 * /中编写外部中断的回调函数,程序如图 9-38 所示。

```
/* USER CODE BEGIN 4 */
void HAL_GPIO_EXTI_Callback(uint16_t GPIO_Pin)    //外部中断的回调函数
{
  if(GPIO_Pin==SW1_Pin)                           //SW1引脚触发中断
  {
    HAL_GPIO_TogglePin(LED4_GPIO_Port,LED4_Pin);  //翻转连接LED4的GPIO引脚输出的电平
  }
  if(GPIO_Pin==SW2_Pin)                           //SW2引脚触发中断
  {
    HAL_GPIO_TogglePin(LED11_GPIO_Port,LED11_Pin);//翻转连接LED11的GPIO引脚输出的电平
  }
}
/* USER CODE END 4 */
```

图 9-38 LED 外部中断程序

9. 程序编译及下载

通过 USB 线连接开发板,把 BOOT_0 置 1、BOOT_1 置 0,再用串口下载软件,把程序下载到开发板中。

然后,把 BOOT_0 置 0、BOOT_1 置 0,开发板上电,按下 Reset 键运行程序。

9.4.3 超声波测距的工程示例

实验要求:使用超声波传感器检测目标的距离,采用 STM32F103 系列 CPU 及相关接口电路实现将距离实时显示在四位数码管上。

硬件平台:以 Double Pi 开发板为参照,该板预留排母供超声波模块(图 9-39)使用,其中 P26(PB6)发送触发信号,P27(PB7)接收返回信号,如图 9-39 所示,且板载了 4 位共阴极数码管及其驱动,如图 9-40 所示。

板载的数码管为四位共阴极数码管,当某一字段的发光二极管阳极为高电平时,相应字段点亮,通过点亮相对应的字段就可以显示需要的字符。

动态显示驱动是单片机应用中较为广泛的显示方式,动态显示驱动是将所有数码管的 8 个显示笔画 a、b、c、d、e、f、g、dp 的同名端连在一起,另外为每个数码管的公共级

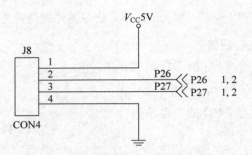

图 9-39 超声波模块原理图

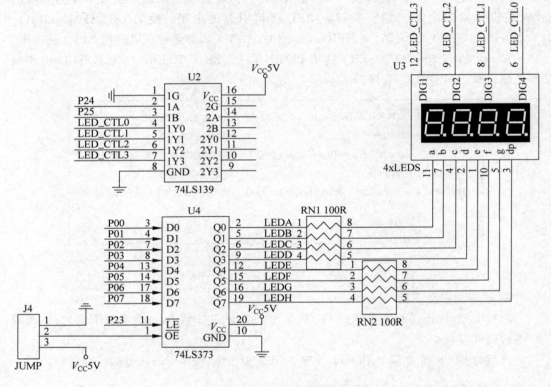

图 9-40 数码管原理图

COM 增加位选通控制电路,位选通由各自独立 I/O 线控制,当单片机输出字形码时,所有数码管都接收到相同的字形码,但究竟是哪个数码管会显示出字形,取决于单片机对位选通 COM 端电路的控制,共阴极数码管要把需要显示的数码管的选通引脚置为低电平,该位就显示出字形,没有选通的数码管不会亮。

通过分时轮流控制各个数码管的 COM 端,就可以使各个数码管轮流显示。在轮流显示过程中,每位数码管的点亮时间为 1~2ms,由于人的视觉暂留现象及发光二极管的余晖效应,尽管实际上各位数码管并非同时点亮,只要扫描速度够快,给人的印象就是一组稳定的显示数据,不会有闪烁感,动态显示的效果和静止显示是一样的,但能够节省大量的 I/O 端口,功耗降低。

本实验将使用动态驱动的方式驱动数码管，为了节省 I/O，使用到驱动电路，位选数据使用 74LS139 二四译码器芯片，段选数据使用 74LS373 锁存器。

在表 9-4，当使能输入 G 为低电平时(0)，根据输入 A 和 B 的值，对应的输出(Y_0～Y_3)中的一个会被激活，例如 B、A 设置的是 $B=1$，$A=0$，代表为 2，则 Y_2 输出高电平。

表 9-4　74LS139 真值表

输　入			输　出			
G	B	A	$\overline{Y_3}$	$\overline{Y_2}$	$\overline{Y_1}$	$\overline{Y_0}$
1	x	x	1	1	1	1
0	0	0	1	1	1	0
0	0	1	1	1	0	1
0	1	0	1	0	1	1
0	1	1	0	1	1	1

1. 新建工程

参见 9.4.1 小节点亮 LED 的工程示例。

2. 时钟源配置

参见 9.4.1 小节点亮 LED 的工程示例。

3. Debug 配置

参见 9.4.1 小节点亮 LED 的工程示例。

4. 引脚配置

如图 9-41 所示，将 PB3、PB4、PB5 设置为输出模式，分别对应图 9-40 中的 P23、P24、P25；PB6 为超声波模块的发送触发端，设置为输出模式；PB7 用于接收超声波模块的返回信号，设置为输入模式，分别对应图 9-39 中 P26、P27；PB8～PB15 为数码管段选信号，均设置为输出模式，分别对应图 9-40 中 P00～P07。

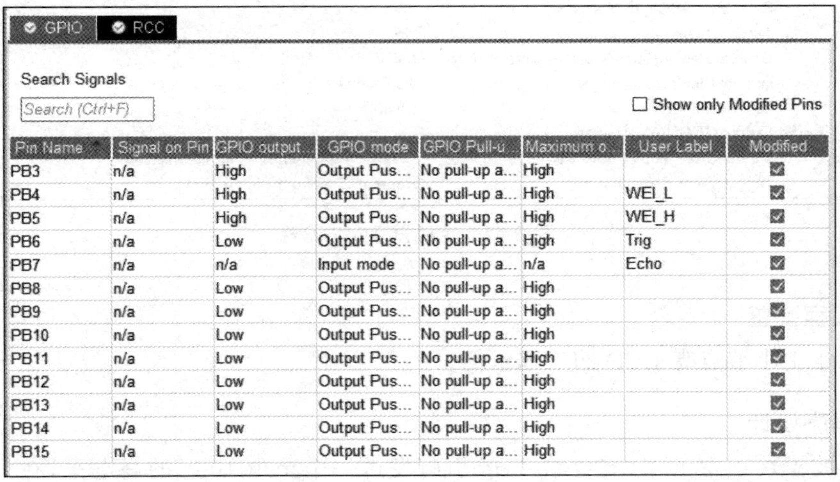

Pin Name	Signal on Pin	GPIO output...	GPIO mode	GPIO Pull-u...	Maximum o...	User Label	Modified
PB3	n/a	High	Output Pus...	No pull-up a...	High		☑
PB4	n/a	High	Output Pus...	No pull-up a...	High	WEI_L	☑
PB5	n/a	High	Output Pus...	No pull-up a...	High	WEI_H	☑
PB6	n/a	Low	Output Pus...	No pull-up a...	High	Trig	☑
PB7	n/a	n/a	Input mode	No pull-up a...	n/a	Echo	☑
PB8	n/a	Low	Output Pus...	No pull-up a...	High		☑
PB9	n/a	Low	Output Pus...	No pull-up a...	High		☑
PB10	n/a	Low	Output Pus...	No pull-up a...	High		☑
PB11	n/a	Low	Output Pus...	No pull-up a...	High		☑
PB12	n/a	Low	Output Pus...	No pull-up a...	High		☑
PB13	n/a	Low	Output Pus...	No pull-up a...	High		☑
PB14	n/a	Low	Output Pus...	No pull-up a...	High		☑
PB15	n/a	Low	Output Pus...	No pull-up a...	High		☑

图 9-41　超声波测距的 GPIO 配置

5. 时钟系统（时钟树）配置

见 9.4.1 小节点亮 LED 的工程示例。

6. 定时器配置

本实验中使用的 TIM2、TIM3 定时器属于 APB1 时钟总线，且在时钟系统配置中 APB1 的 TIMxCLK 为 72MHz，经过预分频 PSC 后得到计数时钟 CK_CNT＝TIMxCLK/(PSC＋1)，每计数一次需要的时间为 1/CK_CNT。本实验中 TIM2 需设置为 $1\mu s$ 计数一次，故时钟选择内部时钟，设置 PSC＝72－1，如图 9-42 所示。

定时器 TIM3 配置参考 TIM2 的配置。

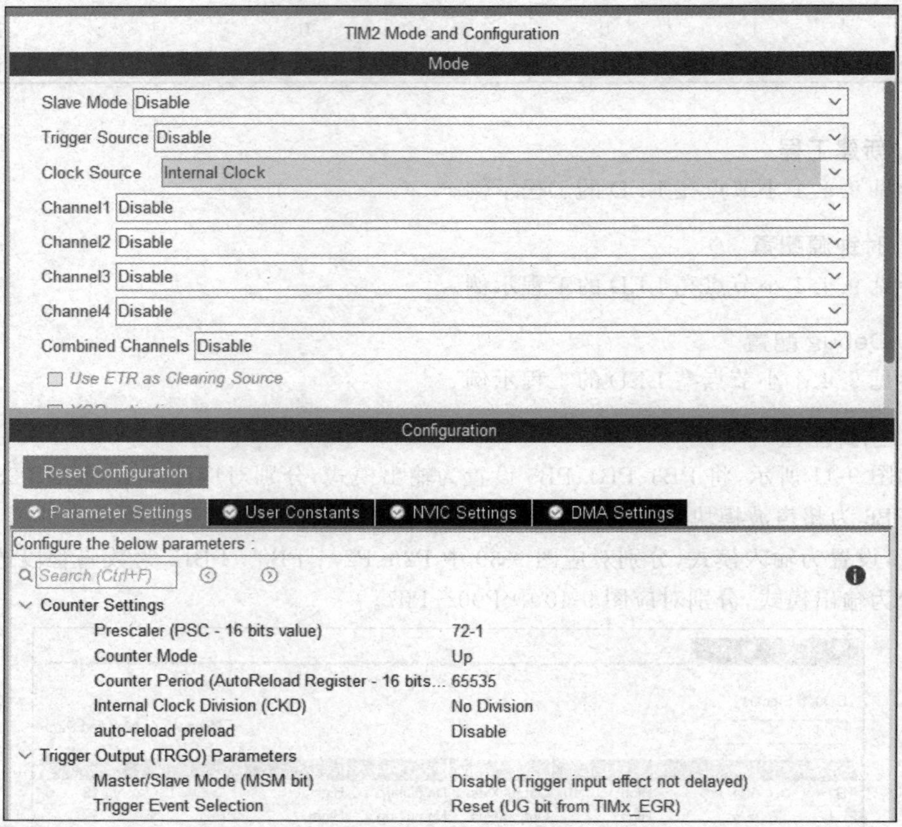

图 9-42　定时器 TIM2 配置

7. 工程配置

见 9.4.1 小节点亮 LED 的工程示例。

8. 程序设计

超声波模块正常工作，需要给 Trig 引脚发送一个至少 $10\mu s$ 的高电平，在 main.c 中的/＊ USER CODE BEGIN 0 ＊/和/＊ USER CODE END 0 ＊/之间编写定时器 TIM2

的延时函数(尽量不要使用 HAL_Delay 函数,多次使用会导致程序卡顿),如图 9-43 所示。

```
void Delay_us(uint16_t us)
{
  uint16_t time = 0xffff - 5 - us ;          //计数器的值最大为0xffff (65535) -5 防止计数器溢出
  __HAL_TIM_SET_COUNTER(&htim2,time);        // 设置计数器的值为time
  HAL_TIM_Base_Start(&htim2);                // 开启定时器2

  while(time < 0xffff-5)                     //经过 us后跳出循环
  {
    time = __HAL_TIM_GET_COUNTER(&htim2);    // 获取定时器2的值
  }

  HAL_TIM_Base_Stop(&htim2);                 // 停止定时器2
}
```

图 9-43 TIM2 延迟函数

在 main.c 中/* USER CODE BEGIN 0 */和/* USER CODE END 0 */之间编写数码管显示函数(图 9-44)。

```
void disp(uint16_t data)
{
  const uint8_t CODE[] =                     //把数字0~9的段码定义为不可变的数组
    {
    0x3F, //  0
    0x06, //  1
    0x5B, //  2
    0x4F, //  3
    0x66, //  4
    0x6D, //  5
    0x7D, //  6
    0x07, //  7
    0x7F, //  8
    0x6F, //  9
    };
  const uint16_t CODE_BIT[] = {0,1,2,3};  //位码定义为0、1、2、3不可变的数组
  static uint8_t wei=3;                   //
  GPIOB->ODR |= 1<<3;                     //给PB3输出高电平, 让 74LS373输出等于输入 Qn=Dn
  GPIOB->ODR &= 0x00ff;                   //给PB7~PB15输出低电平, PB0~PB7不变
  GPIOB->ODR &= ~(0x3<<4);                //给位选引脚PB4、PB5输出低电平, 让千位显示
  GPIOB->ODR |= (CODE_BIT[wei]<<4);       //根据PB4、PB5的状态选择相对应的数码管
                                          //0: PB5=0、PB4=0; 1: PB5=0、PB4=1; 2: PB5=1、PB4=0; 3: PB5=1、PB4=1
    switch(wei)                                     //段选,
  {                                                 // <<8, GPIOB的高8位, PB7~PB15连接数码管的段选引脚
    case 3:GPIOB->ODR |= CODE[data/1000]<<8;break;  //显示千位
    case 2:GPIOB->ODR |= (CODE[data/100%10] | 0x80 )<<8;break;//显示百位, 0x80是dp点的段码
    case 1:GPIOB->ODR |= CODE[data/10%10]<<8;break;  //显示十位
    case 0:GPIOB->ODR |= CODE[data%10]<<8;break;     //显示个位
  }

  wei ++;                                           //循环显示4位数字
  wei %= 4;
}
```

图 9-44 数码管显示函数

在 main 函数 while(1)/* USER CODE BEGIN 3 */和/* USER CODE END 3 */之间编写计算距离并调用显示函数(图 9-45)。

9. 程序编译及下载

通过 USB 线连接开发板,把 BOOT_0 置 1、BOOT_1 置 0,再用串口下载软件,把程序下载到开发板中。

然后,把 BOOT_0 置 0、BOOT_1 置 0,开发板上电,按下 Reset 键运行程序。

超声波测距系统运行效果如图 9-46 所示。

```
while (1)
{
  /* USER CODE END WHILE */

  /* USER CODE BEGIN 3 */
  /* USER CODE END WHILE */
  /* USER CODE BEGIN 3 */

  //1. Trig ，给Trig端口至少10us的高电平
  HAL_GPIO_WritePin(Trig_GPIO_Port,Trig_Pin, GPIO_PIN_SET);         //给Trig端口高电平
  Delay_us(10);                                                     //高电平持续时间
  HAL_GPIO_WritePin(Trig_GPIO_Port,Trig_Pin, GPIO_PIN_RESET);       //给Trig端口低电平

  //2. echo由低电平跳转到高电平，表示开始发送波，波发出去的那一下，开始启动定时器
  while(HAL_GPIO_ReadPin(Echo_GPIO_Port, Echo_Pin) == GPIO_PIN_RESET);//高电平跳出循环
  HAL_TIM_Base_Start(&htim3);                                       //开启定时器3
  __HAL_TIM_SetCounter(&htim3,0);                                   //把定时器3的计数器值置0

  //3. 由高电平跳转回低电平，表示波回来了
  while(HAL_GPIO_ReadPin(Echo_GPIO_Port, Echo_Pin) == GPIO_PIN_SET); //低电平跳出循环
  HAL_TIM_Base_Stop(&htim3);                                        //波回来，停止定时器

  //4. 计算出中间经过多少时间
  csb_cnt = __HAL_TIM_GetCounter(&htim3);                           //定时器3计数器的值等于时间，单位：μs

  //5. 距离 = 速度 （340m/s） * 时间/2（计数1次表示1μs）
  distance = csb_cnt*0.000001*340/2*100;                            //*100是把米变成厘米
  disp(distance*100);                                               //把数码管的显示函数的参数变为整数
}
/* USER CODE END 3 */
```

图 9-45　超声波测距主函数

图 9-46　超声波测距实物图

习题 9

9.1　STM32 的 GPIO 有哪几种工作模式？

9.2　STM32 的 GPIO 端口寄存器分几组？每组包括哪些功能寄存器？

9.3　STM32F103 系列单片机有哪些定时器/计数器？

9.4　以 STM32F1 为例，简述时钟树配置的主要内容及设置系统时钟的基本流程。

9.5　简述用 STM32CubeMX 软件配置一个完整的 STM32F1 工程的基本步骤。

9.6　在 STM32CubeMX 软件生成的工程文件中编写用户程序并调试实现有哪些具体要求？

9.7　通过配置、编程和调试等过程实现 LED0（PB0 端口）秒闪功能。

参 考 文 献

[1] 欧伟明,刘剑,何静,等.单片机原理与应用(C51 语言版)[M].北京:电子工业出版社,2019.

[2] 万隆,巴奉丽.单片机原理及应用技术[M].北京:清华大学出版社,2014.

[3] 张毅刚.单片机原理及应用[M].4 版.北京:高等教育出版社,2021.

[4] 王贤勇,郭龙源.单片机原理与应用[M].北京:科学出版社,2011.

[5] 冯文旭,朱庆豪,程丽萍,等.单片机原理及应用[M].北京:机械工业出版社,2008.

[6] 杨峰,柏静,翟临博.单片机原理及应用[M].北京:北京航空航天大学出版社,2014.

[7] 肖金球,冯翼.增强型 51 单片机与仿真技术[M].北京:清华大学出版社,2015.

[8] 黄克亚.ARM Cortex-M3 嵌入式原理及应用[M].北京:清华大学出版社,2019.

[9] 刘火良,杨森.STM32 库开发实战指南[M].北京:机械工业出版社,2017.

单片机原理及应用

（第2版）

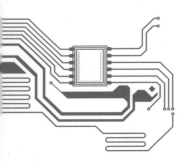

教学服务　　清华大学出版社

ISBN 978-7-302-68258-5

官方微信号

定价：59.00元